中国新疆珍稀及重点保护野生植物

主 编

谷连福　曹秋梅　杨宗宗

新疆生产建设兵团出版社

图书在版编目（C I P）数据

中国新疆珍稀及重点保护野生植物 / 谷连福，曹秋梅，杨宗宗主编. -- 五家渠：新疆生产建设兵团出版社，2024.10. -- ISBN 978-7-5574-2497-8

Ⅰ. Q948.524.5

中国国家版本馆 CIP 数据核字第 2024BF4451 号

责任编辑：胡健婷 刘虹利　　责任校对：王敏　　封面设计：澜天文化 LANTIAN CULTURE

中国新疆珍稀及重点保护野生植物

ZHONGGUO XINJIANG ZHENXI JI ZHONGDIAN BAOHU YESHENG ZHIWU

出版 / 新疆生产建设兵团出版社

印刷 / 永清县晔盛亚胶印有限公司

版次：2024 年 10 月第 1 版　　印次：2024 年 10 月第 1 次印刷

开本：787mm×1092mm 1/16　　印张：21.5　　字数：420 千字

新疆生产建设兵团出版社

ISBN 978-7-5574-2497-8　定价：129.00 元

邮购地址：新疆五家渠市迎宾路 619 号

电话：0994-5677116　0994-5677185

传真：0994-5677519

编 委 会

一、藻类植物 ALGAE

藻类植物是指一类植物体结构简单，无根、茎、叶分化，具有光合作用色素，自养的低等植物总称，又称原植体植物。藻类植物体形态差异大，小的只有几微米，大的可达100米。藻类植物生殖方式多样，非常复杂，可营养体生殖、有性生殖和无性生殖。它是最简单、最古老的一类植物，有3万余种，新疆藻类植物物种数不详。

（一）念珠藻科 Nostocaceae

念珠藻科，藻类植物，蓝藻门的一科。蓝藻门为原始藻类，属原生生物，无细胞器分化。藻体球状或片状，胶鞘发达，有异形胞，藻丝无顶端和基部之分，其末端不逐渐变为尖细。新疆有1属2种。

1. 发菜 *Nostoc flagelliforme*

［中文名］发菜
［科　　名］念珠藻科
［属　　名］念珠藻属
［别　　名］发状念珠藻
［保护级别］国家一级
［受威胁度］未予评估（NE）

野生的发菜

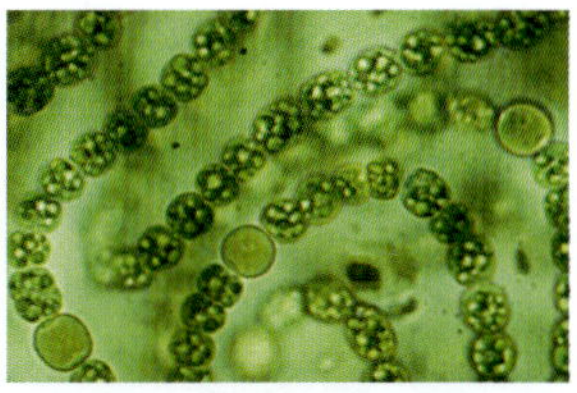

显微镜下的发菜

泡发的发菜

【生物学特征】

植物藻体丛生，由许多略平行排列的藻丝交织成，干燥时缠绕在一起呈乱头发状，黑色或褐绿色。它的丝状体中主要有两种细胞：一种是营养细胞，球形或略呈长球形，呈绿色，能进行光合作用——吸收、释放、合成有机物质；另一种是异形细胞，体积较大，球形。细胞壁较厚，颜色较淡，主要进行固氮作用——把空气中的氮气还原成氨，合成氨基酸。藻体内的藻丝自或弯曲，许多藻丝几乎纵向平行排列在厚而有明显层理的胶质被内；单一藻丝的胶鞘薄而不明显，无色。属于原核生物。

【生活习性】

荒漠草原和草原植物，生于干旱草地或含石灰质的土壤表面。

【保护价值】

发菜是高原特有的野生陆地藻类生物，藻体富含蛋白质和多种氨基酸。药用有清热解毒、理气消滞、凉血明目之功效。发菜还是一种能固氮的光合原核生物，对改良荒漠土壤，繁衍其他生物有重要意义。发菜被誉为“开发荒漠的先锋”。

- 受利益驱动，盗挖现象屡禁不止。

■ 发菜分布区——产塔城、巩留、和硕等县市。青海、宁夏、甘肃、陕西、内蒙古、河北、山西等省区有分布。法国、俄国、蒙古国、美国、捷克、摩洛哥、索马里地区也有分布。

二、大型真菌 MACROFUNGI

真菌界种类繁多，形态各异。已知有十几万种，从形态上看多是小型的，需要用显微镜来观察和鉴定。大型真菌是指菌物中形成大型子实体的一类真菌，可以用肉眼直接观察，识别其种群。通常是指担子菌门的伞菌（别名蘑菇）、牛肝菌、多孔菌、革菌、齿菌、珊瑚菌、银耳、木耳等，子囊菌门的虫草、地勺、地舌、地耳、马鞍菌、羊肚菌等。大型真菌是菌物中的一个重要类群，很多种类具有较高的营养价值和药用价值，是菌物中最有开发应用前景的一类。

（二）线虫草科 Ophiocordycipitaceae

真菌的子座或菌丝层颜色较暗，罕见鲜艳，肉质至硬质；子囊壳表生至埋生；子囊单囊壁，圆柱形，罕见拟纺锤形至椭圆形，顶部通常加厚，顶孔为一狭长通道。子囊孢子一般为线形，无色，具多个分隔，断裂或不断裂，断裂时形成多个分子囊孢子。线虫草科世界广布，主要以寄生方式生长在节肢动物、原生动物、轮虫、线虫、人体、动物和真菌上。包括 6 属 260 余种。

2. 冬虫夏草 *Ophiocordyceps sinensis*

［中 文 名］ 冬虫夏草
［科　　名］ 线虫草科
［属　　名］ 线虫草属
［别　　名］ 虫草
［保护级别］ 国家二级
［受威胁度］ IUCN 濒危红色名录（2023 年）列为易危物种（VU）
中国生物多样性红色名录——大型真菌卷列为易危物种（VU）

晒干的冬虫夏草

冬虫夏草

（绘图　何承帅）

【生物学特征】

子座棒状，直或稍弯，多单生于鳞翅目蝙蝠蛾属的一种昆虫的幼虫头部，埋在黄色的菌丝体中，两者合生而得其名。冬季菌丝侵入蛰居土中幼虫体内，汲取其养分生长，使幼虫体内充满菌丝而僵死；夏季从虫体头部长出子座，露出土外。

【生活习性】

寄生真菌，生于高山草坡、灌木丛及林缘的芍药根部周围幼虫体内。产于阿尔泰山，海拔约 1300 米。

【保护价值】

冬虫夏草含虫草酸、冬虫夏草素、甾醇类等多种维生素及多种无机元素，食用有滋补作用，药用为滋补强壮药，能益肺补肾。

● 仍有部分地区存在滥采乱挖现象。同时因连年的采集，以致造成其栖息地环境逐渐恶化，冬虫夏草的数量也一直呈下降趋势。

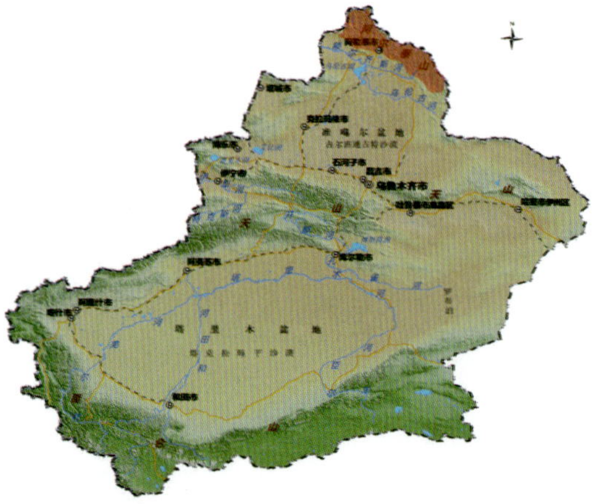

■ 冬虫夏草分布区——产阿勒泰地区。青海、西藏、四川、云南、贵州、甘肃有分布。尼泊尔、不丹、印度也有分布。

三、石松类和蕨类植物 LYCOPHYTES AND FERNS

现代系统学研究证明石松类植物是早于蕨类和种子植物形成分化出的一支，分布广泛。蕨类植物又称羊齿植物，是一类具有原始维管束的高等孢子植物。蕨类植物是最早具有循环系统的类群，最早具有根、茎、叶的分化，最大的特点就是既不会开花结果，也不会产生种子。蕨类植物广布世界各地，除沙漠、海洋外，各地均有分布，尤以热带和亚热带地区为其分布中心。全世界约有 12000 种；中国有 61 科 223 属 2500 余种，有“蕨类王国”之称；新疆产 14 科 23 属，50 余种。

（三）石松科 Lycopodiaceae

矮小、直立、二歧分枝的植物。单叶，螺旋状着生在主茎上，具中肋，无侧脉。孢子囊穗顶生于小枝上部孢子叶叶腋，直立或下垂；孢子囊肾形，厚壁。石松科植物是一类重要的药用植物资源，全世界有 5 属约 400 种；中国有 4 属 67 种，全国分布；新疆有 3 属 5 种。

3. 小杉兰 *Huperzia selago*

［中 文 名］ 小杉兰
［科　　名］ 石松科
［属　　名］ 石杉属
［别　　名］ 石杉、石松小杉叶、卷柏状石松
［保护级别］ 国家二级
［受威胁度］ IUCN 濒危红色名录列为无危物种（LC）
中国生物多样性红色名录列为易危物种（VU）

小杉兰：① 植株；② 孢子叶背面；③ 孢子叶腹面；④ 孢子囊；⑤ 孢子　　（绘图　何承帅）

【生物学特征】

多年生土生蕨类。茎直立或斜生，高 5 ～ 25 厘米。叶螺旋状排列，密生，6 ～ 8 行，斜向上或平伸，披针形，基部与中部近等宽，叶片边缘内卷，先端渐尖，全缘，中脉背面不显，腹面可见，革质至草质。孢子叶与营养叶同形；孢子囊生于孢子叶腋，不外露或两端露出，肾形，黄色。

【生活习性】

生于天山高山草甸上、石缝中、林下、沟旁，海拔 2700 ～ 3000 米的高山林缘。

【保护价值】

该物种可全草入药，能止血，舒筋，祛风除湿，消肿止痛，治跌打损伤。

■ 小杉兰分布区——产乌鲁木齐、阜康、昌吉、沙湾、吉木萨尔、乌苏、霍城、伊宁市、察布查尔、巩留、新源、尼勒克、特克斯、昭苏。吉林、辽宁、陕西、四川、西藏、云南有分布。北半球寒温带及亚洲热带高山均有分布。

（四）瓶尔小草科 Ophioglossaceae

陆生矮小植物，具肉质粗根。叶有营养叶与孢子叶之分；营养叶单一，全缘，1～2 片；孢子叶有柄，自总柄或营养叶的基部生出；孢子囊沿囊托两侧排列，形成狭穗状，横裂。孢子四面形。该科有 10 属约 112 种，广布全世界；中国有 3 属 22 种；新疆有 2 属 2 种。

4. 扇羽阴地蕨 *Botrychium lunaria*

［中 文 名］ 扇羽阴地蕨
［科　　名］ 瓶尔小草科
［属　　名］ 阴地蕨属
［别　　名］ 小阴地蕨、扇叶阴地蕨
［保护级别］ 新疆二级
［受威胁度］ 中国生物多样性红色名录列为无危物种（LC）

扇羽阴地蕨

扇羽阴地蕨：① 植株；② 扇形羽；③ 果枝
（绘图　何承帅）

【生物学特征】

植株高 5～10 厘米。根状茎短而直立，具簇生肉质根。叶单生，基部有鞘状苞片；营养叶长圆状披针形，一回羽状裂；羽片扇形，全缘至浅裂；孢子叶发自营养叶基部，高出营养叶，1～2 次分枝。孢子囊序聚生成分枝的穗状；孢子囊球形。孢子极面观为三角形，赤道面观为半圆形，外壁具疣状纹饰。

【生活习性】

生于天山和昆仑山海拔 1800～3800 米的亚高山、高山草甸、云杉林缘及疏林。

【保护价值】

该物种是珍稀古老的蕨类植物，在植物系统学研究及对蕨类系统发育研究上具有重要科研价值。全草入药，有清热解毒、止咳平喘之功效。观赏性强。少见，但分布广。

■ 扇羽阴地蕨分布区——产乌鲁木齐、昌吉、乌苏、博乐、霍城、拜城、叶城。黑龙江、吉林、辽宁、内蒙古、河北、北京、山西、河南、陕西、甘肃、青海、湖南、四川、云南、西藏、中国台湾有分布。澳大利亚、太平洋岛屿、亚洲、欧洲、北美洲也有分布。

（五）铁角蕨科 Aspleniaceae

草本，石生或附生。根状茎横走或直立，密被鳞片。叶远生、近生或簇生，草质、纸质或革质。叶片多样，单一或一至三回羽状分裂；叶脉分离，一至多回二叉分枝。孢子囊群线形或长圆形，单生于小脉向轴一侧；囊群盖灰白色，与孢子囊群同形，少无盖。该科有 2 属约 700 种，世界广布，主产热带；中国有 2 属 108 种；新疆有 1 属 12 种。

5. 阿尔泰铁角蕨 *Asplenium altajense*

［中 文 名］ 阿尔泰铁角蕨
［科　　名］ 铁角蕨科
［属　　名］ 铁角蕨属
［别　　名］ 无
［保护级别］ 无
［受威胁度］ 中国生物多样性红色名录列为濒危物种（EN）

阿尔泰铁角蕨：① 全叶；② 羽片；③ 叶柄基部的鳞片；④ 孢子　（绘图　何水帅）

【生物学特征】

植株高 5 ～ 15 厘米。根状茎短而直立，密被棕色披针形鳞片，膜质，褐黑色，略有虹色光泽，全缘。叶簇生，上面有浅纵沟，下部为黑褐色并疏被与根状茎上同样的鳞片，上部与叶轴均为灰绿色，近光滑；叶二回羽裂，草质，绿色；叶柄绿色；叶片长圆状卵形或长椭圆形，基部楔形，侧生羽片 5 ～ 15 对，极不对称，三角形，基部裂成 2 ～ 4 对具撕裂状尖齿的小羽片，其中基部上侧 1 片最大。孢子囊群线状椭圆形，褐棕色，斜向上，囊群盖同形，淡灰绿色，薄膜质，全缘，开向主脉或羽轴；孢子具皱纹和细刺。

【生活习性】

生于阿尔泰山海拔 2300 ～ 2500 米的干旱石缝中。

【保护价值】

该物种分布区十分狭窄。

- 中国仅在新疆分布。

阿尔泰铁角蕨分布区——仅分布于中国、俄罗斯、蒙古国三国国境线上的阿尔泰山山系。

（六）水龙骨科 Polypodiaceae

附生植物。根状茎横走，被盾状着生鳞片。叶同型或二型，单叶或一回羽状。孢子囊群圆形、长圆形或线形，有时布满叶背面；囊群盖缺。该科有 50 属约 1200 种，广布全世界，但主要产于热带和亚热带地区；中国有 39 属 267 种；新疆有 2 属 2 种。

6. 欧亚多足蕨 *Polypodium vulgare*

［中 文 名］ 欧亚多足蕨
［科　　名］ 水龙骨科
［属　　名］ 多足蕨属
［别　　名］ 欧亚水龙骨、欧石苇
［保护级别］ 新疆一级
［受威胁度］ 中国生物多样性红色名录列为数据缺乏物种（DD）

欧亚多足蕨　（绘图　谷连福）

【生物学特征】

多年生草本，高 10 ～ 25 厘米。根状茎横走，密被鳞片；鳞片卵状披针形，膜质，淡棕色，顶端渐尖，边缘有细齿。叶疏生，厚纸质，禾秆色，光滑无毛；叶片宽披针形，一回羽状深裂或羽状全裂。孢子囊群圆形，近两侧叶边排列，无盖。

■ 欧亚多足蕨分布区——产青河、富蕴、福海、阿勒泰、布尔津、奇台、阜康、乌鲁木齐、昌吉、呼图壁、玛纳斯、托里、沙湾、精河、博乐、温泉、巩留、拜城、温宿。欧亚大陆温带地区和北美温带地区等也有分布。

【生活习性】

生于海拔 1700 ～ 2000 米山地、林下或林缘石缝中。

【保护价值】

该物种很少见；含丰富的甜味素。根茎入药，能化湿，清热，祛风，通络；治痧秽泄泻，痢疾，淋病，白浊，风痹，腰痛，火眼，疮肿。

● 中国仅在新疆分布。

种子植物

SPERMATOPHYTA

种子植物又叫显花植物，是能开花结果实的一类高等植物。种子植物又可以分为裸子植物和被子植物。种子植物分布于世界各地，是植物界最高等的类群，所有的种子植物都有两个基本特征：体内有维管组织——韧皮部和木质部；能产生种子并用种子繁殖。

一、裸子植物 GYMNOSPERMAE

裸子植物既是颈卵器植物，又是种子植物，它们有胚珠（不同于蕨类植物门），但心皮不包成子房，且胚珠裸露，胚乳（雌性原叶体）在受精前已形成（不同于被子植物门）。裸子植物出现于泥盆纪，经过石炭纪、二叠纪，到中生代最为繁盛，从新生代以后因地史变迁而有绝灭，今日生存的裸子植物仅为数量较少的一群。全世界共 12 科 71 属 800 余种；中国有 11 科 41 属 236 种 47 变种；新疆有野生 3 科 6 属 22 种，其中引种栽培 3 科 9 属 17 种 8 变种。

（一）松科 Pinaceae

常绿或落叶乔木。叶条形或针形，簇生。花单性，雌雄同株。球果直立或下垂。松科是现代裸子植物中最大的科，种类多，分布广，森林面积最大，木材用途最广。世界共 10 属 230 多种；我国有 10 属 113 种 29 变种；新疆有 4 属 15 种（变种）。

1. 西伯利亚冷杉 *Abies sibirica*

［中 文 名］ 西伯利亚冷杉
［科　　名］ 松科
［属　　名］ 冷杉属
［别　　名］ 新疆冷杉
［保护级别］ 新疆一级
［受威胁度］ IUCN 濒危红色名录列为无危物种（LC）
中国生物多样性红色名录列为濒危物种（EN）

【生物学特征】

常绿乔木，高达 35 米，胸径 50 厘米；树皮光滑，灰褐色。一年生枝密被细毛。叶单生，窄条形，长 1.5～4 厘米，多为 2～3 厘米，宽约 1.5 毫米，上面光绿色，下面中脉两侧各有 1 条微被白粉的气孔带；营养枝的叶先端凹缺，下面无气孔线；果枝和主枝上的叶先端尖或钝尖，下面有 2～6 条气孔线。雌球果圆柱形、直立，长 5～9.5 厘米，径 2.5～3.5 厘米，熟前绿黄色，熟时褐色，无梗或近无梗；种鳞脱落。

【生活习性】

喜阴树种，抗寒性和抗风能力强，适宜于湿润、肥沃、排水良好的壤质土壤上生长。生于阿尔泰山西北部阴湿山地，常与西伯利亚云杉混生或在局部地区成纯林，海拔 900～2400 米。

【保护价值】

该物种是南泰加林的建群种之一，是新疆阿尔泰山地重要的用材树种和水土保持树种。新疆冷杉全身是宝，其挥发油是医疗用合成樟脑的主要原料；从树胶和针叶中获取松节油；种子可制造油漆；树胶、针叶、树皮均可药用；树形挺拔高大、形态秀美，是珍贵的观赏树木，也是最耐阴的树种之一。

● 新疆本土牧民常剥皮药用，导致树体死亡。中国仅在新疆分布。

西伯利亚冷杉：① 果枝；②～③ 种鳞背、腹面；④ 叶的上、下面；⑤ 叶的横切面（绘图　何承帅）

西伯利亚冷杉分布区——分布于阿勒泰、布尔津、哈巴河山地。欧洲东南，西西伯利亚、中西伯利亚和蒙古国也有分布。

2. 新疆落叶松 *Larix sibirica*

[中 文 名] 新疆落叶松
[科　　名] 松科
[属　　名] 落叶松属
[别　　名] 西伯利亚落叶松、俄国落叶松
[保护级别] 无
[受威胁度] IUCN 濒危红色名录列为无危物种（LC）
中国生物多样性红色名录列为易危物种（VU）

新疆落叶松

【生物学特征】

落叶乔木，高至 40 米，胸径 0.8 米；树皮灰褐色，粗糙纵裂。树冠塔形；大枝较粗，开展；小枝不下垂，嫩枝无毛，有光泽，淡黄色；短枝顶端密被灰白色长柔毛。叶线形，簇生于短枝上。雄球花近圆形，径 5 ～ 6 毫米，雄蕊黄色。雌球果卵圆形或长卵圆形，熟时褐或淡褐黄色，或微带紫色，长 2 ～ 4 厘米，径 1.5 ～ 3 厘米；中部种鳞三角状卵形、近卵形、斜方状卵形或斜方形，先端圆，背面密生淡紫褐色柔毛，稀近无毛；苞鳞紫红色，仅先端微露出；种子斜倒卵圆形，长 4 ～ 5 毫米，灰白色，连翅长 1 ～ 1.5 厘米。花期 5 月，果期 9 ～ 10 月。

新疆落叶松：① 果枝；② 球果；③～⑥ 种鳞（及苞鳞）背、腹面；⑦ 种子　　（绘图　何承帅）

【生活习性】

阳性树种，速生，喜酸性土壤、抗寒、抗旱，耐烟尘。生于阿尔泰山、萨吾尔山、北塔山和天山东部各地。阳坡山组成带状纯林，海拔 1000 ～ 3500 米。

■ 新疆落叶松分布区——产青河、富蕴、福海、阿勒泰、布尔津、哈巴河、木垒、奇台、吉木萨尔、阜康、和布克赛尔、伊吾、哈密、巴里坤等地。蒙古国、俄罗斯也有分布。

【保护价值】

新疆落叶松树形美观大方，是新疆特有的珍贵树种之一，是泰加林的重要组成部分，是我国西北地区园林绿化的优良树种之一。重要的木材种质资源，树皮和针叶可提取栲胶；松脂中可提取松节油。

● 新疆阿勒泰地区多处山地自然保护地的建立对该物种的保护起了良好的促进作用。中国仅在新疆分布。

3. 新疆五针松 *Pinus sibirica*

［中 文 名］新疆五针松
［科　　名］松科
［属　　名］松属
［别　　名］西伯利亚五针松、西伯利亚红松
［保护级别］新疆一级
［受威胁度］IUCN 濒危红色名录列为无危物种（LC）
中国生物多样性红色名录列为易危物种（VU）

新疆五针松

【生物学特征】

乔木，高达 35 米，胸径 1.8 米；树皮淡褐色或灰褐色。树冠塔形；大枝近水平开展；小枝粗壮，淡褐色，密被淡黄色柔毛；冬芽红褐色，圆锥形。针叶 5 针一束，束生于特化的短枝顶端，较粗硬，微弯曲，长 6 ～ 11 厘米，径 1.5 ～ 1.7 毫米，边缘具疏生细锯齿；横切面近三角形；叶鞘早落。雌球果直立圆锥状卵形，长 5 ～ 8 厘米，径 3 ～ 5.5 厘米；种子倒卵圆形，长约 1 厘米，黄褐色，无翅。花期 5 月，果期次年 8 ～ 9 月。

【生活习性】

适应性及耐阴性强，能在干燥砂地和排水不良的沼泽地上生长，但以土层深厚、排水良好的砂壤土或黏壤土生长最好。生于阿尔泰山西北海拔 1600 ～ 2300 米的哈巴河上游、喀纳斯河上游。

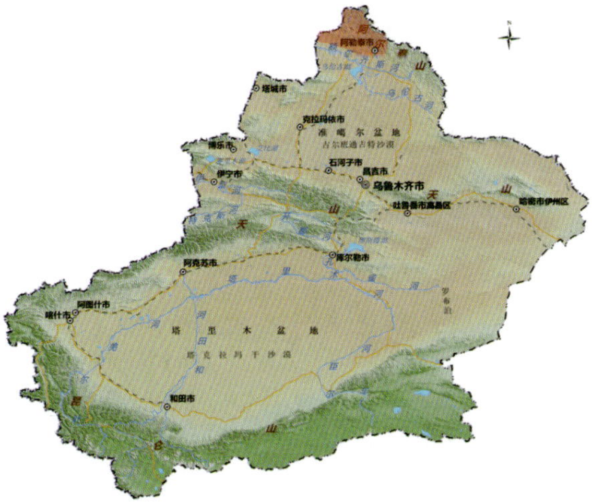

■ 新疆五针松分布区——产布尔津、哈巴河。黑龙江、内蒙古有分布。蒙古国、俄罗斯及哈萨克斯坦也有分布。

新疆五针松：① 果枝；②～③ 种鳞背、腹面；④ 一束针叶；⑤ 叶的横切面　（绘图　何承帅）

【保护价值】

新疆五针松分布范围狭窄，为新疆阿尔泰山高山特有的保土树种，可作观赏，是重要的木材种质资源。其木材材质轻、耐腐性强，是建筑的上等材料；枝丫、树皮、果壳和松针可作化工原料。

● 当地居民常采摘其种子食用，导致其种群更新困难。

（二）柏科 Cupressaceae

常绿乔木或灌木，稀为半常绿或落叶。叶交叉对生或 3 ～ 4 枚轮生，鳞形或刺形。球花单性，雌雄同株少异株。雄球花小雄蕊多，苞鳞和珠鳞结合。共 30 属约 130 种，世界广布；中国有 17 属 49 种；新疆有 4 属 5 种，引种栽培 12 种，多为优良的园林绿化树种。

4. 西伯利亚刺柏
Juniperus communis var. *saxatilis*

［中 文 名］ 西伯利亚刺柏
［科　　名］ 柏科
［属　　名］ 刺柏属
［别　　名］ 西伯利亚杜松、矮桧、山桧
［保护级别］ 新疆二级
［受威胁度］ 中国生物多样性红色名录列为无危物种（LC）

西伯利亚刺柏

【生物学特征】

直立或匍匐灌木，高 30 ～ 100 厘米；树皮灰色。叶披针形或椭圆状披针形，微成镰状弯曲，长 10 毫米，宽约 1.5 毫米，先端急尖或上部渐窄或锐尖头，具一条较绿色边带为宽的白粉气孔带，下面具纵脊，3 枚轮生。球果圆球形，成熟时黑色或黑褐色，被白粉；种子卵圆形，长 5 毫米，先端尖，有 1 ～ 3 粒，具三棱，顶端尖。花期 6 月，果期次年成熟。

【生活习性】

中生植物，生于林缘、疏林、林中空地及干燥多石山坡，海拔 1400 ～ 2500 米。

西伯利亚刺柏：① 果枝；② 果实；③ 种子；④ 一段枝叶，示叶交叉轮生；⑤ 叶的正面观；⑥ 叶的背面观　（绘图　何承帅）

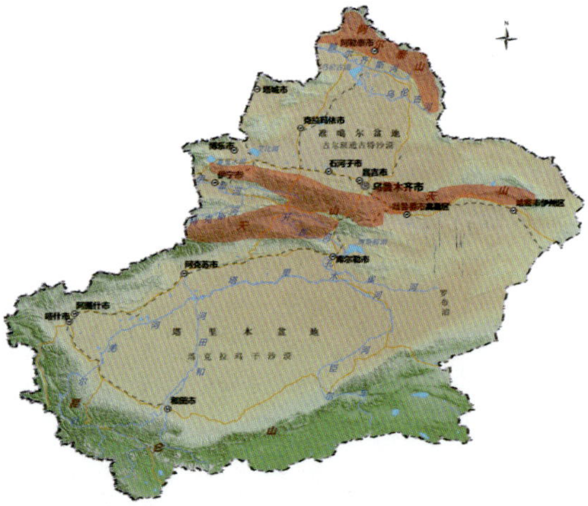
■ 西伯利亚刺柏分布区——产阿尔泰山、准噶尔西部山地、天山各地。黑龙江、吉林、辽宁、内蒙古有分布。欧洲经俄罗斯亚洲部分的中亚细亚地区、西伯利亚、堪察加至朝鲜、日本及阿富汗至喜马拉雅山区也有分布。

【保护价值】

该物种是山地水土保持树种，全株可作地被和盆景；嫩枝可提芳香油；果可药用。分布广，具有重要的生态价值和潜在经济价值。

5. 新疆方枝柏 *Juniperus pseudosabina*

[中文名] 新疆方枝柏
[科　　名] 柏科
[属　　名] 刺柏属
[别　　名] 阿尔泰方枝柏、阿尔泰圆柏
[保护级别] 新疆二级
[受威胁度] IUCN 濒危红色名录列为无危物种（LC）
中国生物多样性红色名录列为无危物种（LC）

新疆方枝柏

【生物学特征】

匍匐灌木；树皮灰色或灰褐色，呈薄片状脱落，枝干弯曲或直，沿地面平铺或斜上伸展，高不及 1 米。小枝直或微成弧状弯曲，方圆形或四棱形；鳞叶交叉对生；刺叶仅生于幼树上，近披针形，交叉对生或三叶交叉轮生。雌雄同株，球果卵圆形或宽椭圆状卵圆形；熟时淡褐黑色或蓝黑色，被或多或少的白粉，有 1 粒种子；种子卵圆形或椭圆形，微扁，长 4 ～ 7 毫米，径 3 ～ 5 毫米，基部圆或尖，顶端钝，有棱脊，具少数浅树脂槽，近平滑。花期 5 ～ 6 月，果第二年成熟。

新疆方枝柏：① 果枝；②～③ 种子；④ 种子侧面观；⑤ 叶放大　（绘图　何承帅）

【生活习性】

生于阿尔泰山海拔 1500 ～ 3000 米、天山海拔 2500 ～ 2900 米地带，常自成群落。喜光、抗寒、耐干燥贫瘠，生中山、亚高山至高山带林缘、灌丛和石坡。

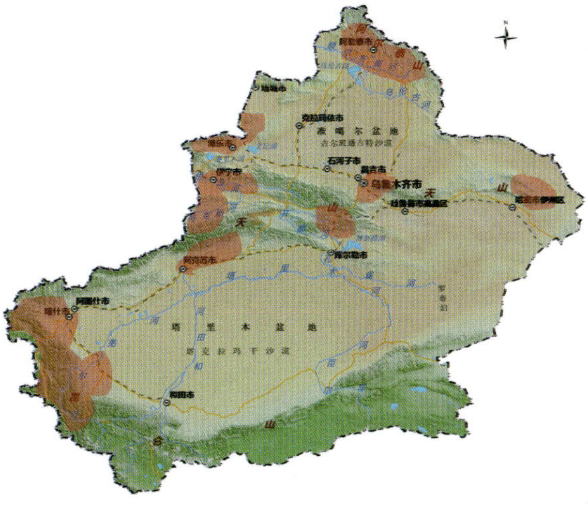

■ 新疆方枝柏分布区——产阿尔泰、布尔津、福海、富蕴、托里、博乐、温泉、察布查尔、伊宁、昭苏、尼勒克、和静、乌鲁木齐、阜康、伊吾、阿克苏、拜城、乌恰、喀什、阿克陶、莎车、叶城、塔什库尔干。阿富汗、巴基斯坦、蒙古国及中亚地区也有分布。

【保护价值】

该物种是新疆山区主要的水土保持树种，可种植观赏。

● 该物种主要分布区是新疆山区的夏牧场，其生境常受放牧干扰。分布广，具有重要的生态价值和经济价值。

6. 叉子圆柏 *Juniperus sabina*

[中 文 名] 叉子圆柏
[科　　名] 柏科
[属　　名] 刺柏属
[别　　名] 新疆圆柏、欧亚圆柏、天山圆柏、沙地柏
[保护级别] 新疆二级
[受威胁度] IUCN 濒危红色名录列为无危物种（LC）
中国生物多样性红色名录列为无危物种（LC）

叉子圆柏

【生物学特征】

匍匐灌木，高不及 1 米。枝密，斜上伸展，树皮灰色或淡灰红色。叶分刺叶和鳞叶；刺叶常生于幼树上，交互对生或三叶交叉轮生；鳞片交互对生。雌雄异株，稀同株；雄球花椭圆形或矩圆形，长 2 ～ 3 毫米，雄蕊 5 ～ 7 对，各具 2 ～ 4 花药；雌球花曲垂或初期直立而随后俯垂。球果生于向下弯曲的小枝顶端，熟前蓝绿色，成熟时褐色至紫蓝色或黑色，密被白粉，具 1 ～ 5 粒种子，多为 2 ～ 3 粒；种子常为卵圆形，微扁。花期 5 ～ 6 月，果期 2 ～ 3 年。

【生活习性】

适应性强，喜光、耐寒、耐旱、耐贫瘠，抗烟尘。生于海拔 1000 ～ 3000 米的多石山坡，或生于针叶树或针叶树和阔叶树混交林内，或生于砂丘上。

■ 叉子圆柏分布区——产阿尔泰山、准噶尔西部山地、天山山地。陕西、宁夏、甘肃、青海有分布。蒙古国、俄罗斯、哈萨克斯坦、亚洲西南部及欧洲也有分布。

叉子圆柏　（绘图　何承帅）

【保护价值】

该物种是宝贵的水土保持、固沙造林、观赏树种。枝、叶、果可药用，有祛风镇静、活血止痛的功效。

● 该物种主要分布区是新疆山区主要夏牧场，其分布地常受放牧干扰。

7. 昆仑多子柏 *Juniperus semiglobosa*

[中 文 名] 昆仑多子柏
[科　　名] 柏科
[属　　名] 刺柏属
[别　　名] 昆仑圆柏
[保护级别] 新疆一级
[受威胁度] IUCN 濒危红色名录列为无危物种（LC）
中国生物多样性红色名录列为易危物种（VU）

昆仑多子柏

【生物学特征】

乔木，高 8 ～ 12 米；树皮灰色或淡灰红色，薄条状脱落。鳞叶枝排列疏松、较粗壮。球果在鳞叶枝上常不俯垂；成熟球果干燥，被有灰粉，少树脂；种子 3 ～ 4 粒，具棱，背上常具纵沟。花期 5 月，果 2 年成熟。

【生活习性】

喜光、耐寒、耐旱、耐贫瘠。生于亚高山至高山带下部的阳坡和岩石裸露的半阴坡和碎石河谷、河滩，常生长在雪岭云杉林缘，海拔 2500 ～ 3300 米。

昆仑多子柏：① 果枝；② 一段叶；③～⑤ 果实；⑥～⑦ 种子正、腹面　　（绘图　何承帅）

■ 昆仑多子柏分布区——产阿克陶奥依他克和叶城昆仑山林场。西藏有分布。阿富汗、印度、哈萨克斯坦、吉尔吉斯斯坦、塔吉克斯坦及乌兹别克斯坦也有分布。

【保护价值】

该物种狭域分布，是昆仑西部特有种，亦是产区造林更新和城镇庭园绿化珍贵树种，宜种植。

● 由于其分布区乔灌木稀少，因此常被砍伐做薪炭材，其种群和生境遭到破坏。

8. 昆仑方枝柏 *Juniperus centrasiatica*

[中 文 名] 昆仑方枝柏
[科　　名] 柏科
[属　　名] 刺柏属
[别　　名] 无
[保护级别] 新疆一级
[受威胁度] 未予评估（NE）
据分子系统学 APG IV 系统，该种已正名为新疆方枝柏。

昆仑方枝柏

【生物学特征】

直立乔木，高 8 ～ 15 米。树冠密，灰绿色；枝条灰色或灰褐色，薄条状纵裂。末回小枝鳞菱形，顶端钝，内弯，具棱脊，背基两侧各具 1 条腺槽。球果卵圆形，熟时褐黄色或淡黄褐色；雌雄球花异株。雌球果微被白粉，果第二年成熟，含 1 粒种子。种子卵形，硬骨质，顶端常为扁嘴状，背腹加厚，具沟槽。花期 4 ～ 5 月。

昆仑方枝柏：① 果枝；② 果实；③ 种子正面观；④ 种子侧面观；⑤ 一段叶放大　（绘图　何承帅）

【生活习性】

生于亚高山至高山带阴坡、半阴坡、山脊、山谷、山河谷及河滩，海拔 2600 ～ 3600 米。

■ 昆仑方枝柏分布区——产阿克陶、乌恰、莎车、叶城、塔什库尔干、皮山等昆仑西部山地。

【保护价值】

该物种狭域分布，是昆仑西部特有种，亦是产区造林更新和城镇庭园绿化珍贵树种。

● 因砍伐、生境破坏等人类干扰导致该物种受到威胁。

（三）麻黄科 Ephedraceae

灌木、亚灌木或草本状。叶退化成膜质鞘状，下部合生，上部 3 ～ 4 裂。花具假花被，珠被顶端延伸成细长珠被管。共 1 属 55 种；我国有 16 种；新疆有 10 种。多数种类含生物碱，为重要的药用植物；耐旱，是珍贵的固沙植物。

9. 木贼麻黄 *Ephedra equisetina*

［中 文 名］ 木贼麻黄
［科　　名］ 麻黄科
［属　　名］ 麻黄属
［别　　名］ 木麻黄、山麻黄
［保护级别］ 新疆二级
［受威胁度］ 中国生物多样性红色名录列为无危物种（LC）

【生物学特征】

直立小灌木，稀部分匍匐状，高 1 ～ 1.5 米。小枝细密，平行或几平行、向上排列成帚状，常被白粉呈蓝绿色或灰绿色。叶 2 裂，长 1.5 ～ 2 毫米，褐色，大部合生；叶鞘基部红色，增厚。雄球花单生或 3 ～ 4 个集生于节上，卵圆形或窄卵圆形，雄蕊 6 ～ 8 枚，花丝全部合生；雌球花常 2 个对生于节上，窄卵圆形或窄菱形，苞片 3 对，菱形或卵状菱形，最上一对苞片约 2/3 合生，雌花 1 ～ 2 朵，珠被管长达 2 毫米，稍弯曲。雌球花成熟时肉质红色，长卵圆形或卵圆形；种子通常 1 粒，窄长卵圆形，顶端窄缩成颈柱状，基部渐窄圆，具明显的点状种脐与种阜。花期 6 ～ 7 月，种子 8 ～ 9 月成熟。

【生活习性】

旱生和超旱生植物。生于干旱地区山脊、山顶及岩壁等处，海拔 1300 ～ 3000 米。

【保护价值】

木贼麻黄是重要的药用植物，生物碱的含量较其他种类高，是提制麻黄碱的重要原料。应用已有千余年，至今国家药典收载，20 世纪 90 年代，由于过度采挖，导致草场大面积恶化，野生资源储量急剧下降。

● 该物种人工驯化栽培已在西北地区成功。

木贼麻黄

木贼麻黄：① 植株；② 叶鞘；③ 种子；④ 雌球花；⑤ 雄球花；⑥ 果实　（绘图　何承帅）

■ 木贼麻黄分布区——产青河、富蕴、福海、阿勒泰、布尔津、阜康、昌吉、乌鲁木齐、和布克赛尔、塔城、博乐、温泉、霍城。内蒙古、河北、北京、山西、山东、宁夏、甘肃、青海有分布。阿富汗、蒙古国及中亚地区也有分布。

10. 蓝枝麻黄 *Ephedra glauca*

[中 文 名] 蓝枝麻黄
[科　　名] 麻黄科
[属　　名] 麻黄属
[别　　名] 灰麻黄、蓝麻黄
[保护级别] 新疆二级
[受威胁度] 未予评估（NE）

蓝枝麻黄

【生物学特征】

小灌木，高 20 ～ 80 厘米；皮淡灰色或淡褐色，条状剥落。小枝淡灰蓝色，密被蜡粉，光滑，具浅沟纹。叶片 2 枚。雌球花含 2 粒种子，成熟时苞片红色，肉质浆果状；种子 2 粒；珠被管螺旋状弯曲，顶端具全缘浅裂片。花期 6 月，果期 8 月。

蓝枝麻黄：① 植株；② 雄球花；③ 叶鞘；④ 雌球花　　　　（绘图　何承帅）

■ 蓝枝麻黄分布区——产青河、阜康、乌鲁木齐、和布克赛尔、沙湾、奎屯、乌苏、精河、伊宁、伊吾、哈密、巴里坤、鄯善、吐鲁番、和硕、和静、库车、沙雅、拜城、阿克苏、阿克陶、乌恰。内蒙古、甘肃、青海有分布。伊朗、蒙古国、巴基斯坦及中亚地区也有分布。

【生活习性】

旱生和超旱生植物。耐干旱、瘠薄。多生长在砾石质山坡和悬崖陡壁的石隙中，海拔 1000 ～ 3000 米。

【保护价值】

该物种既是制药工业的原料，又是优良的防风固沙、干旱区城市绿化植物。绿色同化枝药用，有镇咳、平喘及发汗解热等药效。

● 该物种人工驯化栽培已在西北地区成功。

11. 中麻黄 *Ephedra intermedia*

［中 文 名］ 中麻黄
［科　　名］ 麻黄科
［属　　名］ 麻黄属
［别　　名］ 西藏中麻黄
［保护级别］ 新疆二级
［受威胁度］ IUCN 濒危红色名录列为无危物种（LC）
中国生物多样性红色名录列为近危物种（NT）

中麻黄

【生物学特征】

灌木，高 20 ～ 100 厘米。茎直立或匍匐斜上，粗壮，基部分枝多；绿色小枝常被白粉呈灰绿色；当年生枝较细，淡绿色，有细沟纹，沟纹浅。叶 3 裂及 2 裂混见，2/3 以下合生，裂片钝三角形或窄三角状披针形。雄球花通常无梗，数个密集于节上呈团状；雌球花卵形，苞片成熟时肉质，红色，后期微发黑。种子 2 粒，包于肉质红色苞片内，不外露，3 粒或 2 粒，卵圆形或长卵圆形；珠被管螺旋状弯，顶端具全缘浅裂片。花期 6 月，果期 8 月。

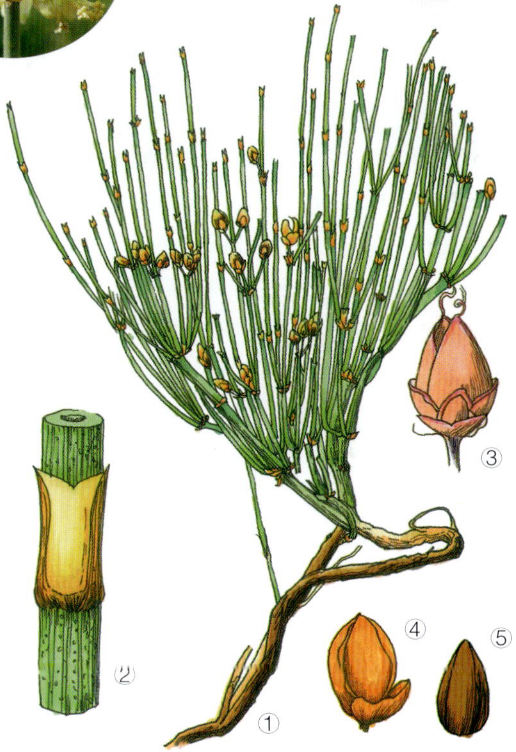

中麻黄. ① 植株；② 叶鞘；③ 雌球花；④ 苞片；⑤ 种子　（绘图　何承帅）

【生活习性】

抗寒、抗旱、喜光、耐干旱瘠薄。生长于海拔数百米至 2000 余米的干旱荒漠、沙滩地区及干旱的山坡或草地上。

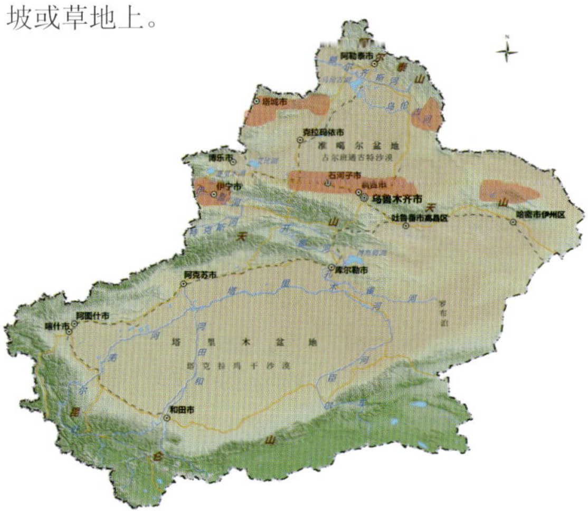

■ 中麻黄分布区——产青河、吉木乃、阜康、乌鲁木齐、玛纳斯、塔城、沙湾、奎屯、伊宁、巴里坤等地。甘肃、河北、内蒙古、宁夏、青海、陕西、山东、山西、西藏有分布。阿富汗、巴基斯坦、蒙古国、俄罗斯、中亚地区及亚洲西南部也有分布。

【保护价值】

该物种是中国分布最广的麻黄之一，也是《中华人民共和国药典》收载传统中药麻黄的原植物之一。宝贵的防风固沙树种；绿色同化枝和根可药用；植株含伪麻黄碱，可作植化原料。

● 由于前期的过度及不合理采挖，致使野生麻黄面积逐渐缩小，产量大幅降低。自治区林草局近年来加大了监管力度，在各林草人的保护下，该物种资源逐渐恢复。

12. 西藏麻黄 *Ephedra tibetica*

[中 文 名] 西藏麻黄
[科　　名] 麻黄科
[属　　名] 麻黄属
[别　　名] 西藏中麻黄
[保护级别] 新疆二级
[受威胁度] 未予评估（NE）
据新的分类系统，该种已正名为中麻黄。

西藏麻黄

【生物学特征】

小灌木，高 10 ～ 40 厘米。地下茎发达，垂生或斜展，有节，分枝，棕红色。小枝较粗，径约 2 毫米，沟纹深，枝上裸露部分棕色，多粉质；当年生枝淡绿色，节上棕色，中部节间长 3 ～ 5 厘米，沿棱脊具细瘤点。叶片 3 枚或 2 枚。雄球花多数（20 余枚），具 4 对苞片，近圆形，背部淡绿色，常每 3 ～ 4 枚雄球花一束呈复团伞花序，密集于整个节上。雌球花多至 20 ～ 30 枚，每一雌球花呈椭圆形，成熟时全部苞片肉质，红色或紫色，珠被管螺旋状弯曲，顶端具全缘浅裂片；种子 2 ～ 3 粒，种皮栗色，有光泽。花期 5 ～ 6 月，果期 7 ～ 8 月。

【生活习性】

生于高山干旱石坡、河谷、河滩，海拔 2900 ～ 4200 米。

■ 西藏麻黄分布区——产莎车、叶城、塔什库尔干、民丰、和田等昆仑山区。

西藏麻黄：① 植株；② 雌花序；③ 种子
（绘图　何承帅）

【保护价值】

该物种是昆仑山常见的防风固沙植物，具有重要的生态价值。已有人工栽培，麻花素已人工合成，对野生个体需求不如之前突出。

二、被子植物 ANGIOSPERMAE

被子植物是植物界最高级的一类。它们具有真正的花，花中有雌蕊，具有双受精现象，孢子体高度发达，配子体进一步退化。它们在地球上占有绝对优势，种类繁多。现知全世界被子植物共有 20 余万种，占植物界总数的一半以上。中国已知的被子植物 2700 余属 3 万余种。

被子植物的胚珠由心皮所包裹，形成了子房，最后发育成为果实，因而有别于裸子植物。被子植物是当今世界植物界中进化程度最高、种类最多、分布最广、适应性最强的类群。被子植物与人类有着极为密切的关系，如中国的被子植物可提供食物的达 2000 余种；果树有 300 余种；花卉植物数不胜数；药用被子植物有 10027 种等。

13. 额河杨 *Populus × berolinensis var. jrtyschensis*

[中 文 名] 额河杨
[科　　名] 杨柳科
[属　　名] 杨属
[别　　名] 无
[保护级别] 国家二级
[受威胁度] 中国生物多样性红色名录列为无危物种（LC）

【生物学特征】

乔木，高 10 ～ 15 米。叶两面异色，上面淡绿色，两面沿脉有疏绒毛，下面毛较密，色淡；萌枝叶菱状倒卵形；短枝叶长卵形或菱状卵圆形，叶长 5 ～ 8 厘米，边缘半透明，具腺圆锯齿；叶柄近顶端微侧扁，被毛，稀无毛，与叶片近等长。雄花序长 3 ～ 4 厘米，雄蕊 30 ～ 40 枚，花药紫红色；雌花序长 5 ～ 6 厘米，有 15 ～ 20 花，轴被疏毛，稀无毛。果序轴光滑或有短柔毛；蒴果卵圆形，2(3) 瓣裂。花期 5 月，果期 6 月。

额河杨分布区——克兰河及额尔齐斯河。

（四）杨柳科 Salicaceae

落叶木本，树皮苦。单叶互生。花单性，雌雄异株；葇荑花序；苞片膜质，无花被；子房 1 室，侧膜胎座。多为蒴果。共 50 余属 1800 余种，主产北温带；我国有 13 属 385 种（特有 245 种）；新疆有 2 属 70 种。

额河杨：① 果序枝；② 长枝下部叶　（绘图　何承帅）

【生活习性】

抗寒性强，喜光，不耐庇荫。生于河湾林缘、林中空地及沿河沙地。

【保护价值】

该物种自成群落，不仅是珍贵的种质资源，也是杨树选育良种的珍贵材料。

● 新疆特有种。

14. 灰胡杨 *Populus pruinosa*

[中 文 名] 灰胡杨
[科　　名] 杨柳科
[属　　名] 杨属
[别　　名] 灰杨
[保护级别] 新疆二级
[受威胁度] IUCN 濒危红色名录列为近危物种（NT）
中国生物多样性红色名录列为无危物种（LC）

灰胡杨

灰胡杨雌花

【生物学特征】

小乔木，高达 10 ～ 20 米。树冠开展，树皮淡灰黄色；萌枝密被灰色绒毛；小枝有灰色绒毛。萌枝叶椭圆形，两边被灰绒毛；短枝叶肾脏形，长 2 ～ 4 厘米，全缘或先端具 2 ～ 3 疏牙齿，两面灰蓝色，密被短绒毛；叶柄长 2 ～ 3 厘米，微侧扁。花盘深裂有时至基部。果序轴、果柄和蒴果均密被短绒毛；蒴果长卵圆形。花期 5 月，果期 7 ～ 8 月。

灰胡杨：① 果序枝；② 萌枝；③ 蒴果　（绘图　何承帅）

【生活习性】

常与胡杨混生，或自成群落，数量较胡杨少。适应性强，喜光、喜沙壤土、耐干旱、耐盐碱、抗风沙。生于荒漠河谷河滩或水位较高的沿河地带，海拔 800 ～ 1400 米。

■ 灰胡杨分布区——产叶尔羌河、喀什河、和田河、皮山、巴楚、策勒、喀什、乌鲁木齐、霍城、伊宁一带。俄罗斯、哈萨克斯坦、吉尔吉斯斯坦、伊朗有分布。

【保护价值】

该物种野外分布区窄，数量少。荒漠河岸林的主要建群种之一，是优良的固沙、绿化和观赏树种。人工已引种栽培。叶及嫩枝可作饲料；木材可供建筑使用。

15. 伊犁杨 *Populus iliensis*

［中文名］伊犁杨
［科　名］杨柳科
［属　名］杨属
［别　名］无
［保护级别］新疆二级
［受威胁度］未予评估（NE）

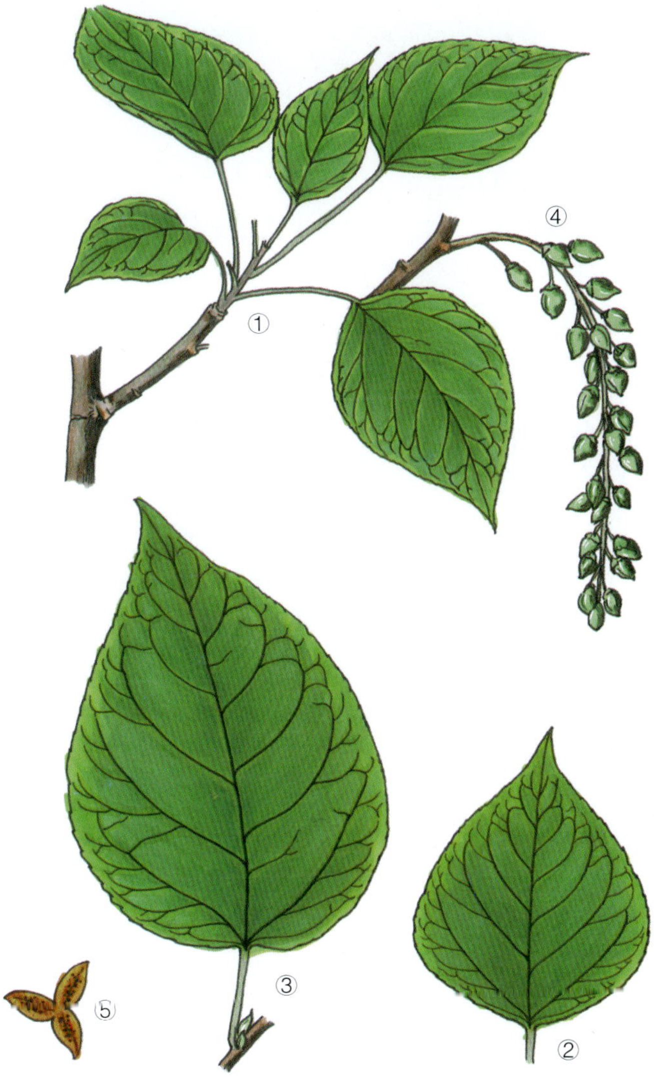

伊犁杨：① 枝叶；② 叶，③ 萌枝叶；④ 果序枝；⑤ 蒴果瓣裂　　（绘图　何承帅）

【生物学特征】

乔木，高 10 ～ 15 米。树皮灰色，纵裂；一年生小枝褐色，具细绒毛或有时光滑；2 ～ 3 年生枝淡褐色。叶两面异色，上面绿色，下面色淡；萌枝叶或长枝叶卵圆形或阔卵圆形，长 3 ～ 7 厘米，宽 3 ～ 6 厘米；短枝叶卵圆形或卵形，长 3 ～ 7 厘米，宽 2 ～ 5 厘米，基部阔楔形、圆形或截形，边缘具密腺齿，齿端尖而弯曲，初时具缘毛。花盘圆形，黄白色，具柄。果序长 5 ～ 10 厘米，果序轴光滑或有短柔毛；蒴果卵圆形，光滑，2 ～ 3 个瓣裂；本种近于阿富汗杨，又似密叶杨。

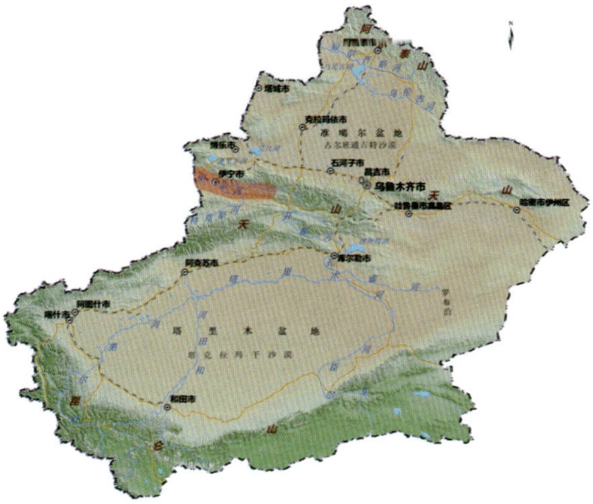

■ 伊犁杨分布区——产伊宁、巩留。

【生活习性】

生于伊犁河沿岸。

【保护价值】

该物种种群数量较小，是造林绿化植物、经济植物。

● 新疆特有种。在伊犁河沿岸已不多见。

16. 帕米杨 *Populus pamirica*

［中 文 名］帕米杨
［科　　名］杨柳科
［属　　名］杨属
［别　　名］帕米尔杨
［保护级别］新疆二级
［受威胁度］中国生物多样性红色名录列为濒危物种（EN）

帕米杨

【生物学特征】

乔木，高 10 ～ 15 米。枝淡黄灰色或淡褐色，具棱，小枝具柔毛。叶两面异色，上面绿色，下面色淡；萌枝叶长椭圆形，无毛；短枝叶圆形，长宽近等长，长 4 ～ 6.5 厘米，先端突尖，基部心形，沿脉微被柔毛；叶柄长 3 ～ 7 厘米，圆柱形，被柔毛。果序长 6 厘米，果序轴有毛；蒴果卵圆形，3 瓣裂，长 4 毫米，无柄。花期 5 月，果期 6 月。

帕米杨：① 枝叶；② 萌枝叶；③ 果序；④ 蒴果
（绘图　何承帅）

【生活习性】

生于林缘或山河岸边，海拔 1800 ～ 2000 米。

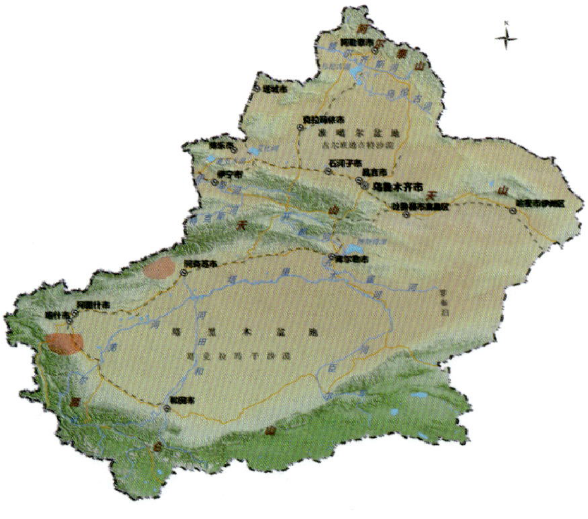

■ 帕米杨分布区——产阿克陶、阿合奇。塔吉克斯坦也有分布。

【保护价值】

该物种是经济植物、造林绿化植物，种群小。

● 中国仅在新疆西昆仑山北坡有小面积分布。

17. 柔毛杨 *Populus pilosa*

[中 文 名] 柔毛杨
[科　　名] 杨柳科
[属　　名] 杨属
[别　　名] 绒毛杨
[保护级别] 无
[受威胁度] 中国生物多样性红色名录列为濒危物种（EN）

柔毛杨

【生物学特征】

乔木，高 5 ～ 12 米。树皮深纵裂，白灰色；小枝粗，节间短，叶痕较密，具密毛；三年生枝无毛，黄白色；芽有黏质，被柔毛。叶两面异色，上面绿色，下面色淡，卵形或广卵形，长 4.5 ～ 9 厘米，宽 4 ～ 6 厘米，基部浅心形、截形或圆形，边缘圆波状锯齿，齿端具不明显的微尖，上面被毛，下面黄白色或白色，沿脉有毛；叶柄近圆形，长 1 ～ 2.5(4) 厘米，被密黄毛。苞片宽大于长；花盘具波状齿。果序轴有毛；蒴果 2 瓣裂，无柄，圆球状卵圆形，有毛。花期 5 月，果期 6 月。

② ①

柔毛杨：① 果序枝；② 幼枝叶　（绘图　何承帅）

【生活习性】

生于山地河谷沿岸的混交林中，海拔 1600 ～ 2300 米。

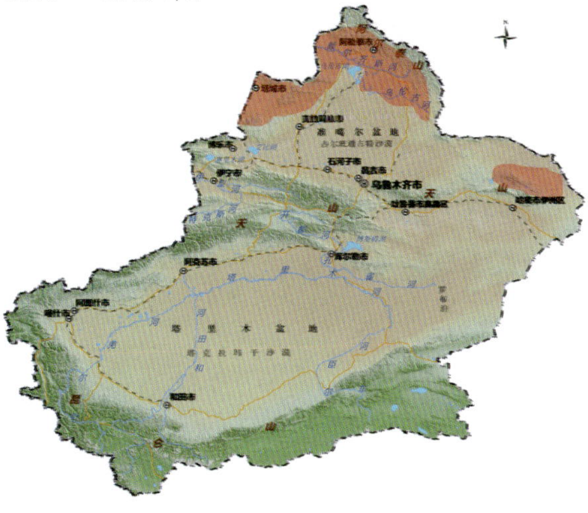

■ 柔毛杨分布区——产青河、富蕴、福海、阿勒泰、布尔津、哈巴河、吉木乃、塔城、伊吾、巴里坤等地。蒙古国也有分布。

【保护价值】

该物种是优良的经济树种和造林绿化树种，木材供建筑、家具用。

● 中国仅在新疆分布。

18. 苦杨 *Populus laurifolia*

［中 文 名］苦杨
［科　　名］杨柳科
［属　　名］杨属
［别　　名］无
［保护级别］无
［受威胁度］中国生物多样性红色名录列为近危物种（NT）

苦杨

苦杨蒴果

【生物学特征】

乔木，高 10 ～ 15 米。萌枝有锐棱肋，姜黄色；小枝淡黄色；枝、叶、花、果常密被绒毛。萌枝叶披针形或卵状披针形，长 10 ～ 15 厘米，有密腺锯齿；短枝叶椭圆形、卵形、长圆状卵形，长 6 ～ 12 厘米，两面沿叶脉常有疏绒毛；叶柄圆，长 2 ～ 5 厘米，密生绒毛。雄花序长 3 ～ 4 厘米，雄蕊 30 ～ 40 枚；苞片长 3 ～ 5 毫米，近圆形，裂成多数细窄的褐色裂片；雌花序长 5 ～ 6 厘米，轴密被绒毛。果序轴被绒毛；蒴果卵圆形，长 5 ～ 6 毫米，近无毛，花期 4 ～ 5 月，果期 6 月。

【生活习性】

喜光，耐寒、喜水湿、要求湿润肥沃的沙壤土，不耐干旱瘠薄，不耐盐碱。生于山地河谷和额尔齐斯河湾，海拔 500 ～ 1900 米。

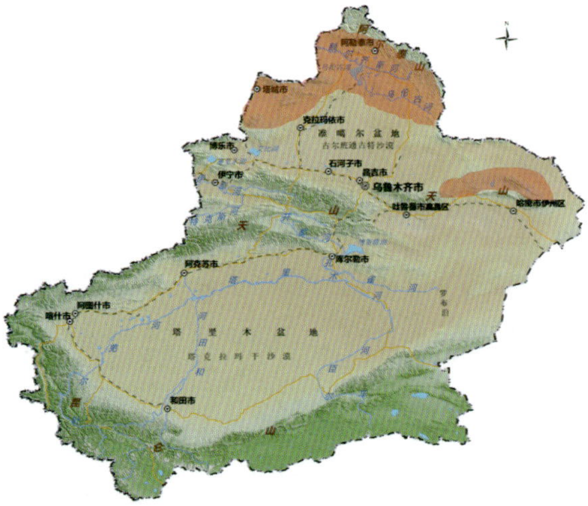

■ 苦杨分布区——产青河、富蕴、福海、阿勒泰、布尔津、哈巴河、吉木乃、木垒、和布克赛尔、塔城、裕民、伊吾、巴里坤等地。俄罗斯西伯利亚和蒙古国西北部也有分布。

苦杨：① 叶；② 幼果枝；③ 叶（示脉被毛）
（绘图　何承帅）

【保护价值】

该物种可作阿尔泰山山地河谷造林更新树种，还可作燃料、饲料、鞣料。木质部软，白色，适于各种木器制作和提取纸浆；开花时是蜜源植物。树皮含单宁约 3.5%。

● 中国仅在新疆分布。

19. 萨彦柳 *Salix sajanensis*

［中 文 名］萨彦柳
［科　　名］杨柳科
［属　　名］柳属
［别　　名］无
［保护级别］无
［受威胁度］中国生物多样性红色名录列为极危物种（CR）

萨彦柳

萨彦柳花序

【生物学特征】

灌木或小乔木，高 2 ～ 4 米。小枝较粗，褐色或栗色，初有短绒毛，后无毛而有光泽；芽栗色，长卵圆形，初有灰绒毛。叶倒卵状披针形，长 4 ～ 8 厘米，宽 0.9 ～ 1.5 厘米，背面被灰色绒毛。雌花序具短梗；苞片卵圆形，顶端尖。子房柄短至几无柄，密被绒毛；蒴果长圆形，灰色。花期 6 月，果期 6 ～ 7 月。

【生活习性】

生于阿尔泰山西北部海拔 1800 米的针叶林缘或山河岸边。

【保护价值】

该物种是优良的水土保持树种，尚未由人工引种栽培。

● 中国仅在新疆分布。

萨彦柳：① 果序枝；② 叶（下面部分放大）；③ 叶（示基部、叶柄及芽）；④ 雌花；⑤ 苞片　　（绘图　何承帅）

■ 萨彦柳分布区——产布尔津。俄罗斯西伯利亚、蒙古国北部有分布。

20. 皱纹柳 *Salix vestita*

[中 文 名] 皱纹柳
[科　　名] 杨柳科
[属　　名] 柳属
[别　　名] 无
[保护级别] 无
[受威胁度] 中国生物多样性红色名录列为濒危物种（EN）

皱纹柳

【生物学特征】

小灌木，高约1米。小枝无毛，栗褐色，有光泽；芽被疏绒毛。叶椭圆形、卵圆形或倒卵圆形，长4～5厘米，全缘，叶上面鲜绿色，叶脉凹陷，具鳞斑状皱纹，下面密被白色细长毛，侧脉和网脉突出。花与叶近同时或叶后开放。花序细圆柱形，花序梗具小叶和丝状柔毛，侧生于小枝；雄蕊2枚；子房长卵圆形，密被绒毛，具柄。蒴果卵圆形，长3～5毫米，黄褐色，被柔毛。花期6月，果期7～8月。

【生活习性】

生于阿尔泰山西北部的针叶林下，海拔1600～2000米。

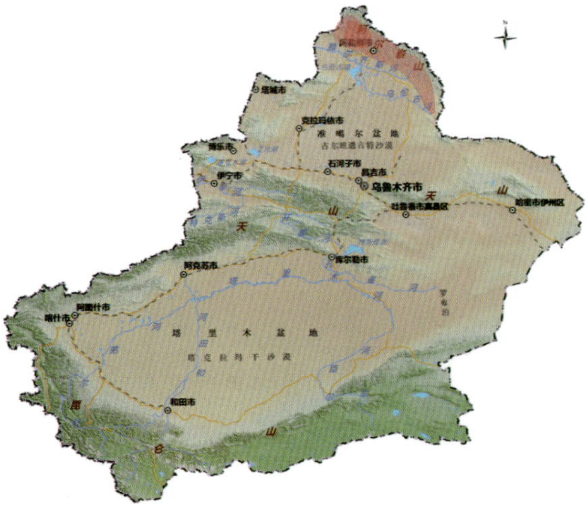

■ 皱纹柳分布区——产青河、富蕴、阿勒泰、布尔津、哈巴河。俄罗斯西伯利亚、蒙古国北部、远东及北美洲也有分布。

皱纹柳：① 雌花序枝；② 雌花　（绘图　何承帅）

【保护价值】

该物种是珍贵的种质资源，尚未由人工引种栽培。

● 中国仅在新疆分布，阿尔泰山特有种。

21. 白背五蕊柳 *Salix pentandra* var. *intermedia*

［中 文 名］ 白背五蕊柳
［科　　名］ 杨柳科
［属　　名］ 柳属
［别　　名］ 无
［保护级别］ 无
［受威胁度］ 中国生物多样性红色名录列为近危物种（NT）

白背五蕊柳

白背五蕊柳花序

【生物学特征】

灌木或小乔木，高 1 ～ 5 米。一年生枝为橄榄色或淡黄褐色。叶椭圆形，背面发白，低出叶顶端下面有须状绢毛；无托叶；冬芽多黏质。雄蕊 5 枚，花丝基部有细长毛。花期 6 月，果期 8 ～ 9 月。

【生活习性】

生于阿尔泰山林区积水的草甸或沼泽地，性喜阳光，很少生长在稍潮润的山坡上，海拔 1700 ～ 1800 米。

【保护价值】

该物种树皮含鞣质和水杨苷，可作鞣料、植化原料；可作行道树，是珍贵的造林绿化植物。新疆狭域分布。

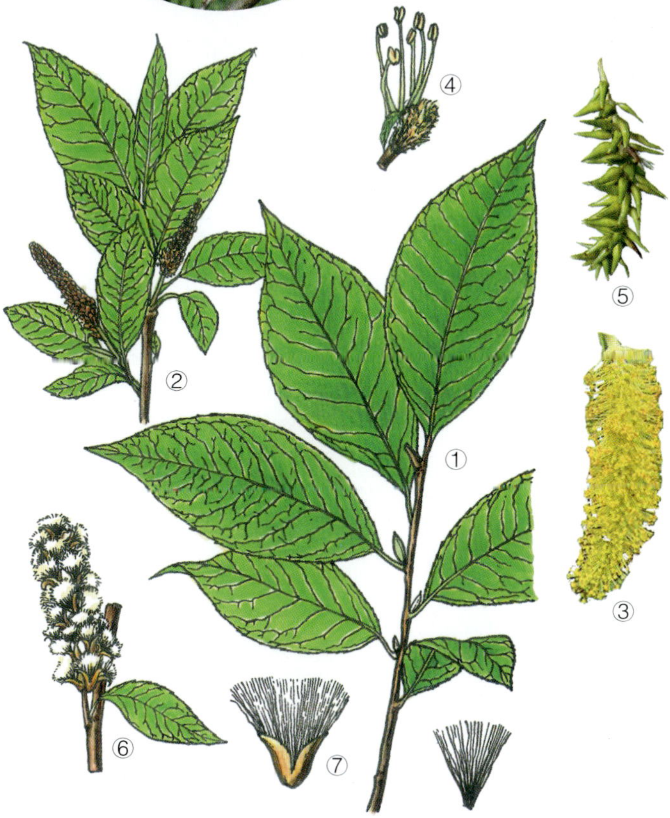

白背五蕊柳：① 枝叶；② 果枝；③ 雄性花序；④ 雄花；⑤ 果序；⑥雌性花序；⑦ 雌花　　（绘图　何承帅）

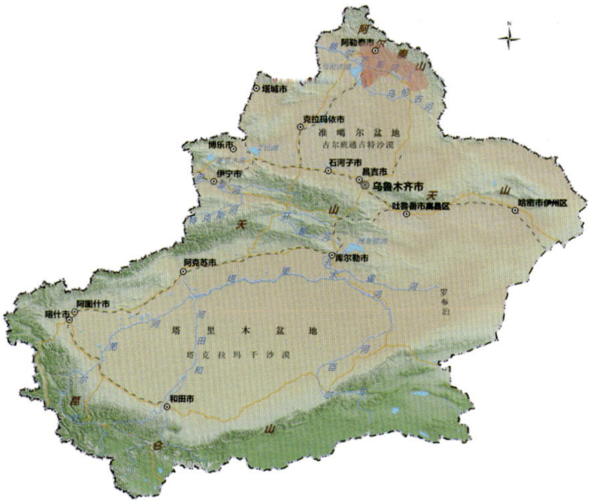

■ 白背五蕊柳分布区——产福海、富蕴、阿勒泰。东北小兴安岭及长白山有分布。朝鲜也有分布。

22. 蔓柳 *Salix turczaninowii*

[中 文 名] 蔓柳
[科　　名] 杨柳科
[属　　名] 柳属
[别　　名] 无
[保护级别] 无
[受威胁度] 中国生物多样性红色名录列为近危物种（NT）

蔓柳

【生物学特征】

草本状匍匐灌木。枝淡褐黄色，长 5 ～ 10 厘米，稀达 30 厘米；芽小，棕色，无毛。叶椭圆形，边缘有细锯齿。花序生枝端，与叶同时开放；花序梗有毛，基部具 2 小叶片；花多数；苞片倒卵圆形，淡黄色；雄蕊 2 枚，花丝基部有毛；果序长达 5 厘米；子房卵状圆锥形，有短柄，无毛。花期 6 ～ 7 月，果期 7 月。

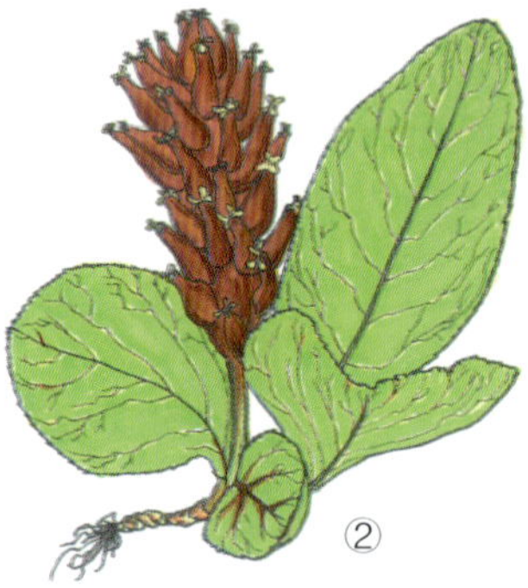

②

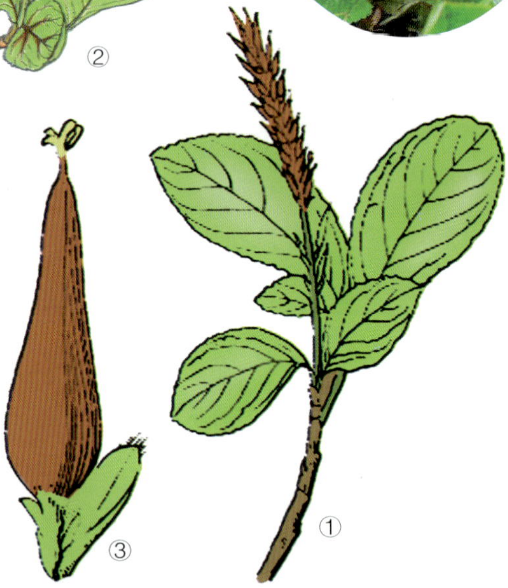

③ ①

蔓柳：① 雌花序；② 植株；③ 雌花（幼果）
（绘图　何承帅）

【生活习性】

生于阿尔泰山和天山高山砾石带，海拔 2600 ～ 2800 米。

■ 蔓柳分布区——产青河、富蕴、福海、阿勒泰、布尔津、哈巴河、博乐。蒙古国、俄罗斯、哈萨克斯坦也有分布。

【保护价值】

该物种抗寒性好，是优异的抗逆种质资源。尚未由人工引种栽培。

● 中国仅在新疆分布。

23. 绢柳 *Salix neolapponum*

［中 文 名］绢柳
［科　　名］杨柳科
［属　　名］柳属
［别　　名］无
［保护级别］无
［受威胁度］中国生物多样性红色名录列为濒危物种（EN）

绢柳

【生物学特征】

灌木，高 30 ～ 40 厘米。枝较粗，淡褐色或栗色。叶长圆状倒卵圆形，全缘，稀有疏细腺齿，上面淡绿色，下面灰色，被疏毛或无毛，幼叶两面密被白色绢毛；叶柄短，有绒毛；托叶披针形，密被绒毛，常早落。花与叶近同时开放，花序圆柱形；花序梗短；苞片阔卵圆形；雄蕊 2 枚；子房卵状圆锥形，柄短，柱头 2 裂，具横展或下弯裂片。蒴果灰色，密被绒毛。花期 6 月，果期 7 月。

绢柳：① 果序枝；② 子房和腹腺；③ 雌花的苞片内面和腹腺

（绘图　何承帅）

【生活习性】

生于阿尔泰山区山间低湿地，海拔 1900 ～ 2300 米。

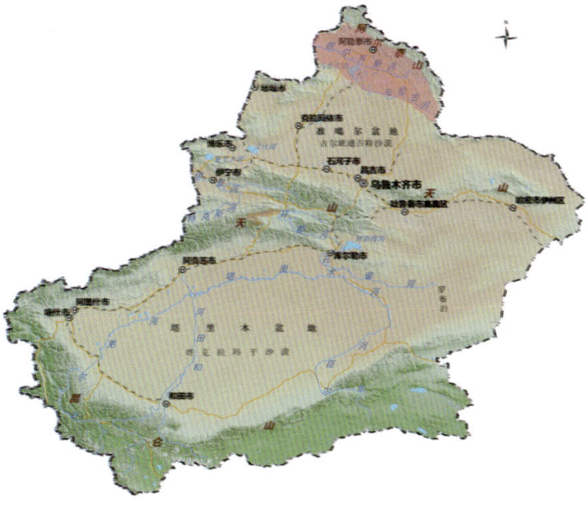

绢柳分布区——产青河、富蕴、福海、阿勒泰市、布尔津、哈巴河、吉木乃等地。

【保护价值】

该物种数量稀少，已成功引种栽培，是防堤固岸、防风固沙和编制筐具的珍贵材料。

- 新疆特有种。

24. 戟叶柳 *Salix hastata*

［中 文 名］ 戟叶柳

［科　　名］ 杨柳科

［属　　名］ 柳属

［别　　名］ 戟柳

［保护级别］ 无

［受威胁度］ 中国生物多样性红色名录列为近危物种（NT）

戟叶柳

【生物学特征】

灌木，高 1 ～ 2 米。小枝初有柔毛，后无毛或几近无毛。叶卵形，长圆形或长圆状倒卵形，长 2 ～ 8 厘米，有细锯齿，两面异色，上面绿色，下面较淡；托叶发达，边缘有细锯齿。花与叶同时开放；花序长 2 ～ 4 厘米；花序梗具小叶片和绒毛；苞片长圆形；雄蕊 2 枚；子房卵形，无毛，有短柄，花柱明显。蒴果绿色或褐色，无毛。花期 5 ～ 6 月，果期 6 ～ 7 月。

【生活习性】

生于阿尔泰山的山地河岸或低湿地，海拔 1000 ～ 1800 米。

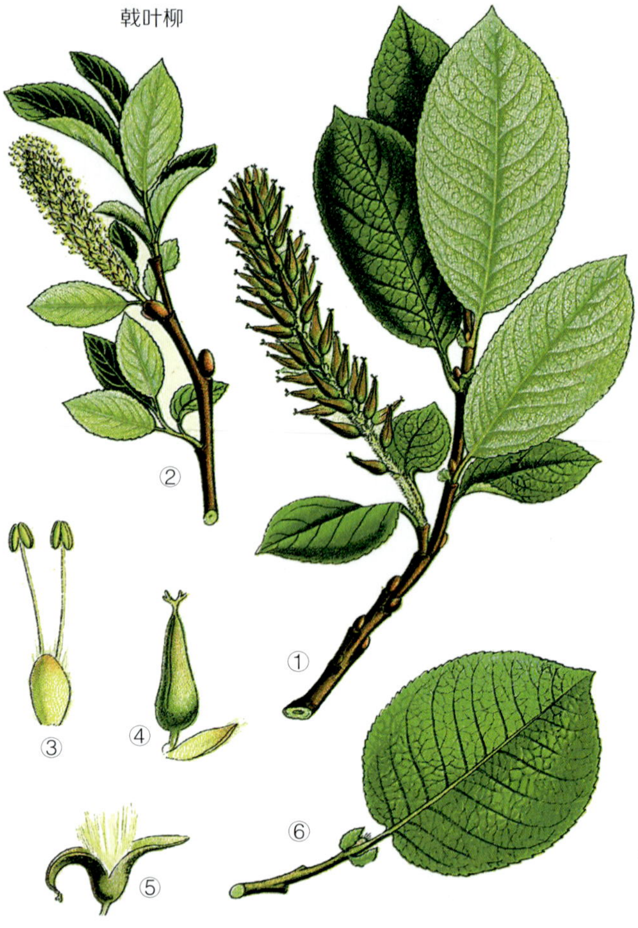

戟叶柳：① 果序枝；② 花序枝；③ 雄蕊；④ 雌蕊；⑤ 蒴果；⑥ 叶　　（绘图　何承帅）

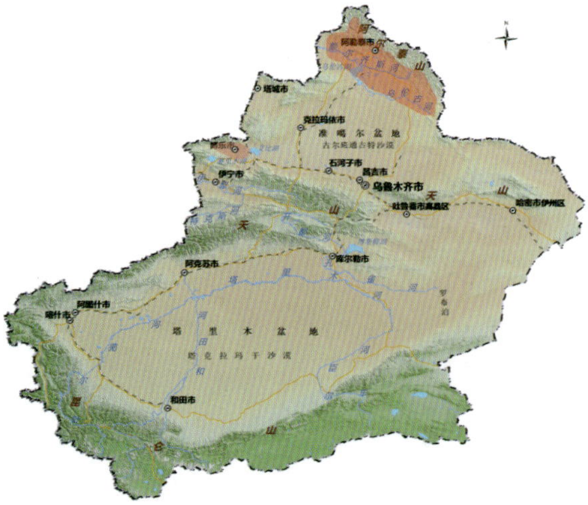

■ 戟叶柳分布区——产青河、富蕴、阿勒泰、布尔津、博乐。哈萨克斯坦、吉尔吉斯斯坦、乌兹别克斯坦、蒙古国、俄罗斯、欧洲等地也有分布。

【保护价值】

该蜜源植物可作器具与造纸原料，叶在北方供作鹿的春季饲料，尚未由人工引种栽培。

- 中国仅在新疆分布。

25. 绿叶柳 *Salix metaglauca*

[中 文 名] 绿叶柳
[科　　名] 杨柳科
[属　　名] 柳属
[别　　名] 无
[保护级别] 无
[受威胁度] 中国生物多样性红色名录列为极危物种（CR）

绿叶柳

绿叶柳：① 雌花序枝；② 幼叶；③ 雌花；④ 雄花；⑤ 幼果　（绘图　何承帅）

【生物学特征】

灌木，高约1米。小枝初有绒毛，后无毛；芽初有毛，后无毛。叶椭圆形或长圆状倒卵形，两面同为灰绿色；叶柄被绒毛；托叶卵圆形，边缘有锯齿。花在叶后开放；花序梗被绒毛，基部具小叶片；苞片卵状椭圆形；雄蕊2枚；子房密被灰绒毛，具短柄，花柱短，柱头深2裂。蒴果灰绿色，密被绒毛。花期6月，果期7～8月。

【生活习性】

生于阿尔泰山的高山石缝中，海拔2700～2800米。

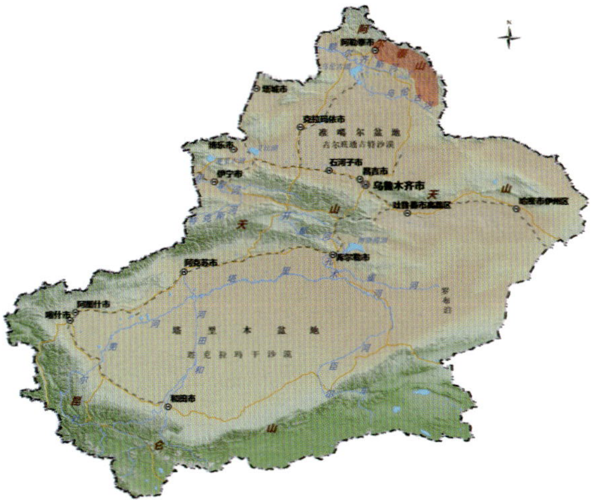

■ 绿叶柳分布区——产福海、阿勒泰、布尔津、哈巴河、吉木乃。

【保护价值】

该物种抗寒性好，是优异的抗逆种质资源，尚未由人工引种栽培。

● 新疆特有种。

26. 灌木柳 *Salix saposhnikovii*

［中 文 名］灌木柳
［科　　名］杨柳科
［属　　名］柳属
［别　　名］无
［保护级别］无
［受威胁度］中国生物多样性红色名录列为极危物种（CR）

灌木柳

【生物学特征】

灌木，高约 1 米。当年生小枝常有短绒毛，后无毛，栗色，有光泽。叶两面异色，上面绿色，下面淡绿色，长圆状椭圆形，边缘有疏齿，稀几全缘，成熟叶两面无毛。花与叶同时或叶后开放；雄蕊 2 枚；苞片披针形或长圆状倒卵形；果序梗有绒毛；子房卵状圆锥形或长卵圆形，具短绒毛，子房柄和花柱均短，柱头 2 裂。蒴果褐色，被短绒毛。花期 5 ～ 6 月，果期 6 ～ 7 月。

灌木柳：① 果序枝；② 雄花　（绘图　何承帅）

【生活习性】

喜湿润、疏松、肥沃土壤和耐水湿、耐寒。生于阿尔泰山西北部河谷、林缘，海拔 1500 ～ 2000 米。

■ 灌木柳分布区——产布尔津、哈巴河。俄罗斯和蒙古国北部也有分布。

【保护价值】

该物种萌蘖能力强，是营造水土保持林、固沙林的优良灌木树种，枝条可作编织品。

- 中国仅在新疆分布。

27. 天山柳 *Salix tianschanica*

［中 文 名］天山柳
［科　　名］杨柳科
［属　　名］柳属
［别　　名］无
［保护级别］无
［受威胁度］中国生物多样性红色名录列为近危物种（NT）

天山柳

【生物学特征】

灌木，高 1～3 米。多分枝；小枝栗红色，无毛，有光泽；芽小，披针形，具微弯尖头。叶椭圆形或倒卵状椭圆形，上面绿色，下面较淡，边缘有密的弯尖齿；托叶斜卵形，边缘有腺齿。花几乎与叶同时开放；花序梗短，基部具鳞片状叶，早落；苞片长卵圆形；雄蕊 2 枚；子房卵形，被绒毛，具柄，柱头短。蒴果褐色，有疏毛。花期 6 月，果期 6 月。

【生活习性】

生于天山山区河岸边及林缘或灌丛中，海拔 1700～2700 米。

天山柳：① 枝及叶；② 蒴果；③ 雄花；④ 果序枝
（绘图　何承帅）

■ 天山柳分布区——产乌鲁木齐、昌吉、呼图壁、石河子、沙湾、乌苏、精河、博乐、霍城、尼勒克、特克斯、昭苏、新源、巩留。哈萨克斯坦、吉尔吉斯斯坦也有分布。

【保护价值】

该物种为水土保持树种。

● 中国仅在新疆分布。

28. 伊犁柳 *Salix iliensis*

[中 文 名] 伊犁柳
[科　　名] 杨柳科
[属　　名] 柳属
[别　　名] 山柳、伊梨柳
[保护级别] 无
[受威胁度] 中国生物多样性红色名录列为近危物种（NT）

伊犁柳

【生物学特征】

灌木，高 1 ～ 2 米。树皮深灰色。小枝淡黄色，初有短绒毛，后光滑无毛；芽扁长圆状披针形，具钝嘴。叶椭圆形、倒卵状椭圆形、阔椭圆形或倒卵圆形，长 3 ～ 7 厘米，全缘，上面暗绿色，下面淡绿色，幼叶有短绒毛；托叶肾形，有齿牙。花先叶或近与叶同时开放；雄花序无梗，雌花序具短梗和小叶片；果序轴有毛；苞片倒卵状长圆形；子房长圆锥形，密被灰绒毛。蒴果灰色。花期 5 月，果期 6 月。

【生活习性】

生于雪岭云杉林缘、疏林、混交林及山河岸边，海拔 1400 ～ 2700 米。

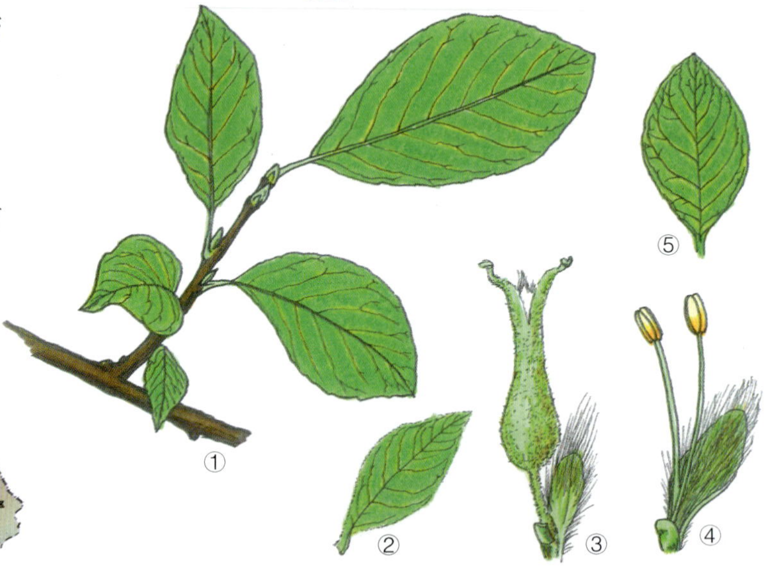

伊犁柳：① 植株；② 叶；③ 雌花；④ 雄花；⑤ 叶
（绘图　何承帅）

■ 伊犁柳分布区——分布于天山各地，自东至西，从北坡到南坡，一直到喀什附近的奥依塔格。俄罗斯、阿富汗、巴基斯坦、哈萨克斯坦、吉尔吉斯斯坦、乌兹别克斯坦也有分布。

【保护价值】

该物种可作器具与造纸原料。

● 中国仅在新疆分布。

（五）胡桃科 Juglandaceae

落叶木本。叶互生，羽状复叶无托叶。雌雄同株花不同，雄花下垂，葇荑状；雌花序穗状，或集束成下垂的葇荑花序。2 心皮合生，子房下位；果实为假核果或坚果状。共 8 属约 70 种，大多数分布在北半球热带到温带；中国有 8 属 28 种 1 变种；新疆栽培 2 属 3 种。

29. 新疆野核桃 *Juglans regia*

［中 文 名］新疆野核桃
［科　　名］胡桃科
［属　　名］胡桃属
［别　　名］核桃、胡桃
［保护级别］新疆一级
［受威胁度］IUCN 濒危红色名录列为无危物种（LC）
中国生物多样性红色名录列为易危物种（VU）

新疆野核桃：① 叶；② 果核；③ 果核侧面观；④ 果核纵切观；⑤ 果核横切观（绘图　何承帅）

【生物学特征】

乔木，高 20 ～ 25 米。树皮灰色，老时灰白色，浅纵裂；新枝无毛。羽状复叶长 25 ～ 30 厘米；叶柄及叶轴幼时被腺毛及腺鳞；小叶椭圆状卵形或椭圆形，长 6 ～ 15 厘米，全缘。雄性葇荑花序下垂；雄花的苞片、小苞片及花被片均被腺毛；雌花 1 ～ 3 朵集生于枝端，总苞被有白色腺毛。核果球形，无毛，皮孔褐色；果核稍具皱曲，有 2 条纵棱。花期 4 ～ 5 月，果期 9 ～ 10 月。

【生活习性】

喜光，耐寒，抗旱、抗病能力强，适应多种土壤生长，喜肥沃湿润的沙质壤土。霍城、巩留有小面积野核桃林，生于前山沟谷中，海拔 400 ～ 1800 米。

【保护价值】

该物种分布区窄，是重要的经济果木种质资源，为优良的木本油料，用材树种、园林观赏树种。第三纪残遗植物，对研究古代植物区系的变迁和古地理及第三纪、第四纪气候的变化有着重要的科学价值。

● 因人为采摘果实食用，或作为种源培育砧木而受到威胁。1983 年，经新疆维吾尔自治区人民政府批准建立巩留野核桃自然保护区，专门保护野生胡桃及其生境。栽培历史悠久，品种很多，新疆纸皮核桃深受消费者喜爱。

新疆野核桃分布区——霍城、巩留有小面积野核桃林，生前山沟谷中，南疆各地广泛栽培。

（六）桦木科 Betulaceae

落叶乔木或灌木。单叶，互生，托叶早落。花单性，雌雄同株；雄花下垂，葇荑状，雌蕊无花被；子房裸露 2 室，每室 1 胚珠。小坚果，种子 1 个，无胚乳。共 6 属 150 ～ 200 种，主要分布于北温带；中国有 6 属 89 种；新疆有 1 属 6 种。

30. 盐桦 *Betula halophila*

［中 文 名］盐桦
［科　　名］桦木科
［属　　名］桦木属
［别　　名］盐生桦
［保护级别］无
［受威胁度］中国生物多样性红色名录列为野外绝灭物种（EW）

盐桦

【生物学特征】

灌木，高 2 ～ 3 米。树皮灰褐色。芽卵形，芽鳞褐色，无毛；小枝密被柔毛及树脂腺体；老枝褐色，无毛。叶卵形，稀卵状菱形，长 2.5 ～ 4.5 厘米、宽 1.2 ～ 3 厘米，先端渐尖或尖，基部近圆、宽楔形或楔形，上面无毛或疏被短柔毛，下面疏被树脂腺体，幼时沿脉疏被长柔毛，具不规则骤尖重锯齿，侧脉 6 ～ 7 对；叶柄细，长约 1 厘米，密被白色短柔毛。雌花序长圆形，长 2 ～ 3 厘米。果序圆柱形，单生，下垂，长 2 ～ 3 厘米；果苞侧裂片下弯。小坚果卵形，翅宽为果的 2 倍。

盐桦：① 叶与果序；② 果苞；③ 小坚果（绘图　何承帅）

【生活习性】

生于潮湿盐地及盐沼泽附近，海拔 1500 米左右。

【保护价值】

该物种耐盐碱，不仅是抗逆基因挖掘的宝贵材料，也是优良的盐碱地造林树种。目前，在其原生境已经很难找到其野生资源。20 世纪 80 年代，中国新疆林业科学研究院森林植物园林绿化研究所和阿勒泰地区林业科学研究所等科研单位对其进行了抢救式迁地引种栽培，并且成功扩繁近千株，使得该种质资源得以保存。

● 新疆特有种。

■ 盐桦分布区——产阿尔泰（巴尔巴盖）。

（七）蓼科 Polygonaceae

一年生、多年生草本或木本。茎节膨大，叶互生，托叶通常膜质鞘状。整齐两性花簇生；花被片 3 ～ 6，花瓣状；子房上位仅 1 室。瘦果三棱形或双凸镜状。约 50 属 1150 种，世界性分布，但主产北温带；中国有 12 属 236 种；新疆有 8 属 95 种 3 亚种或变种。

31. 圆叶大黄 *Rheum tataricum*

[中 文 名] 圆叶大黄
[科　　名] 蓼科
[属　　名] 大黄属
[别　　名] 鞑靼大黄
[保护级别] 新疆一级
[受威胁度] 未予评估（NE）

圆叶大黄：① 果枝；② 叶；③ 果实　（绘图　何承帅）

【生物学特征】

多年生草本，高 35 ～ 50 厘米。根粗壮。茎直立，粗短，中空，无毛。基生叶大型，平铺地上，纸质，圆形或心状圆形，长 20 ～ 35 厘米、宽 27 ～ 50 厘米，顶端圆钝，基部心形，不规则全缘，边缘具软骨质细齿，两面光滑无毛或叶下面脉上具乳突；叶柄短粗，半圆柱状，无毛；茎生叶小近圆形，直径 5 ～ 6 厘米。圆锥花序通常具 3 次分枝，花梗关节在中上部。果实紫红色卵形，顶端微凹，基部心形，翅窄。花期 5 月，果期 6 ～ 7 月。

【生活习性】

生于荒漠、荒漠草原中的砾石滩。

【保护价值】

该物种狭域斑块分布，稀少，是饲用植物资源。叶大，骆驼、马、绵羊和山羊均喜食。受人为干扰（修路、放牧）而导致其种群受威胁。

● 中国仅在新疆分布。

■ 圆叶大黄分布区——产托里、额敏。阿富汗、俄罗斯及哈萨克斯坦有分布。

32. 阿尔泰大黄 *Rheum altaicum*

[中 文 名] 阿尔泰大黄
[科　　名] 蓼科
[属　　名] 大黄属
[别　　名] 无
[保护级别] 无
[受威胁度] 中国生物多样性红色名录列为濒危物种（EN）

阿尔泰大黄

阿尔泰大黄花序

【生物学特征】

多年生草本，高 15 ～ 100 厘米。茎直立，具细棱槽，在中上部分枝。基生叶少，卵状三角形。大型圆锥花序窄卵形，花 4 ～ 7 朵簇生，黄白色，花小，淡黄色；花被片矩圆形或矩圆状窄椭圆形，雄蕊与花被近等长；花梗细，关节在中部之下。瘦果较小，翅窄，淡褐色，翅脉靠近边缘；种子宽卵形，黑褐色。花果期 6 ～ 8 月。

阿尔泰大黄：① 果枝；② 叶；③ 果实
（绘图　何承帅）

【生活习性】

喜凉爽、干燥气候，耐寒性强。生于草原的砾石质山坡，海拔 1900 ～ 2400 米。较稀见。

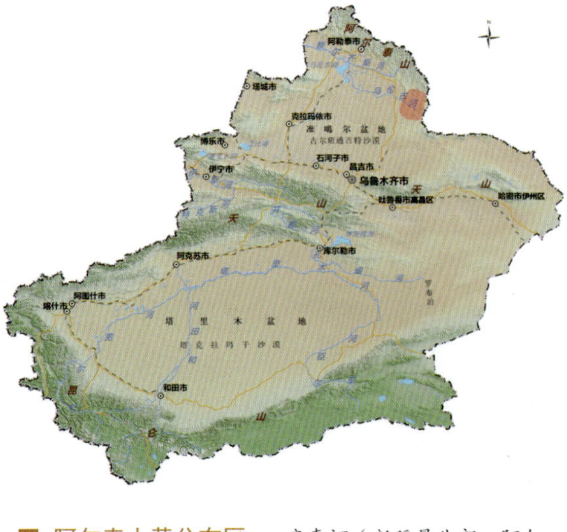

■ 阿尔泰大黄分布区——产青河（新疆最北部，阿尔泰山脉一带）。蒙古国西部及与俄罗斯交界一带有分布。

【保护价值】

该物种根和根茎含蒽醌，可药用，作鞣料和染料；植株含苹果酸、铁盐、维生素 C 和维生素 E，叶秆和嫩茎可食用。

● 中国仅在新疆分布。

33. 额河木蓼 *Atraphaxis irtyschensis*

［中 文 名］ 额河木蓼

［科　　名］ 蓼科

［属　　名］ 木蓼属

［别　　名］ 无

［保护级别］ 新疆二级

［受威胁度］ 中国生物多样性红色名录列为易危物种（VU）

额河木蓼

【生物学特征】

灌木，高 1～1.5 米。主干粗壮，弯拐，无毛；树皮灰白色呈条状剥离；木质枝水平伸展，顶端无叶或花，呈刺状。叶具短柄，叶片线形，常微弯，长 1.5～3 厘米，两面无毛，绿色。总状花序侧生，少顶生；花淡绿色，边缘白色或淡红色；花被片 5，排成两轮，外轮 2 片短小，果期反折，内轮 3 片果期增大，近圆形；花梗纤细，中上部具关节。花期 5 月。

额河木蓼：① 植株；② 花；③ 果实

（绘图　何承帅）

【生活习性】

生于额尔齐斯河河边流沙地，海拔 350～400 米。

■ 额河木蓼分布区——产布尔津。

【保护价值】

该物种狭域斑块状分布，稀少。

● 新疆特有种。

34. 吉木乃沙拐枣 *Calligonum jeminaicum*

[中 文 名] 吉木乃沙拐枣
[科　　名] 蓼科
[属　　名] 沙拐枣属
[别　　名] 无
[保护级别] 新疆一级
[受威胁度] 中国生物多样性红色名录列为数据缺乏物种（DD）

吉木乃沙拐枣

【生物学特征】

小灌木，高 50 厘米。植株近球形，多分枝，老枝灰色或黄灰色。叶线形，长 1～2 毫米。花 2～3 朵生于叶腋；花梗长 2～4 毫米，中部有关节；花被片宽椭圆形，淡红色或白色，果时反折。果近球形；瘦果窄椭圆形或长卵形，稍扭转，肋和沟槽不明显；刺每肋 2 行，细软，基部不扩大，分离，近基部 2 次 2～3 分叉，末杈短，直立。花期 6 月，果期 7 月。

吉木乃沙拐枣　（绘图　何承帅）

【生活习性】

生于荒漠的半固定沙丘和沙地，海拔 600～900 米。

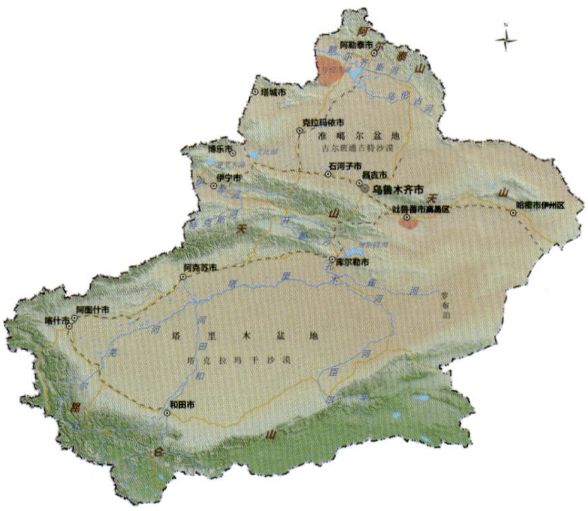

■ 吉木乃沙拐枣分布区——产吉木乃。吐鲁番沙漠植物园引种栽培。

【保护价值】

该物种既是干旱荒漠地区防风固沙的先锋植物，又是优良的薪柴、蜜源和饲用植物。狭域分布，种群数量少。

● 新疆特有种。

35. 心形沙拐枣 *Calligonum cordatum*

[中 文 名] 心形沙拐枣
[科　　名] 蓼科
[属　　名] 沙拐枣属
[别　　名] 无
[保护级别] 无
[受威胁度] 中国生物多样性红色名录列为濒危物种（EN）

心形沙拐枣

【生物学特征】

灌木，高 0.6 ～ 2 米。分枝疏散；老枝淡黄色，幼枝淡绿色。花 2 ～ 3 朵生叶腋；花被片果时反折。果心状卵形或卵圆形；瘦果长卵形，果肋突出，具翅；翅近膜质，具齿，齿延伸出 1 行刺；刺较软，不分枝或上端 2 杈分枝，末枝细，刺毛状。花期 4 ～ 5 月，果期 5 月。

心形沙拐枣：① 枝；② 果实；③ 花
（绘图　何承帅）

【生活习性】

耐旱，耐沙埋，生于半固定沙丘及沙地。

■ 心形沙拐枣分布区——吐鲁番沙漠植物园引种栽培。原产自土库曼斯坦、乌兹别克斯坦。

【保护价值】

该物种是典型的荒漠和半荒漠植物，也是荒漠地区的防风固沙先锋植物之一，适于在流动、半流动沙丘和平沙滩地上造林。嫩枝可作饲料，绿枝可提取单宁，枝干可作工业原料和燃料，蜜源植物。中国科学院吐鲁番沙漠植物园建立了沙拐枣专类园，收集了世界各地的沙拐枣属的种质资源，是我国迁地保护沙拐枣植物资源最多的植物园，对沙拐枣属的种质基因的保存起到了重要的作用。

● 吐鲁番沙漠植物园引种栽培。

36. 粗糙沙拐枣 *Calligonum squarrosum*

[中 文 名] 粗糙沙拐枣
[科　　名] 蓼科
[属　　名] 沙拐枣属
[别　　名] 无
[保护级别] 无
[受威胁度] 中国生物多样性红色名录列为易危物种（VU）

粗糙沙拐枣

【生物学特征】

灌木，高 50 ～ 80 厘米。分枝多，伸展。老枝污灰色或淡灰色；幼枝淡绿色，节间较长。叶条形，长 2 ～ 5 毫米，弯曲；托叶膜质，淡褐色。花 1 ～ 3 朵生叶腋；花被片红色，宽椭圆形，不等大，果期平展。果宽卵形；瘦果宽椭圆形，仅基部的肋上生翅和刺；刺稀疏，坚硬，呈开展的不规则叉状分枝，末枝极短，呈星状。花期 6 月，果期 6 ～ 7 月。

【生活习性】

生于固定沙丘及砾石荒漠（少数），海拔 600 米左右。

粗糙沙拐枣：① 枝；② 果实　（绘图　何承帅）

■ 粗糙沙拐枣分布区——产奇台。哈萨克斯坦也有分布。

【保护价值】

该物种为防风固沙、水土保持、蜜源、观赏、饲料植物。

● 中国仅在新疆分布。

37. 无叶沙拐枣 *Calligonum aphyllum*

[中 文 名] 无叶沙拐枣
[科　　名] 蓼科
[属　　名] 沙拐枣属
[别　　名] 无
[保护级别] 无
[受威胁度] 中国生物多样性红色名录列为濒危物种（EN）

无叶沙拐枣

【生物学特征】

灌木，高 80 ～ 200 厘米。老枝拐曲，灰褐色或带紫褐色。叶线形，长 2 ～ 4 毫米，易脱落。花 1 ～ 3 朵生叶腋；花梗红色，长 4 ～ 5 毫米；花被片白色，背部中央绿色或红色。果近球形或宽卵形；瘦果椭圆形，有 4 条钝肋，每肋有 2 翅；翅近膜质，通常表面平滑，全缘或有幼齿。花期 5 月，果期 6 月。

无叶沙拐枣：① 植株；② 花；③ 果实
（绘图　何承帅）

【生活习性】

生于半固定沙丘和流动沙丘及沙地，海拔 500 ～ 600 米。

无叶沙拐枣分布区——产霍城。吐鲁番沙漠植物园引种栽培。哈萨克斯坦、俄罗斯（西西伯利亚）、高加索地区有分布。

【保护价值】

该物种为防风固沙、蜜源、观赏、饲料植物。

- 中国仅在新疆分布。

38. 艾比湖沙拐枣 *Calligonum ebinuricum*

[中 文 名] 艾比湖沙拐枣
[科　　名] 蓼科
[属　　名] 沙拐枣属
[别　　名] 精河沙拐枣
[保护级别] 无
[受威胁度] 中国生物多样性红色名录列为濒危物种（EN）

艾比湖沙拐枣

艾比湖沙拐枣：① 枝；② 果实；③ 花；④ 茎
（绘图　何承帅）

【生物学特征】

灌木，高 0.8 ~ 1.5 米。植株呈塔形，分枝较少。叶线形，长 2 ~ 4 毫米，微弯；托叶膜质，与叶连合。花 1 ~ 3 朵生叶腋；花梗长 3 ~ 6 毫米；花被片椭圆形，淡红色，果时反折。果宽卵形；瘦果长圆形，有长 2 ~ 4 毫米的喙，极扭转，肋通常不明显；每肋生 2 行刺，刺稀疏，纤细，刺毛状，柔软，末杈直展，瘦果先端长喙的刺较粗，呈束状。花期 4 ~ 5 月，果期 5 ~ 7 月。

【生活习性】

生于半固定沙丘、沙砾质荒漠及流动沙丘，海拔 500 ~ 600 米。

■ 艾比湖沙拐枣分布区——产沙湾、奎屯、精河一带。吐鲁番沙漠植物园引种栽培。

【保护价值】

该物种为防风固沙、蜜源、观赏、饲料植物。2000 年 6 月，经新疆维吾尔自治区人民政府批准建立新疆艾比湖湿地自然保护区，2007 年晋升为国家级自然保护区。保护区的建立对保护该特有种及其生境起了很大的作用。

● 新疆特有种。

（八）苋科 Amaranthaceae

草本，稀灌木或乔木；单叶互生或对生；花小不美观，单被，两性、杂性或单性；花被膜质、干膜质、草质或肉质，花被片 3 ～ 5；心皮 2 ～ 3，合生，基生胎座；胞果，很少为盖（蒴）果、瘦果或浆果；果皮膜质、革质或肉质。共约 170 属 2300 种，世界广布；中国有 52 属 234 种；新疆有 41 属 163 种 10 变种。该科植物主要经济用途是药用、食用和观赏。

39. 肉叶雾冰藜 *Sedobassia sedoides*

［中 文 名］ 肉叶雾冰藜
［科　　名］ 苋科
［属　　名］ 肉冰藜属
［别　　名］ 肉冰藜
［保护级别］ 新疆二级
［受威胁度］ 未予评估（NE）

【生物学特征】

一年生草本，高 20 ～ 60 厘米。枝倾斜向上，密被卷曲柔毛。叶互生，无柄，条形或稍微圆柱状，肉质，肥厚，深绿色，密被贴生的短毛或混有少数长刚毛。花生叶腋，通常为 2，稀 1 或 3 朵团集，除茎下部外几乎遍布全株而以上部最密。果实广卵形或椭圆状卵形，光滑；种子与果同形。花果期 8 ～ 9 月。

【生活习性】

耐盐、耐旱，适应能力强，生于戈壁滩、盐化荒漠、盐化草甸。

■ 肉叶雾冰藜分布区——产呼图壁。蒙古国、俄罗斯及中欧各国也有分布。

肉叶雾冰藜：① 果枝；② 果实及花被；③ 叶；④ 示短毛或混有长刚毛　（绘图　张枫苑）

【保护价值】

该物种分布区十分狭窄，种群数量少，具有特殊的光合型，属于 C_3 ～ C_4 中间型，对研究荒漠植物光合型碳同化适应性进化具有重要的科研价值。

● 中国仅在新疆分布。

40. 异子蓬 *Suaeda aralocaspica*

[中 文 名] 异子蓬
[科　　名] 苋科
[属　　名] 碱蓬属
[别　　名] 无
[保护级别] 新疆二级
[受威胁度] 未予评估（NE）

异子蓬

异子蓬：① 上部枝；② 胞果；③ 花枝；④ 果序枝
（绘图　胡文凯）

【生物学特征】

一年生草本，高 20 ～ 50 厘米。茎基部稍木质化。叶灰绿色，长 1 ～ 3 厘米、宽 2 ～ 3 毫米。雌雄花混生于团伞花序中；雄花花被片稍肉质，裂片三角形，开展；雌花花被片果时随子房一起增大，包围果实。胞果呈浆果状，果皮具绿色细脉。花果期 8 ～ 9 月。

【生活习性】

耐盐、耐旱，适应能力强，生于盐化荒漠及丘间低地，海拔约 500 米。

■ 异子蓬分布区——产呼图壁、玛纳斯、沙湾。哈萨克斯坦也有分布。

【保护价值】

该物种分布区十分狭窄，为单种属植物，具有特殊的光合型，对研究荒漠苋科植物系统演化和光合型碳同化适应性进化具有重要的科研价值。

● 中国仅在新疆分布。

41. 盐千屈菜 *Halopeplis pygmaea*

[中文名] 盐千屈菜
[科　名] 苋科
[属　名] 盐千屈菜属
[别　名] 无
[保护级别] 新疆一级
[受威胁度] 中国生物多样性红色名录列为无危物种（LC）

【生物学特征】

一年生草本，高 5～10 厘米。植株常发红色，茎直立，基部分枝，枝直伸；枝及叶均互生；枝无关节；叶肉质，近圆球形，灰绿色。穗状花序，互生于近圆球形突起的苞叶腋中，每苞叶聚生 3 朵花，花与花之间的基部稍连合；柱头 2。果皮膜质；种子圆形，种皮黄褐色，密生乳头状小突起。花期 7～9 月，果期 9 月。

【生活习性】

耐盐、耐旱，适应能力强，生于平原荒漠区湖边潮湿盐土上。

盐千屈菜：① 植株；② 叶肉质
（绘图　胡文凯）

■ 盐千屈菜分布区——产罗布泊。哈萨克斯坦、中亚地区及高加索地区也有分布。

【保护价值】

该物种分布区十分狭窄，仅见于罗布泊，单种属，少见，是优良的防风固沙植物，可饲用；珍贵耐盐种质资源，对抗逆基因挖掘具有重要的科研价值。

● 中国仅在新疆分布。

42. 戈壁藜 *Iljinia regelii*

［中 文 名］戈壁藜
［科　　名］苋科
［属　　名］戈壁藜属
［别　　名］盐生木
［保护级别］无
［受威胁度］中国生物多样性红色名录列为近危物种（NT）

【生物学特征】

半灌木，高 20～50 厘米。枝互生，无关节；老枝灰白色常具环形裂隙；当年生枝圆柱形，腋间有绵毛。叶互生肉质，近棍棒状，基部下延，叶腋具绵毛。花无柄，单生于叶腋；花被片背面的翅半圆形，干膜质。胞果半球形，果皮稍肉质，黑褐色；种子横生，黄褐色。花果期 7～9 月。

戈壁藜：① 部分植株；② 果实的花被；③ 子房；④ 花
（绘图　胡文凯）

【生活习性】

强旱生植物，生于海拔 500～1600 米的砾石戈壁、盐湖边、洪积扇、沙丘及干燥山坡等处。

■ 戈壁藜分布区——产奇台、和布克赛尔、塔城、奎屯、精河、伊犁、新源、伊吾、哈密、和硕、和静、库尔勒、轮台、阿图什、喀什等地。俄罗斯、中亚地区及高加索地区也有分布。

【保护价值】

戈壁藜常组成大面积的优势群落，对其分布区具有重大的生态意义，同时还是荒漠区骆驼和羊的中等饲用植物。单种属，对研究中国荒漠区系与古地中海区系的成分起源具有重要的科学价值。

43. 白枝猪毛菜 *Oreosalsola arbusculiformis*

［中 文 名］白枝猪毛菜
［科　　名］苋科
［属　　名］山猪毛菜属
［别　　名］无
［保护级别］新疆二级
［受威胁度］中国生物多样性红色名录列为无危物种（LC）

白枝猪毛菜

【生物学特征】

小灌木，高 30 ～ 100 厘米。多分枝；老枝斜伸，黑褐色或灰褐色，开展；小枝乳白色，平滑，有光泽。小枝的叶互生，老枝上的叶簇生于短枝枝顶；叶半圆柱形，基部扩展，扩展处上部缢缩成柄状，叶片脱落于此处，残留扩展的叶痕。苞片基部扩展，边缘膜质；小苞片近圆形，顶端钝圆，背部草质，淡绿色，边缘膜质，淡黄色。胞果；种子横生。花期 6 ～ 8 月，果期 9 ～ 10 月。

白枝猪毛菜：① 枝；② 苞片；③ 雄蕊
（绘图　张枫苑）

【生活习性】

耐寒、耐旱，适应能力强，生于低山阳坡及砾石荒漠。

■ 白枝猪毛菜分布区——产温泉、博乐、霍城、伊宁、察布查尔、和静。哈萨克斯坦、吉尔吉斯斯坦、乌兹别克斯坦也有分布。

【保护价值】

该物种分布区十分狭窄，具有特殊的光合型，属于 C_3 ～ C_4 中间型，对研究荒漠植物光合型碳同化适应性进化具有重要的科研价值。

● 中国仅在新疆分布。

44. 天山猪毛菜 *Salsola junatovii*

［中 文 名］ 天山猪毛菜
［科　　名］ 苋科
［属　　名］ 猪毛菜属
［别　　名］ 无
［保护级别］ 无
［受威胁度］ 中国生物多样性红色名录列为易危物种（VU）

天山猪毛菜

天山猪毛菜：① 枝；② 果实的花被　（绘图　胡文凯）

【生物学特征】

半灌木，高 20 ～ 70 厘米。老枝灰褐色；小枝苍白色。叶半圆柱状，叶互生，呈镰状，微内弯，基部扩展，扩展处的上部缢缩成柄状。花单生于苞腋，在茎和枝的上部集成穗状圆锥花序；苞片与叶同形；小苞片宽三角形或宽卵形。果时翅以上的花被片聚集成较长的圆锥体。种子横生。花期 8 ～ 9 月，果期 8 ～ 10 月。

【生活习性】

旱生植物。有很强的抗旱能力，耐瘠薄或轻度盐渍化。生于海拔 700 ～ 2200 米的砾石洪积扇、山间盆地及干旱山坡。

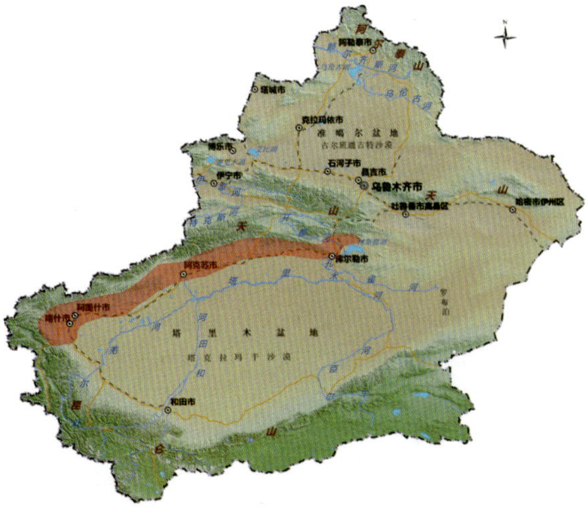

■ 天山猪毛菜分布区——产和硕、焉耆、库车、拜城、温宿、阿克苏、柯坪、喀什。主要分布在天山南坡焉耆盆地到喀什之间的中山带。

【保护价值】

该物种为饲用价值很低的牧草，适于骆驼四季采食，其他家畜一般不采食，幼嫩时牛和羊有时会采食。

● 新疆特有种。

45. 碱猪毛菜 *Soda inermis*

[中 文 名] 碱猪毛菜
[科　　名] 苋科
[属　　名] 碱猪毛菜属
[别　　名] 苏打猪毛菜
[保护级别] 无
[受威胁度] 中国生物多样性红色名录列为近危物种（NT）

【生物学特征】

一年生草本，高 20 ～ 70 厘米。茎自基部分枝；枝互生，下部的枝为对生，伸展，茎、枝淡绿色，有时带乳白色，无毛，不具条纹。下部的叶对生，上部的互生；叶半圆柱形，无毛，基部边缘膜质。花小，于枝顶排成穗状花序；花被片卵形，果时变硬，背部中上部有三角状突起。胞果倒卵形；种子横生或斜生。花果期 7 ～ 9 月。

②

①

碱猪毛菜：① 部分植株；② 果实的花被 （绘图　胡文凯）

【生活习性】

生于沙丘、盐碱沙地及盐湖边。

■ 碱猪毛菜分布区——产民丰、和静、乌恰。西伯利亚、哈萨克斯坦、俄罗斯及欧洲也有分布。

【保护价值】

该物种耐盐碱，是优良的抗逆种质资源。

● 中国仅在新疆分布。

46. 长枝节节木 *Arthrophytum iliense*

［中 文 名］长枝节节木
［科　　名］苋科
［属　　名］节节木属
［别　　名］无
［保护级别］无
［受威胁度］中国生物多样性红色名录列为易危物种（VU）

长枝节节木

长枝节节木：① 枝；② 花盘；③ 胞果　（绘图　胡文凯）

【生物学特征】

半灌木，高30厘米。木质茎较粗壮，多弯曲，外倾或平卧，灰褐色；茎皮稍粗糙，片状剥落；小枝细瘦，灰褐色至灰白色，不规则伸展；当年枝长，浅绿色，通常具10～20节间。叶钻状，叶腋具绵毛。小苞片近圆形；花被片宽椭圆形，果时背面上方生翅；花盘膜质。胞果半球形，上面截平；种子横生，种皮膜质。花期7～8月，果期9～10月。

【生活习性】

生于山地阳坡。

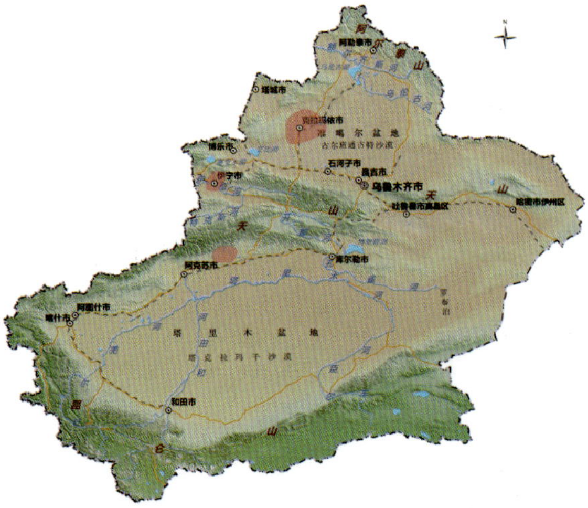

■ 长枝节节木分布区——产克拉玛依、伊宁、拜城。哈萨克斯坦、吉尔吉斯斯坦也有分布。

【保护价值】

该物种是水土保持植物，中亚分布型，对研究中国荒漠区系与中亚区系成分的起源具有重要的科学价值。

● 中国仅在新疆分布。

47. 草地滨藜 *Atriplex patula*

［中 文 名］草地滨藜
［科　　名］苋科
［属　　名］滨藜属
［别　　名］无
［保护级别］无
［受威胁度］中国生物多样性红色名录列为近危物种（NT）

草地滨藜

【生物学特征】

一年生草本，高可达 1 米。茎直立，具粉，有明显的条棱及绿色色条；枝斜伸。叶披针形或线形，长 2～5 厘米、宽 0.3～1.5 厘米，先端渐尖，基部楔形，全缘或具疏锯齿，最下部的 1 对齿常较大呈裂片状，两面被细粉粒；叶柄长 0.2～1 厘米。雌雄花混合成簇，于上部分枝组成稀疏穗状花序；雄花花被片绿色，裂片 4 或 5；雌花无花被片；苞片果时卵形至卵状三角形，有密粉。种子二型，扁平型种子圆形，种皮膜质，褐色或黑色。花果期 8～10 月。

草地滨藜：① 植株；② 花；③ 果
（绘图　谷连福）

【生活习性】

生于荒山荒地。

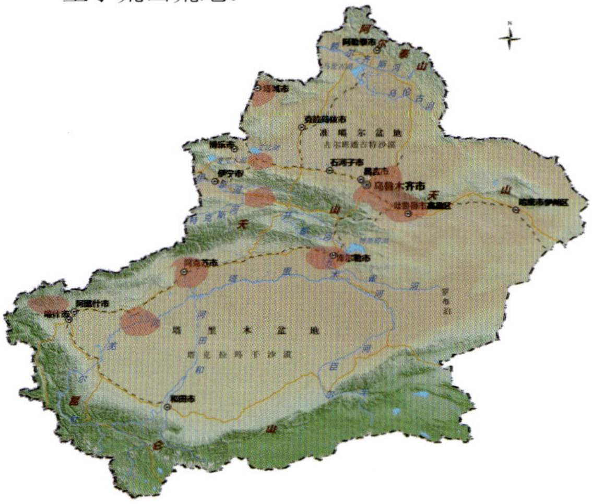

■ 草地滨藜分布区——产吐鲁番、阜康、乌鲁木齐、精河、特克斯、库尔勒、阿克苏、乌恰、麦盖提、塔城、新源。欧洲至哈萨克斯坦、阿富汗、吉尔吉斯斯坦、哈萨克斯坦、俄罗斯也有分布。

【保护价值】

该物种目前尚未由人工引种栽培。

● 中国仅在新疆分布。

（九）石竹科 Caryophyllaceae

一年生或多年生草本，稀灌木；茎节膨大，叶对生，全缘。花两性，单生或排成聚伞花序；萼片（4）5个，合生或分离；花瓣（4）5，常具爪。雄蕊（2）5～10枚；子房上位，特立中央胎座，蒴果。世界广布，共约97属2200种；中国有33属396种；新疆有24属133种4变种。该科植物的经济用途主要供药用和观赏。

48. 裸果木 *Gymnocarpos przewalskii*

［中 文 名］ 裸果木
［科　　名］ 石竹科
［属　　名］ 裸果木属
［别　　名］ 瘦果石竹
［保护级别］ 新疆二级
［受威胁度］ 未予评估（NE）

【生物学特征】

半灌木，高可达1米，植株丛径达2米。茎皮暗灰色；分枝多曲折；幼枝褐红色，节肿大。叶钻状线形，近无柄。聚伞花序腋生；苞片白色，透明，膜质，宽椭圆形；花小，不显著；花托钟状漏斗形；萼片倒披针形，顶端具芒尖，边缘膜质，外面被短柔毛；无花瓣，瘦果包于宿存萼内；种子褐色，长圆形，直径约0.5毫米。花期5～6月，果期7～8月。

【生活习性】

喜光，耐干旱、寒冷和瘠薄土壤，抗风能力强，生于干旱的灰棕色荒漠土或棕色荒漠土的石质山坡、山前洪积扇、石质戈壁、山间盆地、山沟、渠岸砾质地上，海拔1000～2500米。

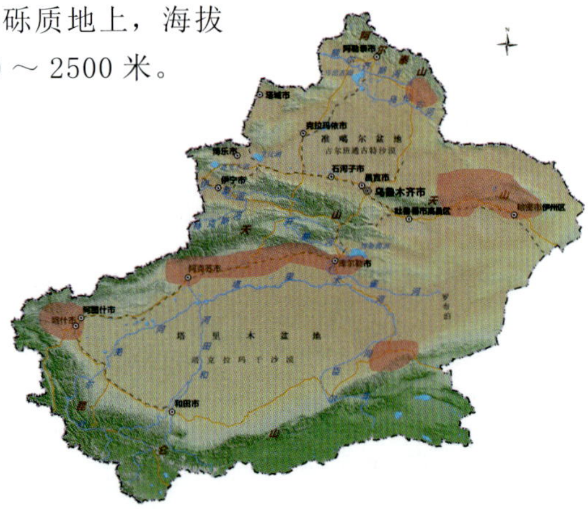

■ 裸果木分布区——产巴里坤、木垒、鄯善、和硕、轮台、温宿、阿克苏、乌恰、阿合奇、乌什、若羌、奇台、富蕴。蒙古国也有分布。

裸果木：① 开花枝；② 花纵剖；③ 苞片；④ 叶；⑤ 花
（绘图　胡文凯）

【保护价值】

裸果木是古地中海的孑遗物种，在半荒漠地带常形成单优群落。其嫩枝骆驼喜食，可作固沙植物。对研究我国西北、内蒙古荒漠的发生、发展、气候变化以及旱生植物区系成分的起源具有重要的科学价值和生态价值。

● 裸果木的分布区自然条件恶劣且多为牧区和矿区，生境受放牧和人为干扰严重。另外，受其自身生物学特性影响（种子的结籽率低，种群遗传多样性降低，种子无休眠现象，土壤种子库种子少，生境恶劣，幼苗致死率高）导致其自然种群更新困难。该物种尚未进行引种驯化试验。

49. 二柱繁缕 *Reniostellaria bistylata*

[中 文 名] 二柱繁缕
[科　　名] 石竹科
[属　　名] 二柱繁缕属
[别　　名] 无
[保护级别] 无
[受威胁度] 中国生物多样性红色名录列为近危物种（NT）

二柱繁缕

【生物学特征】

多年生草本，高 10 ～ 30 厘米。茎叉状分枝，近圆柱形，带紫色，密集丛生，密被腺毛。叶长圆状披针形，两面被腺毛，无柄。二歧聚伞花序顶生；萼片和花梗密被腺毛；苞片披针形；花瓣 5，先端 2 浅裂，短于萼片；花柱 2。蒴果倒卵形；种子卵形至倒卵形，黑褐色。花果期 8 ～ 9 月。

二柱繁缕：① 枝；② 茎（示腺毛）；③ 花瓣；④ 花（示花瓣短于萼片）　（绘图　谷连福）

■ 二柱繁缕分布区——产哈密、巴里坤。内蒙古、宁夏等省区有分布。

【生活习性】

生于山坡草地或林下，海拔 2000 ～ 2600 米。

【保护价值】

该物种可观赏，做镶边地被植物。

- 中国特有种。

50. 阿克赛钦雪灵芝

Eremogone aksayqingensis

[中 文 名] 阿克赛钦雪灵芝

[科　　名] 石竹科

[属　　名] 无心菜属

[别　　名] 无

[保护级别] 无

[受威胁度] 中国生物多样性红色名录列为易危物种（VU）

阿克赛钦雪灵芝

【生物学特征】

多年生垫状草本，高 3 ～ 4 厘米。主根粗壮，木质化。茎紧密簇生，下部密集枯叶。叶钻形。花单生小枝顶端；苞片钻形；花梗无毛；萼片披针形，背部具紧靠的 3 脉；花瓣白色，倒卵形；雄蕊 10 枚，花丝线形，短于花瓣，花药椭圆形，紫色；子房卵球形，花柱 3，线形。花期 7 月。

【生活习性】

生于河岸边草地，海拔约 4000 米。

阿克赛钦雪灵芝：① 植株；② 开花枝；③ 花；④ 萼片；⑤ 花瓣；⑥ 雌蕊　（绘图　谷连福）

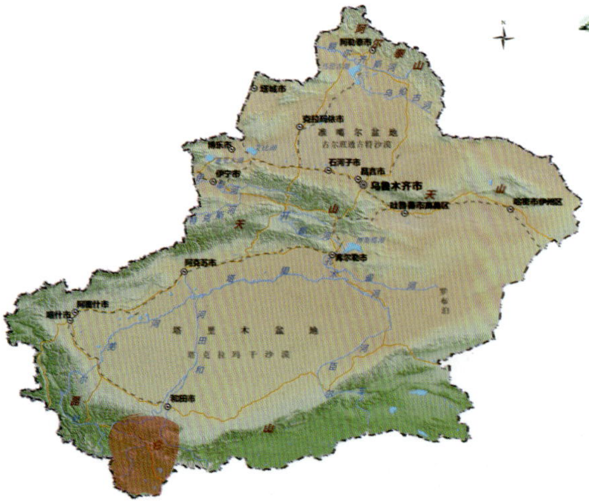

■ 阿克赛钦雪灵芝分布区——产和田县（阿克赛钦）。

【保护价值】

该物种抗寒性好，是优异的抗逆种质资源，同时还具有医疗功效。

● 新疆特有种。

（十）睡莲科 Nymphaeaceae

水生草本，根状茎沉水生。茎叶出水或漂浮。单叶互生具长柄，叶片盾形或心形。单生长梗花两性，花被鲜艳；花瓣 3 至多数，雄蕊 6 至多数；果实生于花托上。共 6 属约 70 种；中国有 3 属 8 种；新疆包括引种栽培有 3 属 5 种。

51. 雪白睡莲 *Nymphaea candida*

［中 文 名］ 雪白睡莲
［科　　名］ 睡莲科
［属　　名］ 睡莲属
［别　　名］ 睡莲
［保护级别］ 国家二级
［受威胁度］ IUCN 濒危红色名录列为无危物种（LC）
中国生物多样性红色名录列为濒危物种（EN）

雪白睡莲

【生物学特征】

多年生水生草本。根状茎直立或斜升。叶近圆形或圆卵形，长 15 ～ 30 厘米、宽 10 ～ 18 厘米，基部裂片邻接或重叠。花白色，直径 10 ～ 12 厘米；萼片 4，绿色；花托略呈四角形；内轮花丝披针形；柱头具 6 ～ 14 条辐射线，深凹。种子长 3 ～ 4 毫米。花期 6 月，果期 8 月。

雪白睡莲：① 植株；② 花；③ 叶　（绘图　张枫苑）

■ 雪白睡莲分布区——产布尔津、哈巴河、北屯、沙湾、焉耆、博湖、温宿、阿克苏。哈萨克斯坦、俄罗斯、欧洲也有分布。

【生活习性】

喜阳光和富含有机质的壤土，生于湖泊、池塘、水稻田水中。

【保护价值】

该物种花大、美丽，可供观赏。种子和粗的肉质根茎可食；种子可作咖啡的代用品；叶和茎可药用；根能吸收水中的铅、汞和苯酚等有毒物质，净化污水。新疆阿勒泰地区、伊犁植物园、伊犁库尔德宁镇均有引种栽培。

● 中国仅在新疆分布。

52. 睡莲 *Nymphaea tetragona*

[中 文 名] 睡莲
[科　　名] 睡莲科
[属　　名] 睡莲属
[别　　名] 子午莲、粉色睡莲、野生睡莲、矮睡莲、侏儒睡莲
[保护级别] 新疆二级
[受威胁度] 未予评估（NE）

睡莲

【生物学特征】

多年生水生草本。叶漂浮，薄革质或纸质，心状卵形或卵状椭圆形，长 5 ～ 12 厘米、宽 3.5 ～ 9 厘米，基部具深弯缺，全缘，上面深绿色，光亮，下面带红或紫色，两面无毛，具小点；叶柄长达 60 厘米。花白色，花瓣 8 ～ 17，宽披针形，长圆形或倒卵形；花梗细长；萼片 4，宽披针形或窄卵形，绿色；雄蕊约 40。浆果球形；种子椭圆形，长 2 ～ 3 毫米，黑色。

睡莲：① 叶；② 花　（绘图　张枫苑）

【生活习性】

生于池沼、苇湖中。

■ 睡莲分布区——产布尔津（额尔齐斯河河湾）。我国广泛分布。俄罗斯、朝鲜、日本、印度、越南、美国均有分布。

【保护价值】

该物种全国广泛分布，新疆狭域分布。根状茎含淀粉，供食用或酿酒；花色泽艳丽，花姿楚楚动人，被人们赞誉为“水中女神”，是宝贵的水生观赏植物；花和根茎可入药，为强壮剂、收敛剂；根能吸收水中的汞、铅、苯酚等有毒物质，是难得的水体净化的植物材料。

53. 萍蓬草 *Nuphar pumila*

[中 文 名] 萍蓬草
[科　　名] 睡莲科
[属　　名] 萍蓬草属
[别　　名] 贵州萍蓬草、台湾萍蓬草
[保护级别] 新疆一级
[受威胁度] IUCN 濒危红色名录列为无危物种（LC）
中国生物多样性红色名录列为易危物种（VU）

萍蓬草：① 叶；② 花；③ 幼果　（绘图　胡文凯）

【生物学特征】

多年生水生草本。根状茎肉质肥厚。叶生于根茎顶端，浮水叶纸质，卵形，宽卵形，稀椭圆形，基部具弯缺，深心形。花直径 3 ～ 4 厘米；花梗长 40 ～ 50 厘米，被柔毛；萼片 5，黄色，花瓣状；花瓣小，狭窄，黄色；柱头盘状，10 浅裂。浆果卵形；种子长圆形，褐色。花期 5 ～ 7 月，果期 7 ～ 9 月。

【生活习性】

生于湖沼中。

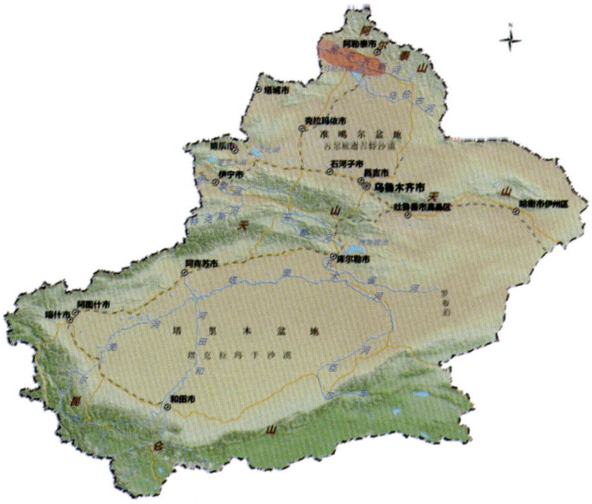

■ 萍蓬草分布区——产布尔津、北屯、哈巴河。黑龙江、吉林、河北、江苏、浙江、江西、福建、广东有分布。俄罗斯、日本、欧洲北部及中部也有分布。

【保护价值】

该物种野外狭域分布；全草药用，有强壮、净血作用；根状茎食用，种子可作饲料；观花、观叶植物，多用于池塘水景，又可盆栽，装饰居室阳台。

（十一）毛茛科 Ranunculaceae

多为草本植物。无托叶，叶基生或互生稀对生，单叶分裂或复叶。两性花，花托突起；花被原始偶有距；花萼常呈花瓣状；5 数花被雄蕊多，分离雌蕊多心皮。蓇葖果或聚合瘦果。共 55 属 2525 种，分布于全世界，但是多数在北温带地区；中国有 35 属 921 种。

54. 准噶尔金莲花 *Trollius dschungaricus*

［中 文 名］准噶尔金莲花
［科　　名］毛茛科
［属　　名］金莲花属
［别　　名］无
［保护级别］无
［受威胁度］中国生物多样性红色名录列为易危物种（VU）

准噶尔金莲花

【生物学特征】

多年生草本。高 20～50 厘米。叶疏生，2～3 枚。基生叶掌状深裂，裂片倒卵形或宽菱形，叶缘裂齿钝。花通常单独顶生，有时 2～3 朵组成聚伞花序；萼片黄色或橙黄色；花瓣比雄蕊稍短或与花丝近等长；花柱淡黄色。花期 6～8 月，果期 9 月。

准噶尔金莲花：① 植株；② 花瓣；③ 雄蕊
（绘图　胡文凯）

【生活习性】

生于天山和准噶尔西部山地的林缘草地或林下，海拔 1700～2400 米。

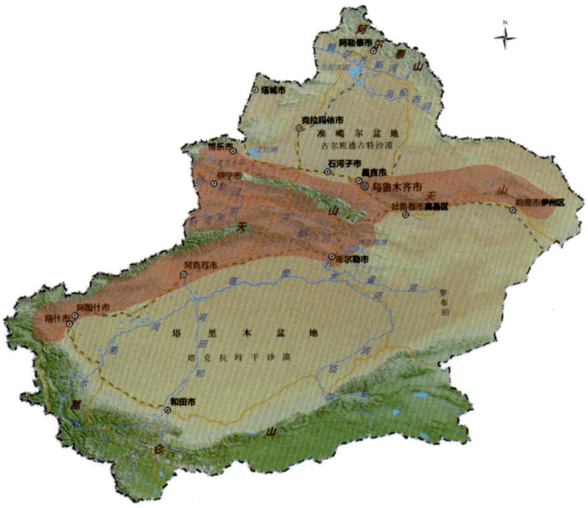

■ 准噶尔金莲花分布区——天山南北各县市都有分布。哈萨克斯坦、吉尔吉斯斯坦、乌兹别克斯坦也有分布。

【保护价值】

该物种花含生物碱黄酮类，可药用；花大而艳丽，是新疆五花草甸的主要物种，亦是较好的观赏植物资源。

● 中国仅在新疆分布。

55. 淡紫金莲花 *Trollius lilacinus*

［中 文 名］淡紫金莲花
［科　　名］毛茛科
［属　　名］金莲花属
［别　　名］无
［保护级别］新疆一级
［受威胁度］中国生物多样性红色名录列为易危物种（VU）

淡紫金莲花

【生物学特征】

多年生草本，高 10 ～ 28 厘米。植株无毛；须根粗壮，长达 12 厘米。基生叶 3 ～ 6 枚，有长柄，叶片五角形，基部心形，三全裂；茎生叶具鞘状短柄或近无柄。花先叶开放；萼片淡紫色、淡蓝色，宿存。蓇葖果。花果期 7 ～ 9 月。

【生活习性】

耐寒，抗风蚀，生于天山高山草甸和山坡草地，海拔 2600 ～ 3500 米。

淡紫金莲花：① 植株；② 萼片（绘图　胡文凯）

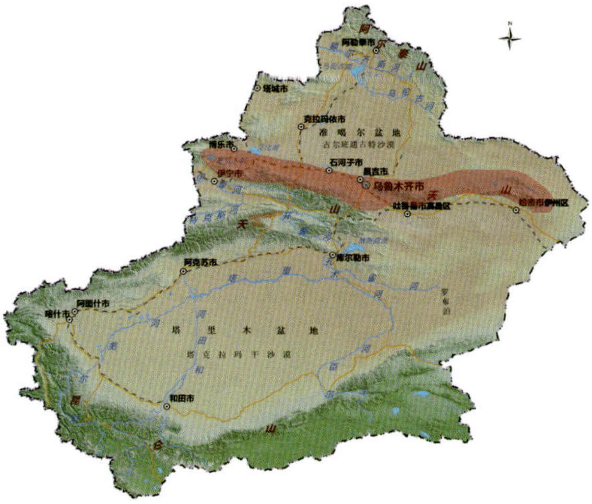

■ 淡紫金莲花分布区——天山北坡各县市都有分布。俄罗斯西伯利亚西部及哈萨克斯坦、吉尔吉斯斯坦、乌兹别克斯坦也有分布。

【保护价值】

该物种因其多生长在高寒地区，具有“天山小雪莲”之称，是良好的抗逆资源，且全草可入药。

● 近年来随着自媒体的宣传以及花茶的兴起，引来人们对野生药用植物资源极大的关注，致使淡紫金莲花遭到毁灭性采摘，从雪线上盛开的精灵变成了水杯中的“神药”，生存现状堪忧。

中国仅在新疆分布。

56. 空茎乌头 *Aconitum apetalum*

[中 文 名] 空茎乌头
[科　　名] 毛茛科
[属　　名] 乌头属
[别　　名] 无
[保护级别] 无
[受威胁度] 中国生物多样性红色名录列为近危物种（NT）

空茎乌头

【生物学特征】

多年生草本，高可达 2 米。茎无毛或下面被反曲的短毛，中空。基生叶及茎下部叶具长柄；叶片圆肾形，三深裂。总状花序长达 60 厘米，具多数密集的花；苞片线形；萼片白色或淡黄色，上萼片高 6 ～ 8 厘米；花瓣比萼片短，无距；心皮 3，子房被短毛。花期 8 月。

【生活习性】

生于天山西部云杉林下或林缘草地，海拔 1700 ～ 2300 米。

【保护价值】

该物种全草有毒，含乌头碱，可药用。
● 中国仅在新疆分布。

空茎乌头：① 叶；② 花株；③ 花枝；④ 花瓣；⑤ 茎（示横切面）；⑥ 花序 （绘图　胡文凯）

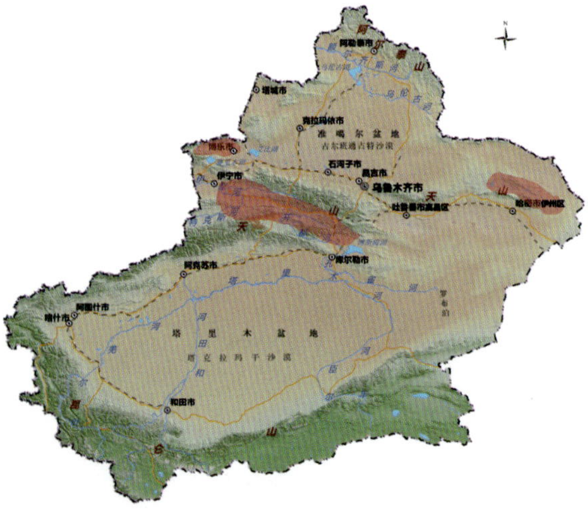

■ 空茎乌头分布区——产巩留、特克斯、尼勒克、新源、和静、伊吾、巴里坤、博乐、温泉。哈萨克斯坦、俄罗斯也有分布。

57. 山地乌头 *Aconitum monticola*

[中 文 名] 山地乌头
[科　　名] 毛茛科
[属　　名] 乌头属
[别　　名] 无
[保护级别] 无
[受威胁度] 中国生物多样性红色名录列为近危物种（NT）

山地乌头

【生物学特征】

多年生草本，高约 1.2 米，茎中部以下几乎无毛，上部近花序处疏被伸展的淡黄色短毛。基生叶及茎下部叶具长柄，通常在开花时枯萎；叶片圆肾形，三深裂。总状花序长约 25 厘米；萼片黄色，上萼片长约 1.5 厘米；花瓣与上萼片近等长，距与唇近等长，末端稍向后下方弯曲。心皮 3，无毛。花期 8 月。

山地乌头：① 叶；② 花序；③ 花；④ 花瓣
（绘图　胡文凯）

【生活习性】

生于阿尔泰山的落叶松林，海拔 1500 ～ 2300 米。

■ 山地乌头分布区——产哈密、博乐、温泉、霍城、伊宁、察布查尔、尼勒克、新源、巩留、特克斯、昭苏、裕民、布尔津、哈巴河、阿勒泰。哈萨克斯坦也有分布。

【保护价值】

该物种有毒，块根含华北乌头碱，可药用，有止痛消肿、祛风散寒、通经活络作用。

- 中国仅在新疆分布。

58. 三出翠雀花 *Delphinium biternatum*

［中 文 名］三出翠雀花
［科　　名］毛茛科
［属　　名］翠雀花属
［别　　名］无
［保护级别］新疆一级
［受威胁度］中国生物多样性红色名录列为无危物种（LC）

三出翠雀花

【生物学特征】

多年生草本。根为须根，基部多少块状增粗。茎高 45 ～ 70 厘米，与花序轴多少密被反曲并紧贴的白色短柔毛。叶片近圆形，三全裂，裂片具细柄，再细裂；末回裂片线形。总状花序狭长，有多数密集的花；萼片和退化雄蕊均为黄色。种子倒卵状四面体形。花期 7 ～ 8 月。

【生活习性】

生于天山西部，海拔 1000 米左右的山地。

三出翠雀花：① 植株上部；② 植株下部；③ 退化雄蕊
（绘图　胡文凯）

■ 三出翠雀花分布区——产察布查尔、尼勒克、霍城等县。哈萨克斯斯坦、吉尔吉斯斯坦、乌兹别克斯坦也有分布。

【保护价值】

三出翠雀花造型奇特，新颖别致，色泽艳丽，可供观赏，具有潜在的园艺开发价值；物种狭域分布，人为破坏严重，种群退化迅速，具有重要的学术研究价值。

● 中国仅在新疆分布。

59. 新源翠雀花 *Delphinium mollifolium*

［中 文 名］新源翠雀花
［科　　名］毛茛科
［属　　名］翠雀花属
［别　　名］无
［保护级别］新疆二级
［受威胁度］中国生物多样性红色名录列为无危物种（LC）

新源翠雀花

【生物学特征】

多年生草本，高 1.5 米。茎中空，无毛，分枝。叶五角形，约 18 厘米宽，基部心形；末级小裂片披针形。复总状花序多花；萼片灰蓝色，被微柔毛；距圆筒状，直；花瓣黑褐色，无毛；退化雄蕊 2 枚，瓣片黑褐色，2 裂，腹面中央被黄色髯毛；花丝无毛；心皮 3；子房密被淡黄短柔毛。花期 6 ～ 7 月。

新源翠雀花：① 植株上部；② 花序；③ 茎；④ 茎（示横切面）　　（绘图　谷连福）

【生活习性】

生于天山西部，海拔 1700 米左右的山地。

■ 新源翠雀花分布区——产新源、巩留、和静、特克斯等县。

【保护价值】

新源翠雀花造型奇特，新颖别致，色泽艳丽，可供观赏，具有潜在的园艺开发价值；物种狭域分布，人为破坏严重，种群退化迅速，具有重要的学术研究价值。

● 新疆特有种。

60. 唇花翠雀花 *Delphinium cheilanthum*

[中 文 名] 唇花翠雀花
[科　　名] 毛茛科
[属　　名] 翠雀花属
[别　　名] 长距飞燕草、唇花翠雀
[保护级别] 无
[受威胁度] 中国生物多样性红色名录列为近危物种（NT）

唇花翠雀花

【生物学特征】

多年生草本，高 80 ～ 140 厘米。茎无毛，不分枝或在花序之下有 1 ～ 2 枝条。叶片五角形，长约 6.5 厘米、宽 9 ～ 10 厘米；叶柄与叶片近等长，无毛。总状花序约 10 朵花；小苞片钻形；萼片蓝紫色，外面密被短伏毛；距直；花瓣蓝色；退化雄蕊的瓣片蓝色；子房密被短伏毛。种子近椭圆球形，沿 3 条纵枝有翅。花期 7 ～ 8 月。

【生活习性】

生于准噶尔西部山地的山麓碎石坡地，海拔 700 ～ 1700 米。

【保护价值】

唇花翠雀花造型奇特，新颖别致，色泽艳丽，可供观赏。

唇花翠雀花：① 植株；② 叶；③ 蓇葖果；④ 下萼片；⑤ 侧萼片；⑥ 上萼片；⑦ 下瓣片；⑧ 上瓣片；⑨ 蓇葖果　（绘图　谷连福）

■ 唇花翠雀花分布区——产和布克赛尔、吉木萨尔、裕民。黑龙江有分布。蒙古国及西伯利亚地区也有分布。

61. 乳突拟耧斗菜 *Paraquilegia anemonoides*

［中文名］乳突拟耧斗菜
［科　名］毛茛科
［属　名］拟耧斗菜属
［别　名］庞种拟耧斗菜、乳突假耧斗菜、宿萼假耧斗菜
［保护级别］无
［受威胁度］中国生物多样性红色名录列为近危物种（NT）

乳突拟耧斗菜

【生物学特征】

多年生草本，植株呈密丛状。根状茎粗壮，有时在上部分枝，生出数丛枝叶。叶多数，基生，二回三出复叶，无毛；叶片轮廓三角形，小叶近肾形。萼片浅蓝色或浅黄色，宽椭圆形至倒卵形；花瓣倒卵形。果直立，基部有宿存花萼；种子密被极短的乳突状腺毛。花果期 6 ～ 8 月。

乳突拟耧斗菜：① 植株；② 基生叶；③ 果；④蓇葖果；⑤ 花　　（绘图　胡文凯）

【生活习性】

生于天山南北坡岩石缝中，海拔 2600 ～ 3400 米。

乳突拟耧斗菜分布区——产巴里坤、木垒、奇台、阜康、吐鲁番、乌鲁木齐、玛纳斯、沙湾、尼勒克、巩留、昭苏、拜城、乌恰、喀什、塔什库尔干、叶城、哈巴河等地。宁夏、甘肃、青海和西藏有分布。哈萨克斯坦、吉尔吉斯斯坦、乌兹别克斯坦、俄罗斯、伊朗、阿富汗也有分布。

【保护价值】

该物种耐寒、抗逆性强，是优良的抗逆种质资源。花色彩鲜艳，可作观赏和地被植物，但尚未引种栽培。全草入药，有祛风湿、止痛之功效。

62. 密丛拟耧斗菜 *Paraquilegia caespitosa*

［中 文 名］密丛拟耧斗菜
［科　　名］毛茛科
［属　　名］拟耧斗菜属
［别　　名］无
［保护级别］无
［受威胁度］中国生物多样性红色名录列为易危物种（VU）

密丛拟耧斗菜

【生物学特征】

多年生草本，植物体呈密丛状。叶为三出复叶，密被极短的乳腺毛。花莛密被极短的乳腺毛；萼片紫红色或粉红色，宽椭圆形；花瓣长圆状倒卵形。果直立；种子密被极短的乳突状腺毛。花期6～7月，果期7～8月。

密丛拟耧斗菜：① 植株；② 基生叶；③ 茎生叶；④ 花瓣
（绘图　胡文凯）

【生活习性】

生于天山南坡的石砾质阴坡，海拔2900米。

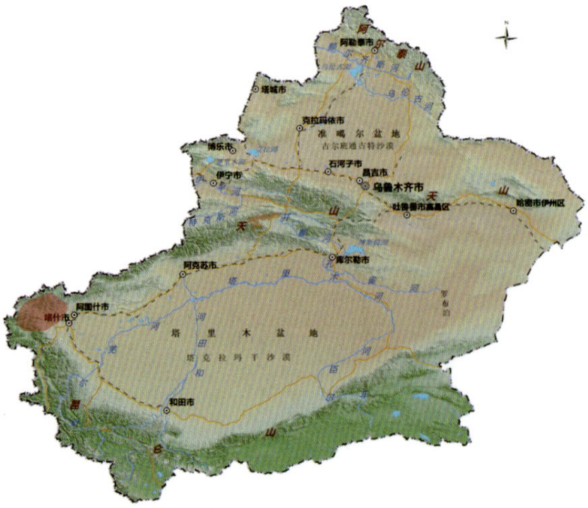

■ 密丛拟耧斗菜分布区——产乌恰县。吉尔吉斯斯坦、哈萨克斯坦、乌兹别克斯坦、塔吉克斯坦也有分布。

【保护价值】

该物种耐寒、抗逆性强，是优良的抗逆种质资源。花色彩鲜艳，可作观赏和地被植物，但尚未引种栽培。

● 中国仅在新疆分布。

63. 夏侧金盏花 *Adonis aestivalis*

[中 文 名] 夏侧金盏花
[科　　名] 毛茛科
[属　　名] 侧金盏花属
[别　　名] 无
[保护级别] 无
[受威胁度] 中国生物多样性红色名录列为易危物种（VU）

夏侧金盏花

【生物学特征】

一年生草本，高 20 ～ 30 厘米。茎下部叶小，有长柄，其他茎生叶无柄，茎中部以上叶稍密集，二至三回羽状细裂；末回裂片线形或披针状线形，无毛或叶片下部有疏柔毛。花单生于茎顶端；萼片膜质，狭菱形或狭卵形；花瓣橙黄色，下部黑紫色，倒被针形；子房狭卵形，有一条背肋，顶端渐狭成短花柱。瘦果卵球形。花期 5 月。

夏侧金盏花　（绘图　谷连福）

【生活习性】

生于天山西部、准噶尔西部山地的阳坡、田边草地，海拔 1300 米左右。

■ 夏侧金盏花分布区——产塔城、裕民、托里、昭苏、木垒、沙湾、尼勒克、特克斯、布尔津等县市。欧洲东部和中亚地区也有分布。

【保护价值】

该物种全草可入药，具有强心、利尿功效；花中具有较高含量的虾青素，可作保健品、药品、高档化妆品的原料。

● 中国仅在新疆分布。

64. 昆仑毛茛 *Ranunculus kunlunshanicus*

[中 文 名] 昆仑毛茛
[科　　名] 毛茛科
[属　　名] 毛茛属
[别　　名] 无
[保护级别] 无
[受威胁度] 中国生物多样性红色名录列为易危物种（VU）

【生物学特征】

多年生草本，高 3 ～ 10 厘米。茎直立，密被蛛丝状长柔毛。基生叶 3 ～ 7 浅裂，叶缘密生长柔毛。花单生于顶端；花托被微柔毛；萼片边缘宽膜质，密被蛛丝状长柔毛；花瓣 5，长圆状倒卵形。瘦果卵圆形，有疏柔毛。花期 6 月，果期 7 月。

【生活习性】

生于昆仑山山坡草地，海拔 4300 米左右。

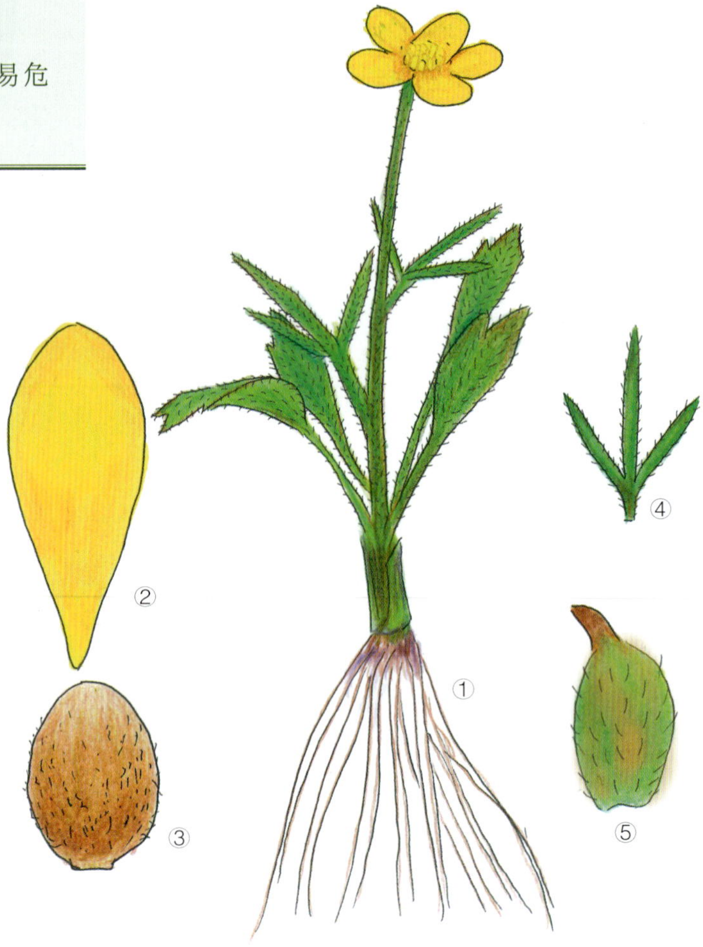

昆仑毛茛：① 植株；② 花瓣；③ 花萼；④ 茎生叶；⑤ 瘦果　　　　（绘图　胡文凯）

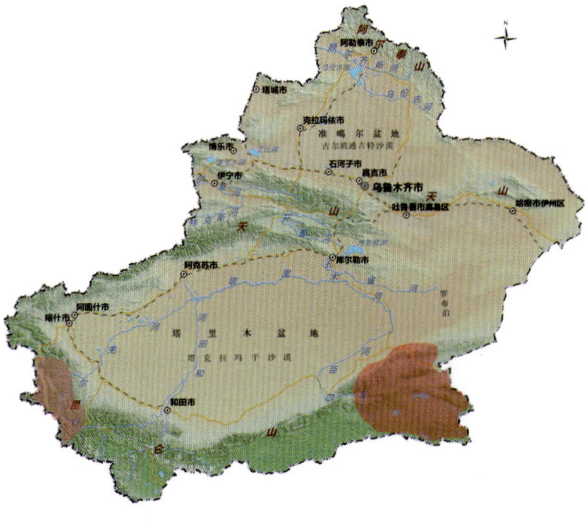

■ 昆仑毛茛分布区——产若羌、塔什库尔干县。

【保护价值】

该物种耐寒、抗逆性强，是优良的抗逆种质资源。

● 新疆特有种。

65. 阿尔泰毛茛 *Ranunculus altaicus*

[中 文 名] 阿尔泰毛茛
[科　　名] 毛茛科
[属　　名] 毛茛属
[别　　名] 无
[保护级别] 无
[受威胁度] 中国生物多样性红色名录列为近危物种（NT）

阿尔泰毛茛

【生物学特征】

多年生草本，高 5 ～ 20 厘米。茎直立，单一，基部有褐色枯鞘残存。基生叶为单叶，先端 3 ～ 5 浅裂。花大，单生茎顶；花托密被微柔毛；萼片背面密生锈色带光泽的柔毛；花瓣 5 或 6 ～ 8，宽倒卵形。瘦果卵球形，无毛。花果期 6 ～ 8 月。

【生活习性】

生于阿尔泰山、准噶尔西部山地高山湿草甸或沼泽边，海拔 2400 ～ 2800 米。

阿尔泰毛茛：① 植株；② 花萼；③ 瘦果；④ 花
（绘图　张枫苑）

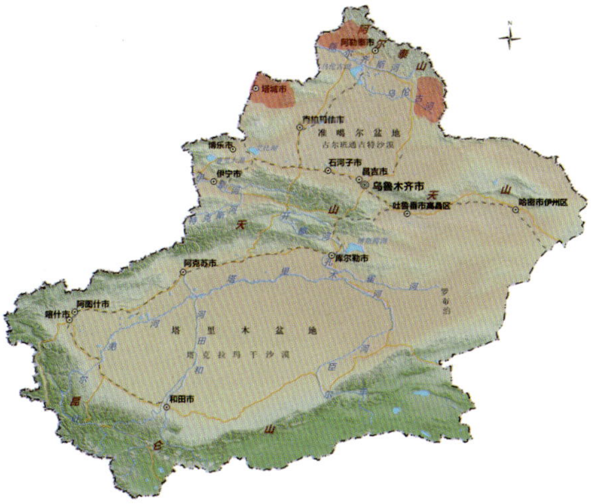

阿尔泰毛茛分布区——产青河、哈巴河、塔城等地。哈萨克斯坦、俄罗斯、西伯利亚地区也有分布。

【保护价值】

该物种为阿尔泰山五花草甸的主要物种，常成片分布，观赏价值高。

- 中国仅在新疆分布。

66. 青河毛茛 *Ranunculus chinghoensis*

[中 文 名] 青河毛茛
[科　　名] 毛茛科
[属　　名] 毛茛属
[别　　名] 无
[保护级别] 无
[受威胁度] 中国生物多样性红色名录列为易危物种（VU）

【生物学特征】

多年生草本，高约 30 厘米。茎斜升，直立，单一，只在近先端贴伏被微柔毛。基生叶多数，叶片肾状圆形至三角形，深裂达叶片 2/3 ～ 3/4 处，深裂片疏生尖齿牙。单歧聚伞花序顶生；花托短棒状，无毛；花梗短，密生伏柔毛；萼片背面被白色短柔毛；花瓣 8，长圆形；聚合果近球形；瘦果较扁，无毛。花果期 6 ～ 8 月。

【生活习性】

生于阿尔泰山林缘草地。

青河毛茛：① 植株；② 花瓣；③ 瘦果；④ 花萼
（绘图　谷连福）

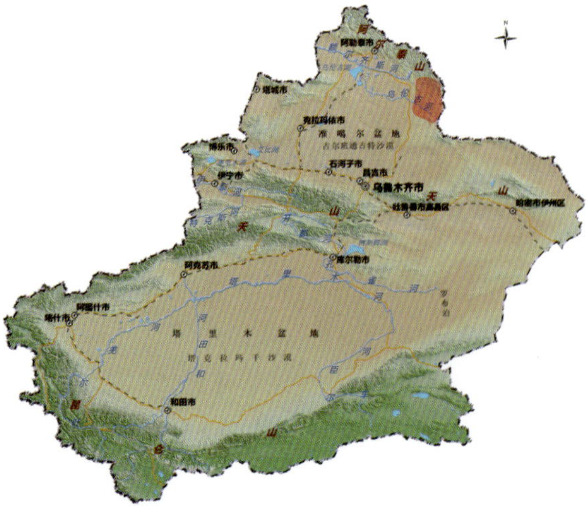

■ 青河毛茛——产青河县（模式标本产地）。

【保护价值】

花色彩艳丽，可作观赏植物。

● 新疆特有种。

67. 宽翅毛茛 *Ranunculus platyspermus*

[中文名] 宽翅毛茛
[科　　名] 毛茛科
[属　　名] 毛茛属
[别　　名] 无
[保护级别] 无
[受威胁度] 中国生物多样性红色名录列为近危物种（NT）

宽翅毛茛

【生物学特征】

多年生草本，高 19 ～ 25 厘米。茎直立，被微柔毛。基生叶羽状，3 全裂，裂片又 3 至数个深裂。花序顶生，3 ～ 5 花；花托无毛；萼片背面被微柔毛；花瓣 5，倒卵形；瘦果极扁平，很薄，边缘具宽达 1 毫米的翅，无毛。花果期 4 ～ 6 月。

【生活习性】

生于天山、准噶尔西部山地的山坡草地，海拔 1200 米左右。

【保护价值】

宽翅毛茛花色泽艳丽，可作花坛、花境的绿化植物。

● 中国仅在新疆分布。

■ 宽翅毛茛分布区——产塔城、温泉、伊宁、新源、裕民、尼勒克、巩留、博乐。欧洲、西伯利亚及中亚地区也有分布。

宽翅毛茛：① 植株；② 花瓣；③ 瘦果
（绘图　谷连福）

（十二）芍药科 Paeoniaceae

灌木或多年生草本，根圆柱形或具纺锤形的块根。叶通常为二回三出复叶。单花顶生，花大；雄蕊多数，离心发育；心皮多为 2 ～ 3，稀 4 ～ 6 或更多，离生，有毛或无毛。共 1 属 30 种；中国有 15 种；新疆有 1 属 5 种。

68. 窄叶芍药 *Paeonia anomala*

［中 文 名］ 窄叶芍药
［科　　名］ 芍药科
［属　　名］ 芍药属
［别　　名］ 新疆芍药
［保护级别］ 新疆一级
［受威胁度］ 中国生物多样性红色名录列为易危物种（VU）

窄叶芍药

窄叶芍药：① 花枝；② 花侧面；③ 花瓣；④ 雄蕊；⑤ 萼片；⑥ 果实；⑦ 根　　（绘图　胡文凯）

【生物学特征】

多年生草本，高 50 ～ 100 厘米。块根纺锤形或近球形。小叶羽状分裂，裂片披针形或狭披针形，宽 1.2 ～ 2.5 厘米，全缘，无毛。心皮通常 5（稀 2 ～ 3），幼时被疏毛或无。蓇葖果通常无毛。花果期 7 ～ 9 月。

【生活习性】

生于阿尔泰山，向西达准噶尔西部萨吾尔山，海拔 1400 ～ 2200 米的针叶林下、阴坡草地和河谷草甸。

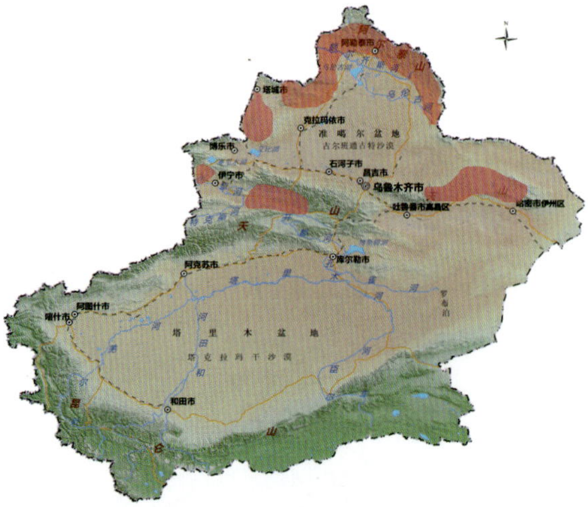

■ 窄叶芍药分布区——产青河、富蕴、阿勒泰、哈巴河、吉木乃、和布克赛尔、伊吾、巴里坤、木垒、奇台、阜康、霍城、新源、托里、裕民等地。欧洲、西伯利亚地区及蒙古国也有分布。

【保护价值】

该物种为重要的药用、观赏植物资源。因其花朵美丽，根皮又有药用价值，很容易受到侵扰，其生境也易受到破坏，因此应该加大对其生态环境和该物种的有效保护力度。

● 中国仅在新疆分布。

69. 块根芍药 *Paeonia intermedia*

［中 文 名］块根芍药
［科　　名］芍药科
［属　　名］芍药属
［别　　名］无
［保护级别］新疆一级
［受威胁度］中国生物多样性红色名录列为易危物种（VU）

块根芍药：① 花枝；② 根；③ 果；④ 花 （绘图 胡文凯）

【生物学特征】

多年生草本。高约 80 厘米，主根垂直，有圆柱形分枝，茎基部具几枚鞘状鳞片。小叶成羽状分裂，裂片披针形至狭披针形，宽 0.5 ～ 1.7 厘米。心皮 3 ～ 4，被柔毛或无；蓇葖果被毛，成熟开裂时柔毛大部脱落。花果期 6 ～ 8 月。

【生活习性】

生于阿尔泰山、准噶尔西部山地（萨吾尔山）的山地阴坡林下，海拔 1500 ～ 2100 米。

■ 块根芍药分布区——产青河、富蕴、福海、阿勒泰、布尔津、哈巴河、吉木乃、和布克赛尔，沿天山及准噶尔西部山地有分布。西伯利亚地区及中亚地区也有分布。

【保护价值】

块根芍药根供药用，有活血化瘀、解毒消肿之功效；花大而美丽，可供园林栽培观赏。该物种还是虫草的寄主植物，因此人为采挖严重，受威胁程度高。

● 中国仅在新疆分布。

（十三）星叶草科 Circaeasteraceae

一年生草本子叶宿存。叶莲座状，生长在延长的下胚轴上；脉二歧。花簇生在上部的叶的腋部，两性。萼片 2 或 3，宿存。花瓣无；花药 2 室，向内。心皮 1 ～ 3，分生；子房上位花柱无。共 2 属 2 种，分布于亚洲高海拔地区；中国有 2 属 2 种；新疆有 1 属 1 种。

70. 星叶草 *Circaeaster agrestis*

［中 文 名］星叶草
［科 名］星叶草科
［属 名］星叶草属
［别 名］无
［保护级别］新疆二级
［受威胁度］中国生物多样性红色名录列为无危物种（LC）

星叶草

星叶草：① 植株；② 叶；③ 簇生的花；④ 瘦果
（绘图 谷连福）

【生物学特征】

一年生小草本，高 3 ～ 10 厘米。宿存的 2 子叶和叶簇生；子叶线形或披针状线形，无毛；叶菱状倒卵形，基部渐狭，边缘上部有小牙齿，齿顶端有刺状短尖，无毛，背面粉绿色。花小；萼片 2 ～ 3，无毛；心皮 1 ～ 3，无毛，花柱不存在。瘦果。花果期 4 ～ 6 月。

【生活习性】

生于天山山谷沟边及林下阴湿处，海拔 2000 ～ 2800 米。

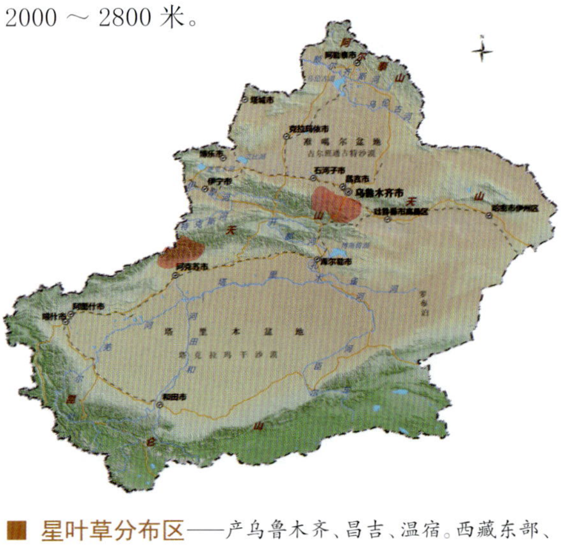

■ 星叶草分布区——产乌鲁木齐、昌吉、温宿。西藏东部、甘肃南部、陕西南部、四川西部、云南西北部、青海东部有分布。不丹、尼泊尔也有分布。

【保护价值】

该物种为单种属，数量少，对进一步研究被子植物系统演化问题具有一定的科学价值。

（十四）小檗科 Berberidaceae

灌木或多年生草本，稀小乔木。单叶或 1 ～ 3 回羽状复叶。花单生，簇生或组成各式花序；花两性，辐射对称，花被通常 3 基数；萼片常花瓣状，离生，2 ～ 3 轮；雄蕊与花瓣同数而对生；子房上位，1 室。浆果，蒴果，蓇葖果或瘦果。共 15 属约 650 种，主产北温带和亚热带高山地区；中国有 11 属 341 种；新疆有 3 属 8 种。

71. 囊果草 *Leontice incerta*

［中 文 名］ 囊果草

［科　　名］ 小檗科

［属　　名］ 囊果草属

［别　　名］ 无

［保护级别］ 新疆二级

［受威胁度］ 中国生物多样性红色名录列为近危物种（NT）

【生物学特征】

多年生草本，高 5 ～ 20 厘米。块根卵状、球状。茎生叶 2，互生，着生于茎顶部，2 ～ 3 回三出深裂，上面深绿色，背面黄绿色。总状花序顶生；花黄色；萼片 6，花瓣状，黄色，外侧带有蓝紫色斑。瘦果大，近球形，膀胱状膨胀，不开裂，具明显的网状脉，上部淡紫色。花期 4 月，果期 5 月。

【生活习性】

生于荒漠低山山坡、固定沙地和梭梭林下，海拔约 600 米。

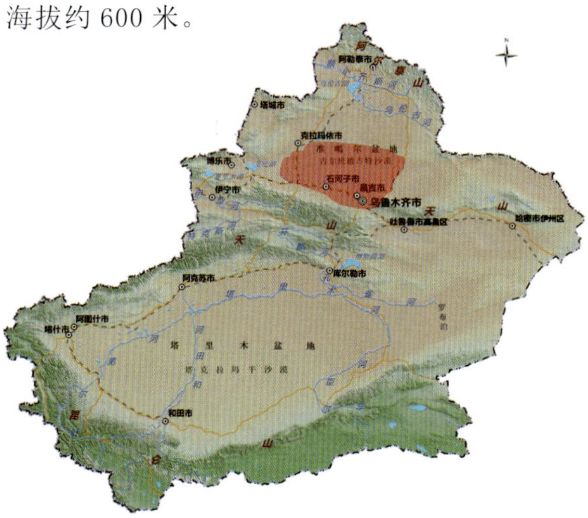

■ 囊果草分布区——产天山北坡。哈萨克斯坦、吉尔吉斯斯坦也有分布。

囊果草

囊果草：① 植株；② 花瓣
（绘图　胡文凯）

【保护价值】

该物种分布区狭窄，有潜在药用和观赏价值。典型的短命植物；植株形态秀丽，果实膨大可爱，可作观赏；植株适口性好，各种家畜均喜采食，对于缓解早春草场牧草短缺的压力和家畜越冬后的体膘恢复具有重要意义；囊果草种群对于维护草地生态系统稳定性具有重要作用。

● 中国仅在新疆分布。

（十五）罂粟科 Papaveraceae

多数为草本，常有乳汁或有色液汁。单叶互生无托叶。萼片 2 枚早脱落，花瓣通常二倍于花萼，4～8 枚排列成 2 轮；雄蕊多数，分离；侧膜胎座两心皮，合生子房成蒴果。全世界约 38 属 700 余种，主产北温带；中国有 19 属 443 种；新疆有 11 属 39 种。

72. 红裂叶罂粟 *Roemeria refracta*

［中 文 名］ 红裂叶罂粟
［科　　名］ 罂粟科
［属　　名］ 疆罂粟属
［别　　名］ 红花疆罂粟、红勒米花
［保护级别］ 新疆二级
［受威胁度］ 中国生物多样性红色名录列为无危物种（LC）

红裂叶罂粟

【生物学特征】

一年生草本。茎、叶下面、叶柄、花梗、萼片均被灰黄色刚毛。茎分枝，疏生深色刚毛。基生叶多数，叶片轮廓卵形，二回羽状深裂；小叶线形或线形长圆形。单花顶生及腋生；花瓣橙红色到猩红色，基部暗紫色；子房圆柱状，长 1～1.8 厘米，无毛。蒴果狭圆柱状，长 4～5 厘米，无毛；种子多数，肾形，表面蜂窝状。花果期 4～6 月。

【生活习性】

生于山坡荒漠草原草地或绿洲地带的杂草，海拔 860～1100 米。

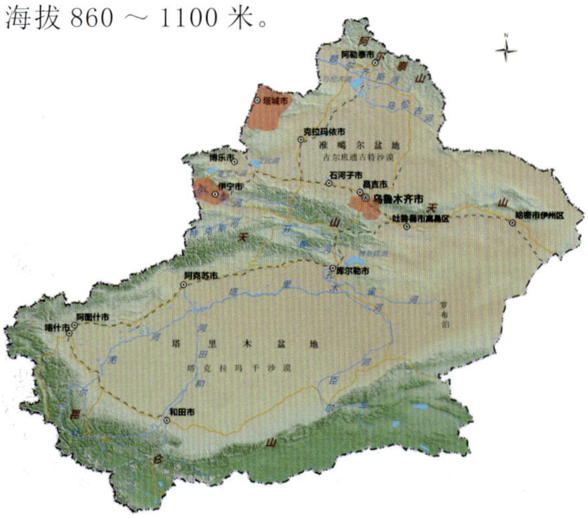

■ 红裂叶罂粟分布区——产塔城、伊宁、霍城、乌鲁木齐等县市。伊朗、中亚地区也有分布。

红裂叶罂粟：① 花枝；② 果 （绘图 张枫苑）

【保护价值】

红裂叶罂粟可作观赏，为有毒植物，动物食之可引起中毒。

- 中国仅在新疆分布。

73. 黑环罂粟 *Papaver pavoninum*

[中 文 名] 黑环罂粟
[科　　名] 罂粟科
[属　　名] 罂粟属
[别　　名] 无
[保护级别] 无
[受威胁度] 中国生物多样性红色名录列为近危物种（NT）

黑环罂粟

【生物学特征】

一年生草本，高可达 45 厘米。全株被长刚毛。茎密被伸展的长刚毛，茎上部少数分枝。基生叶窄卵形或窄披针形，羽状深裂或全裂；裂片披针形，具疏齿，稀再次羽状深裂，具长柄；下部茎生叶具长柄，上部叶具短柄或近无柄；叶一回羽状深裂或全裂，裂片披针形。花红色，近基部具黑色宽环纹；子房卵形，长约 5 毫米，密被黄色刚毛。蒴果卵圆形或长圆形，长约 1 厘米，具肋，密被黄色刚毛。花果期 4～7 月。

黑环罂粟：① 植株；② 花瓣（示黑环）；③ 果
（绘图　张枫苑）

【生活习性】

生于草原上，也侵入农田。

■ 黑环罂粟分布区——产伊宁、新源、尼勒克等县市。伊朗和中亚地区也有分布。

【保护价值】

该物种花和植株含多种生物碱，全草入药。花大而鲜艳，可供观赏。早春常在天山前山带成片开放，形成红色花海，因此被称为“天山红花”。

● 中国仅在新疆分布。

（十六）十字花科 Brassicaceae

一年生或多年生草本，植物体具辛辣味；单叶基生或茎生。总状花序花两性，花冠十字形，4 强雄蕊；心皮 2，中间由假隔膜形成假 2 室，稀 1 室，侧膜胎座。角果，开裂或不裂。有 321 属 3660 种，主要产地为北温带；中国有 105 属（特有 9 属）418 种；新疆有 68 属 208 种 35 变种 7 变型。

74. 大果高河菜 *Megacarpaea megalocarpa*

［中 文 名］大果高河菜

［科　　名］十字花科

［属　　名］高河菜属

［别　　名］无

［保护级别］新疆一级

［受威胁度］中国生物多样性红色名录列为无危物种（LC）

大果高河菜：① 植株；② 果　（绘图　洪婷）

【生物学特征】

多年生草本，高 20 ～ 40 厘米。根粗壮，纺锤形或圆锥形；根茎密被残存的革质叶柄。茎直立，无毛或近无毛。基生叶长椭圆形，一回羽状裂，密被白色柔毛；茎生叶无柄。圆锥花序，花单性；雄花生于每枝顶端，花瓣紫红色；雌花生于每枝基部，无花瓣；中间类型花有小白花瓣。短角果 2 裂，裂瓣近圆形；种子椭圆形。花期 4 月，果期 5 月。

■ 大果高河菜分布区——产富蕴、阿勒泰、博乐、温泉。青海有分布。蒙古国、中亚地区、西伯利亚地区、欧洲东部也有分布。

【生活习性】

生于荒漠地带，海拔 600 ～ 1000 米。

【保护价值】

该物种分布区十分狭窄，属稀有种，据新疆农业大学谭敦炎团队调查，在新疆分布的最大居群也只有 100 ～ 200 株，应建议列入极小种群。

● 该物种的分布区多为平原牧场，受放牧和虫害的影响导致其生存受到威胁。

75. 沙地紫罗兰 *Matthiola superba*

[中 文 名] 沙地紫罗兰
[科　　名] 十字花科
[属　　名] 紫罗兰属
[别　　名] 无
[保护级别] 新疆二级
[受威胁度] 未予评估（NE）

沙地紫罗兰

【生物学特征】

多年生草本，高 20 ～ 60 厘米。茎直立，单一或少数，被短柔毛。叶长椭圆形，密被白色柔毛星状毛，边缘有不规则的大锯齿。圆锥花序；花瓣黄色至灰棕色。长角果被短柔毛；种子宽椭圆形。花果期 5 ～ 6 月。

【生活习性】

生于荒漠草原。

【保护价值】

该物种分布区狭窄，少见，是重要的芳香植物，有潜在开发价值。

- 中国仅在新疆分布。

■ 沙地紫罗兰分布区——产塔城。中亚地区也有分布。

沙地紫罗兰：① 植株；② 果枝；③ 花；④ 叶
（绘图　谷连福）

76. 鼠耳芥 *Arabidopsis thaliana*

[中 文 名] 鼠耳芥
[科　　名] 十字花科
[属　　名] 拟南芥属
[别　　名] 拟南芥
[保护级别] 新疆二级
[受威胁度] 未予评估（NE）

鼠耳芥

鼠耳芥：① 植株；② 花；③ 长角果；④ 种子；⑤ 叶　　（绘图　洪婷）

【生物学特征】

一年生细弱草本，高 20 ～ 35 厘米。植物被单毛与分枝毛。茎不分枝或自中上部分枝，下部有时为淡紫白色，茎上常有纵槽，上部无毛，下部被单毛，偶杂有 2 叉毛。基生叶莲座状，倒卵形或匙形，边缘有少数不明显的齿，两面均被 2 ～ 3 叉毛；茎生叶无柄或具短柄，披针形。总状花序疏松，结果可伸长达 20 厘米；花瓣白色，基部具爪。果瓣两端钝或钝圆，橘黄色或淡紫色；果梗伸展；种子每室 1 行，卵形，小，红褐色。花期 4 ～ 6 月。

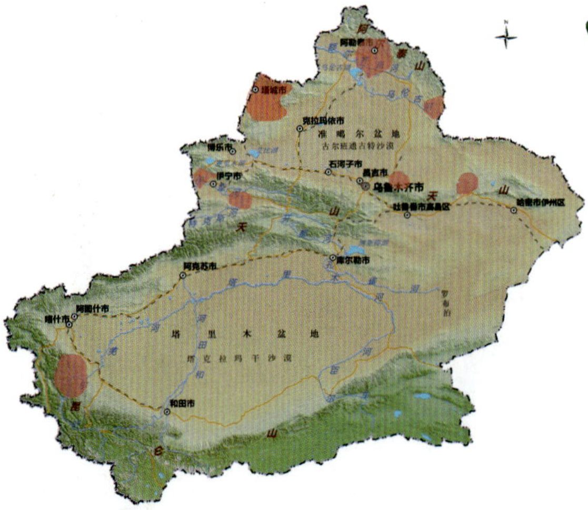

■ 鼠耳芥分布区——产塔城、木垒、阜康、霍城、巩留、福海、阿勒泰、青河、塔什库尔干。我国华东、华中、西南各省区有分布。西伯利亚地区、中亚地区、伊朗、印度、欧洲、非洲与北美洲均有分布。

【生活习性】

生于平原地带的平地、山坡、河边、路边。

【保护价值】

该物种植株小、结籽多，是自花受粉植物，基因高度纯合，用理化因素处理突变率很高，容易获得各种代谢功能的缺陷型，因此该物种是进行遗传学研究的好材料，被科学家誉为“植物中的果蝇”。

77. 两节荠 *Crambe kotschyana*

［中 文 名］ 两节荠
［科　　名］ 十字花科
［属　　名］ 两节荠属
［别　　名］ 无
［保护级别］ 新疆二级
［受威胁度］ 中国生物多样性红色名录列为近危物种（NT）

【生物学特征】

多年生草本，高1.5～2.5米。茎粗，中空，有分枝。基生叶大，心状可达30厘米，肾形或卵圆形；茎生叶卵形或菱状长圆形，有钝裂片。总状花序组成大的圆锥花序；花瓣白色，倒卵形。短角果不开裂，2节，上节球形，能育，下节小，不育；种子球形，子叶对折。花期5～7月。

【生活习性】

生于草原地带的山坡、河滩、乱石堆，海拔1000～4000米。

两节荠：① 叶的一部分；② 花序；③ 花；④ 果实
（绘图　洪婷）

■ 两节荠分布区——产新源、巩留、博乐。西藏有分布。阿富汗、印度、伊朗、中亚地区也有分布。

【保护价值】

该物种为高海拔小种群，植物的叶、根、嫩茎、枝条均可食；茎和叶在冬季贮存作饲料；蜜源植物。

78. 福海棒果芥

Sterigmostemum fuhaiense

[中 文 名] 福海棒果芥

[科　　名] 十字花科

[属　　名] 棒果芥属

[别　　名] 福海爪花芥

[保护级别] 新疆二级

[受威胁度] 未予评估（NE）

【生物学特征】

多年生草本，高约 15 厘米。全株密被分枝毛，并杂有腺毛。基生叶倒披针形，具波状齿或少数钝锯齿。花序在开花时呈伞房状，结果时伸长成总状；花瓣短倒卵形，长 8～9 毫米，紫色。长角果长棒形，沿胎座框有 2 行腺毛，腺毛与胎座淡黄色，果瓣中部密被分枝毛，两侧边缘毛明显稀疏；种子褐色，矩圆形。果期 5～6 月。

【生活习性】

生于荒漠地带、荒漠草原，海拔 800 米左右。

■ 福海棒果芥分布区——产富蕴、福海。

福海棒果芥：① 植株；② 叶；③ 果；④ 毛

（绘图　洪婷）

【保护价值】

该物种分布区狭窄，区域特有种（仅分布于准噶尔荒漠）；耐旱植物，野外多见于砾石戈壁，是优良的抗逆植物资源。

● 新疆特有种。

79. 盐芥 *Eutrema salsugineum*

［中 文 名］ 盐芥
［科　　名］ 十字花科
［属　　名］ 山萮菜属
［别　　名］ 无
［保护级别］ 新疆一级
［受威胁度］ 中国生物多样性红色名录列为无危物种（LC）

盐芥

盐芥花

【生物学特征】

一年生草本，高 10 ～ 35 厘米。植株无毛。茎于基部或近中部分枝，光滑，基部常带淡紫色。基生叶近莲座状，全缘或具不明显、不整齐小齿；茎生叶无柄，基部箭形抱茎。花瓣白色，长圆状倒卵形。长角果线状，略弯曲；果柄丝状，斜向上展开；种子黄色，椭圆形。花期 4 ～ 5 月。

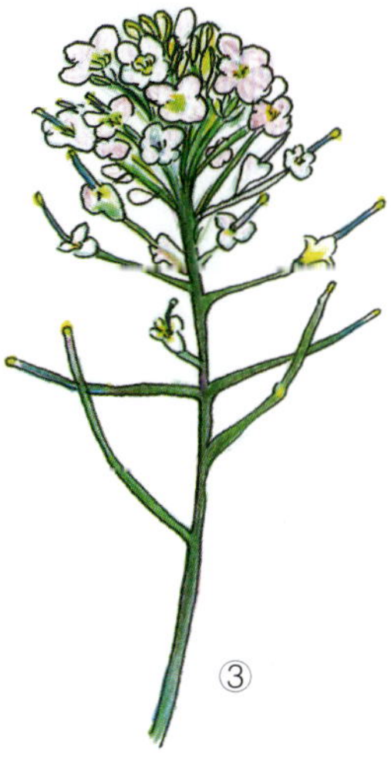

盐芥：① 植株；② 雄蕊及雌蕊；③ 花序
（绘图　洪婷）

【生活习性】

生于平原农业地区的盐渍化土壤上，多见水沟旁，海拔 400 ～ 800 米。

■ 盐芥分布区——产乌鲁木齐、玛纳斯、巴里坤、温泉、巩留等。内蒙古、江苏等省区有分布。蒙古国、美国、加拿大、西伯利亚地区也有分布。

【保护价值】

该物种分布区狭窄，种群数量少，耐盐碱，是优良的抗逆植物资源。由于农田开发致生境破坏而受威胁严重。

80. 塔什库尔干藏荠 *Smelowskia tibetica*

[中 文 名] 塔什库尔干藏荠
[科　　名] 十字花科
[属　　名] 芹叶荠属
[别　　名] 藏荠
[保护级别] 新疆二级
[受威胁度] 中国生物多样性红色名录列为无危物种（LC）
据新的分类系统，该种已正名为芹叶荠属的藏荠。

塔什库尔干藏荠

【生物学特征】

多年生草本。植株被白色单毛与分枝毛。茎于基部分枝，铺散。基生叶长椭圆形，二回羽状深裂；茎生叶羽状全裂。花序在花期呈伞房状，结果时伸长成总状；每花下有1叶状苞片；花瓣白色，椭圆形。短角果纺锤形或条形，两端尖，无毛或具疏柔毛，扁压；果瓣舟状；种子椭圆形，红褐色，种脐黑褐色。花果期7月。

【生活习性】

生长在高山草甸，海拔4000米以下。

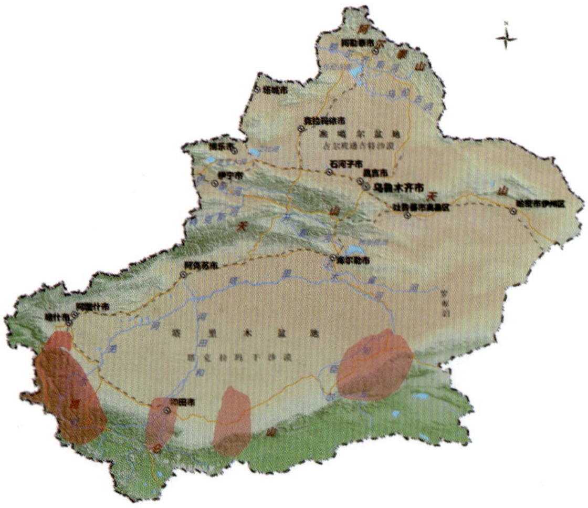

■ 塔什库尔干藏荠分布区——产塔什库尔干、阿克陶、和田、于田、且末、若羌。甘肃、青海、四川、西藏有分布。俄罗斯、蒙古国、印度、尼泊尔、巴基斯坦也有分布。

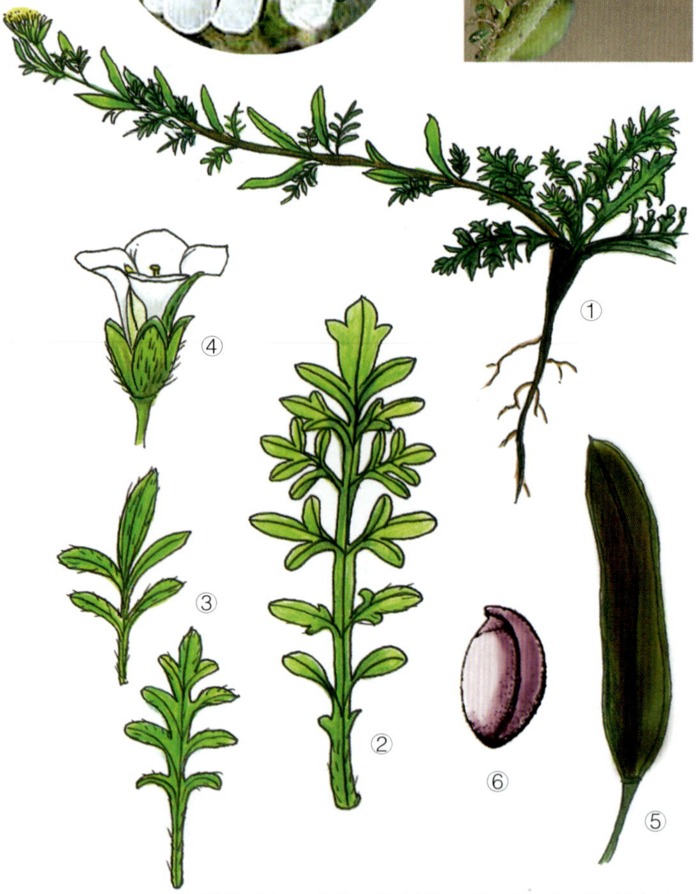

塔什库尔干藏荠：① 植株；② 基生叶；③ 茎生叶；④ 花；⑤ 果；⑥ 种子　（绘图　洪婷）

【保护价值】

该物种是珍贵的种质资源，分布海拔高，种群数量较少，分布区狭窄，可作抗逆基因挖掘的材料。

81. 喀什高原芥
Solms-laubachia kashgarica

[中 文 名] 喀什高原芥
[科　　名] 十字花科
[属　　名] 丛菔属
[别　　名] 新疆芥、喀什藏芥
[保护级别] 新疆二级
[受威胁度] 未予评估（NE）

喀什高原芥

【生物学特征】

多年生草本，高 10 ～ 20 厘米。全株无毛。叶基生，莲座状，具柄，叶片倒披针形或匙形，全缘，并有睫毛。花莛直或略弯曲，无叶，花多数；花梗细，花序在开花时呈伞房状，结果时伸长成总状；萼片宽椭圆形；花瓣紫色。长角果长圆状条形；果瓣膜质，中脉清楚。花期 6 月。

【生活习性】

生于亚高山草甸的石缝，海拔 1800 ～ 2400 米。

喀什高原芥：① 植株；② 花 （绘图 洪婷）

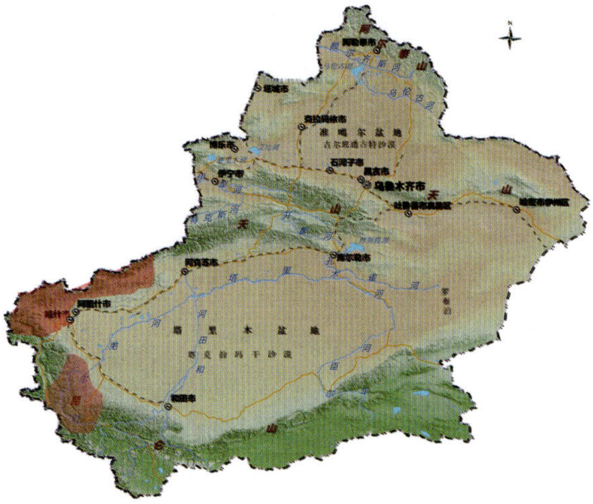

■ 喀什高原芥分布区——产喀什、阿合奇、塔什库尔干。

【保护价值】

该物种为珍贵的种质资源，分布海拔高，种群数量较少，分布区狭窄，可作抗逆基因挖掘的材料。

- 新疆特有种。

82. 绵果荠 *Lachnoloma lehmannii*

[中 文 名] 绵果荠
[科　　名] 十字花科
[属　　名] 绵果荠属
[别　　名] 无
[保护级别] 无
[受威胁度] 中国生物多样性红色名录列为近危物种（NT）

绵果荠

【生物学特征】

一年生草本，高 10 ～ 30 厘米。茎直立，单一或上部分枝；全株多毛，毛为长单毛或分枝毛。叶披针形或线状披针形；单叶全缘或具波状齿。总状花序顶生，花稀疏；萼片直立，上部黏合，于果实成熟时裂开；花瓣淡红色；子房与花柱上均密生长柔毛。短角果坚果状，扁四棱卵形，不开裂，熟时密被淡黄色长绢毛；种子卵圆形；子叶扁平，斜背倚胚根。花期 5 ～ 6 月。

绵果荠：① 植株；② 花 （绘图　洪婷）

【生活习性】

生于荒漠地带砾石戈壁、沙质荒漠上，海拔 900 ～ 1100 米。

■ 绵果荠分布区——产乌鲁木齐、玛纳斯等县。中亚地区也有分布。

【保护价值】

该物种为单种属，植株可食用。

● 中国仅在新疆分布。

83. 脱喙荠 *Litwinowia tenuissima*

[中文名] 脱喙荠
[科　名] 十字花科
[属　名] 脱喙荠属
[别　名] 无
[保护级别] 无
[受威胁度] 中国生物多样性红色名录列为近危物种（NT）

【生物学特征】

一年生草本，高 20 ～ 50 厘米。茎直立，被单毛，茎上毛稍硬、长，展开。基生叶椭圆形，单叶全缘。总状花序；萼片长圆状椭圆形，边缘白色，外面上部有白色长单毛；花瓣白色或淡紫色，长椭圆形；花丝分离。短角果明显有喙，果球形，坚果状不开裂，喙为细小的柱状，成熟时易脱落；种子近圆形，扁。花期 4 ～ 6 月。

【生活习性】

生于平原地带河岸、草地、山坡，海拔 500 ～ 700 米。

脱喙荠

脱喙荠：① 植株；② 花；③ 果　（绘图　洪婷）

■ 脱喙荠分布区——产伊宁、霍城、特克斯、奇台、木垒、阜康、昌吉、精河等地。巴基斯坦、伊朗、中亚地区、欧洲东部也有分布。

【保护价值】

该物种为单种属。

- 中国仅在新疆分布。

84. 长柄芥 *Macropodium nivale*

[中 文 名] 长柄芥
[科　　名] 十字花科
[属　　名] 长柄芥属
[别　　名] 古芥
[保护级别] 无
[受威胁度] 中国生物多样性红色名录列为近危物种（NT）

长柄芥

长柄芥花序

【生物学特征】

多年生草本，高 30～50 厘米。茎顶端及花序轴有贴生单毛。基生叶具长柄，叶片椭圆形、长圆卵形或披针形，全缘。总状花序长，花密生；萼片长圆形边，缘白色膜质；花瓣白色，匙形。长角果条形，下垂，有子房柄；果瓣薄；种子圆形或椭圆形，红褐色，有窄翅。花期 7～8 月，果期 8～9 月。

【生活习性】

生于山地河边、林下，海拔 2900 米。

长柄芥：① 植株下部；② 植株上部；③ 果；④ 花
（绘图　洪婷）

■ 长柄芥分布区——产阿勒泰、哈巴河、巩留、昭苏等地。蒙古国及西伯利亚地区也有。

【保护价值】

该物种零星分布，数量较少。

- 中国仅在新疆分布。

85. 新疆庭荠 *Alyssum simplex*

［中 文 名］ 新疆庭荠
［科　　名］ 十字花科
［属　　名］ 庭荠属
［别　　名］ 无
［保护级别］ 无
［受威胁度］ 中国生物多样性红色名录列为近危物种（NT）

新疆庭荠

【生物学特征】

一年生草本。高 10 ～ 40 厘米。茎直立或稍斜升，单一或分枝，被贴生星状毛。基生叶早落；茎生叶长圆状披针形或长圆状线形，全缘先端尖或钝，基部渐窄成柄或无柄；总状花序顶生；萼片长圆状卵形，外被长辐枝星状毛；花瓣黄色；雄蕊花丝短内侧有附片。短角果圆形，近凸透镜形中间鼓起，密被星状毛；花柱宿存；种子宽卵圆形，棕色，有窄边。花期 5 ～ 6 月。

新疆庭荠：① 植株；② 花；③ 花瓣；④ 果；⑤星状毛　　（绘图　洪婷）

【生活习性】

生于草原、山地灌丛、干山坡、草地，海拔 1000 ～ 2000 米。

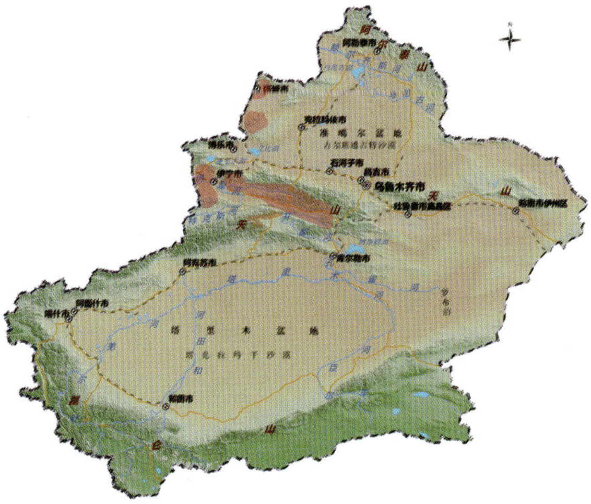

■ 新疆庭荠分布区——产塔城、托里、霍城、新源、尼勒克、察布查尔等地。伊朗、西伯利亚地区、中亚地区、欧洲东部也有分布。

【保护价值】

该物种为早春短命植物，是春季牧场上的优良牧草。

- 中国仅在新疆分布。

86. 刚毛葶苈 *Draba setosa*

[中 文 名] 刚毛葶苈
[科　　名] 十字花科
[属　　名] 葶苈属
[别　　名] 无
[保护级别] 无
[受威胁度] 中国生物多样性红色名录列为近危物种（NT）

刚毛葶苈

【生物学特征】

多年生草本，形成垫状草丛。茎多分枝；花茎高 4～10 厘米，丝状，无叶，被小叉状毛及近于星状的分枝毛。基生叶莲座状，条形，粗糙，有硬纤毛。总状花序有 3～10 花，聚成伞房状；萼片有单毛；花瓣黄色。角果长椭圆形，扁平，稍扭转。花期 6～7 月。

【生活习性】

生于高山草地，海拔 4500 米。

【保护价值】

该物种抗寒性好，是优异的抗逆种质资源。

刚毛葶苈：① 全植株；② 花解剖；③ 果；④ 叶
（绘图　洪婷）

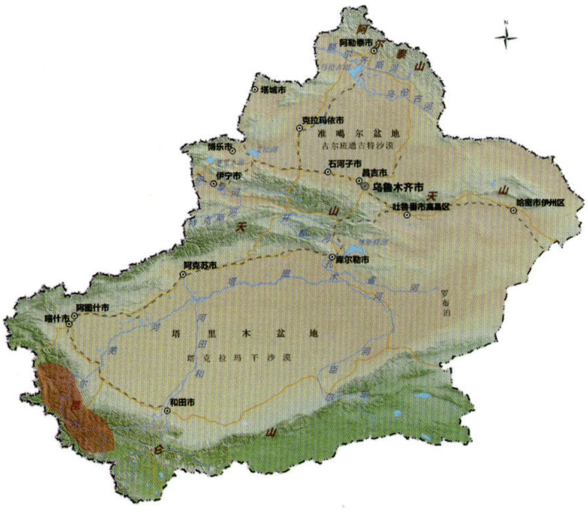

■ 刚毛葶苈分布区——产塔什库尔干县（克克吐鲁克边防站、明铁盖达坂）。西藏有分布。

87. 天山葶苈 *Draba melanopus*

[中 文 名] 天山葶苈
[科　　名] 十字花科
[属　　名] 葶苈属
[别　　名] 无
[保护级别] 无
[受威胁度] 中国生物多样性红色名录列为近危物种（NT）

天山葶苈

【生物学特征】

多年生或二年生草本，高 1.5 ～ 20 厘米。根茎短，基部宿存膜质鳞片，上部簇生莲座状叶。茎被单毛、星状毛和少量分枝毛。莲座状基生叶窄披针形，被星状毛、单毛和叉状毛。果梗与花序轴成直角或斜向上开展。萼片背面有单毛和分叉毛；花瓣黄色。果梗几乎等长于短角果，无毛；长角果条形，果瓣薄；种子棕色，椭圆形。花期 6 月。

【生活习性】

生于草原带、森林带的山坡及阴湿的石缝，海拔 2150 ～ 2450 米。

天山葶苈：① 植株；② 叶；③ 花；④ 果；⑤ 植株下部（示茎叶单毛、星状毛）　　（绘图　洪婷）

■ 天山葶苈分布区——产温泉、乌鲁木齐、巴里坤、博乐、额敏、青河、塔什库尔干等地。中亚地区有分布。

【保护价值】

该物种狭域分布。

- 中国仅在新疆分布。

88. 耳叶南芥 *Arabis auriculata*

[中 文 名] 耳叶南芥
[科　　名] 十字花科
[属　　名] 南芥属
[别　　名] 无
[保护级别] 无
[受威胁度] 中国生物多样性红色名录列为近危物种（NT）

耳叶南芥

【生物学特征】

一年生草本，高 5 ～ 36 厘米。全株密生单毛、2 ～ 3 叉毛、星状毛及分枝毛，在毛的顶端或分叉处常有透明腺点。主根圆锥状，有须根。茎直立或倾斜，分枝或不分枝。基生叶椭圆形，全缘或具疏锯齿；茎生叶基部呈耳状，钝形，略抱茎。总状花序顶生，果期呈膝状弯曲；花瓣白色，倒卵形。长角果线形，斜伸展；果瓣具明显中脉；种子椭圆形，淡黄色，具翅。花果期 4 ～ 6 月。

耳叶南芥：① 植株；② 分叉毛
（绘图　洪婷）

【生活习性】

生于森林带的林间空地、林缘及山坡，海拔 1000 ～ 1200 米。

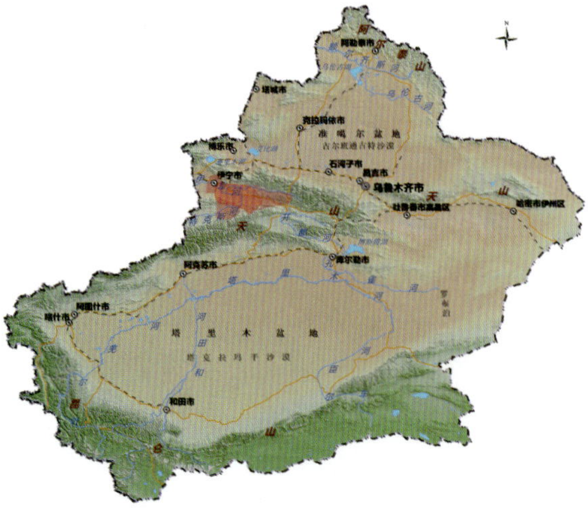

■ 耳叶南芥分布区——产新源、巩留、伊宁、特克斯等地。澳大利亚、中亚地区、亚洲西部、地中海地区、欧洲也有分布。

【保护价值】

该物种狭域分布。

● 中国仅在新疆分布。

89. 新疆南芥 *Arabis borealis*

［中 文 名］ 新疆南芥
［科　　名］ 十字花科
［属　　名］ 南芥属
［别　　名］ 北方南芥
［保护级别］ 无
［受威胁度］ 中国生物多样性红色名录列为近危物种（NT）

【生物学特征】

一年生草本，高 35 ～ 135 厘米。全株被具柄 2 ～ 3 叉毛及星状毛，仅茎下部杂生有单毛。主根圆锥状，有须根。茎基部分枝。基生叶长椭圆形，边缘有疏齿，基部下延成叶柄；茎生叶多数，叶片卵形或长椭圆形，顶端钝圆，边缘具疏浅齿，基部心形或具钝圆形叶耳，半抱茎。总状花序顶生；萼片长椭圆形；花瓣白色；柱头头状。长角果线形，紧密排列，直立；果瓣具细中脉；果梗直立；种子长椭圆形，边缘具窄翅，表面光滑，褐色。果期 7 月。

【生活习性】

生于森林带的林下，海拔 1900 ～ 2700 米。

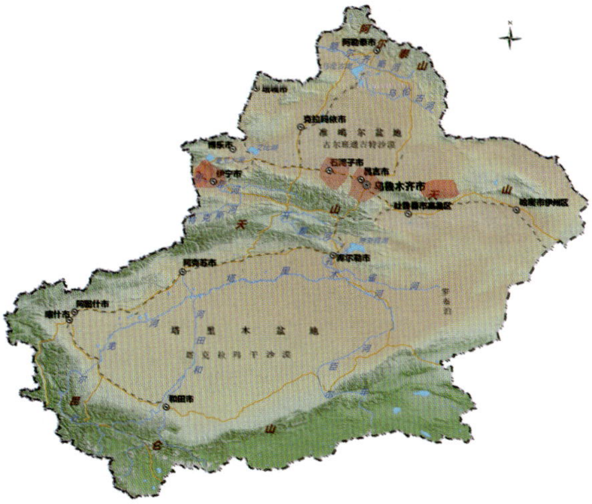

■ 新疆南芥分布区——产伊宁、霍城、奇台、乌鲁木齐、昌吉、石河子、玛纳斯等地。蒙古国、伊朗、西伯利亚地区也有分布。

新疆南芥：① 植株；② 果；③ 花；④ 种子；⑤茎（叉毛及星状毛）；⑥ 茎，叶；⑦ 花枝　　（绘图　洪婷）

【保护价值】

该物种狭域分布。

- 中国仅在新疆分布。

90. 小糖芥 *Erysimum sisymbrioides*

[中 文 名] 小糖芥
[科　　名] 十字花科
[属　　名] 糖芥属
[别　　名] 无
[保护级别] 无
[受威胁度] 中国生物多样性红色名录列为近危物种（NT）

小糖芥

【生物学特征】

一年生草本，高 10 ～ 30 厘米。全部具贴生 2 叉丁字毛。茎直立，疏分枝或不分枝。叶倒披针形或长圆匙形，全缘；茎生叶近无柄或无柄。总状花序在果期伸长达 9 厘米；萼片长圆形；花瓣黄色，倒卵形。长角果线状圆筒形或近圆筒形，茎直或稍弯曲，无花柱或极短，柱头头状，稍 2 裂；果梗粗；种子椭圆形，棕色。花期 5 ～ 6 月，果期 6 ～ 7 月。

小糖芥：① 植株；② 花；③ 种子；④ 叶；⑤ 花瓣；⑥ 雄蕊、雌蕊；⑦ 果实
（绘图　谷连福）

【生活习性】

生于海拔 700 ～ 1500 米的山坡草地。

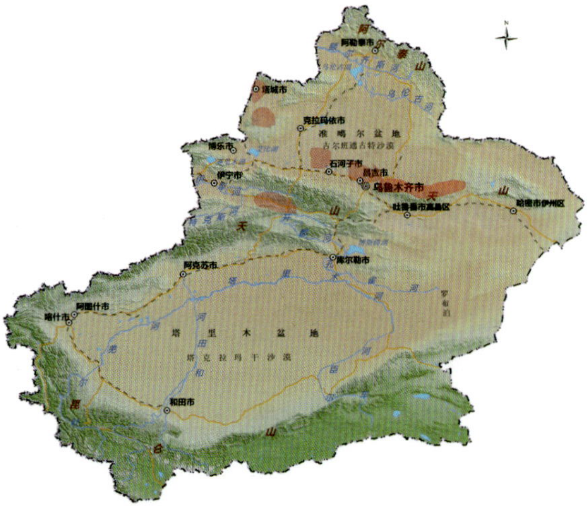

■ 小糖芥分布区——产奇台、乌鲁木齐、昌吉、沙湾、新源、托里、塔城等地。土耳其、叙利亚、阿富汗、伊朗、巴基斯坦、西伯利亚地区、高加索地区、中亚地区均有分布。

【保护价值】

该物种狭域分布。

- 中国仅在新疆分布。

91. 阿尔泰糖芥
Erysimum flavum subsp. *altaicum*

［中 文 名］阿尔泰糖芥
［科　　名］十字花科
［属　　名］糖芥属
［别　　名］矮糖芥
［保护级别］无
［受威胁度］中国生物多样性红色名录列为近危物种（NT）

阿尔泰糖芥

【生物学特征】

多年生草本，高 30 ～ 40 厘米。全株被丁字毛，茎直立，做波状弯曲，自基部分枝，有宿存的枯叶柄。基生叶长圆状条形，基部渐窄，并下延于叶柄成极窄的翅；茎生叶圆形而渐小，柄短。花序在开花时呈伞房状，结果时极为伸长成总状；萼片长卵状披针形，上端急尖，边缘白色膜质；花瓣黄色，瓣片广圆形。长角果圆筒状四棱形，长 2 ～ 4.5 厘米；种子长圆形，橘黄色。果期 7 ～ 8 月。

【生活习性】

生于高山草原，海拔 2300 ～ 3000 米。

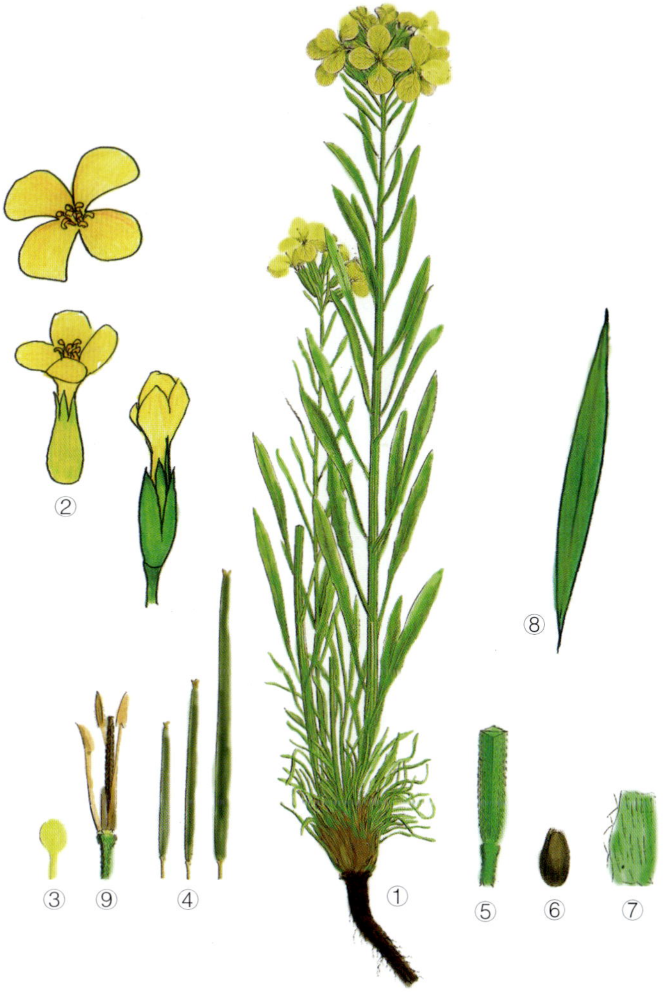

阿尔泰糖芥：① 植株；② 花；③ 花瓣；④ 果；⑤ 果（示横断面）；⑥ 种子；⑦ 叶（示丁字毛）；⑧ 叶；⑨ 雌蕊、雄蕊

（绘图　谷连福）

■ 阿尔泰糖芥分布区——产尼勒克、沙湾、温泉、霍城、新源、巩留、和静、托里、塔城、阿勒泰、富蕴。哈萨克斯坦、吉尔吉斯斯坦、巴基斯坦、塔吉克斯坦、蒙古国、西伯利亚地区也有分布。

【保护价值】

该物种植株含糖芥苷，葡萄糖糖芥苷，可药用；栽培可供观赏。

● 中国仅在新疆分布。

92. 具莛离子芥 *Chorispora greigii*

［中 文 名］ 具莛离子芥
［科　　名］ 十字花科
［属　　名］ 离子芥属
［别　　名］ 具葶离子芥
［保护级别］ 无
［受威胁度］ 中国生物多样性红色名录列为近危物种（NT）

具莛离子芥

【生物学特征】

一年生植物，高 5 ～ 25 厘米。自基部分枝，植株近无毛，仅花萼有少数扁平单毛。叶自基部丛生，多数，叶片长椭圆形，羽状半裂至羽状深裂，两侧裂片常交错排列，近长卵形，全缘或有疏齿，基部具柄；茎生叶少数，与基生叶同形而渐小。总状花序，花疏松排列；花梗纤细，果时延长并增粗；萼片略带紫色；花瓣紫色。果梗斜上升；长角果念珠状；种子褐色，椭圆形。花期 6 ～ 7 月。

具莛离子芥：① 植株；② 雌蕊及雄蕊；③ 花瓣；④ 种子；⑤ 萼片；⑥ 果　　（绘图　洪婷）

【生活习性】

生于山地草甸、山地荒漠草原，海拔 2000 ～ 2100 米。

■ 具莛离子芥分布区——产昭苏、轮台、乌鲁木齐、尼勒克。中亚地区也有分布。

【保护价值】

该物种狭域分布。
- 中国仅在新疆分布。

（十七）景天科 Crassulaceae

草本、半灌木或灌木，常有肥厚、肉质的茎、叶，单叶无柄无托叶。花序顶生聚伞状，稀为总状或单花。辐射对称花两性，萼片与花瓣常 4 ～ 5 枚。雄蕊与萼片或花瓣同数或为其二倍，心皮离生基部合。果为蒴果或者蓇葖果，种子细小，胚乳不发达。该科有 35 属 1500 种以上；中国有 12 属 232 种；新疆有 6 属 24 种。

93. 红景天 *Rhodiola rosea*

［中 文 名］ 红景天
［科　　名］ 景天科
［属　　名］ 红景天属
［别　　名］ 无
［保护级别］ 国家二级
［受威胁度］ 中国生物多样性红色名录列为易危物种（VU）

红景天

红景天：① 植株；② 心皮；③ 花；④ 叶 （绘图 洪婷）

【生物学特征】

多年生草本。根粗壮，直立；根茎短，先端被鳞片。叶疏生，长圆形、椭圆状倒披针形或长圆状宽卵形，全缘或上部疏生牙齿，基部稍抱茎。花茎高 20 ～ 30 厘米；花序伞房状；花梗长于花；花单性，雌雄异株；萼片披针状线形；花瓣线形或长圆形，黄色或淡绿色。果披针形，直立；种子披针形，一侧有狭翅。花期 4 ～ 6 月，果期 7 ～ 9 月。

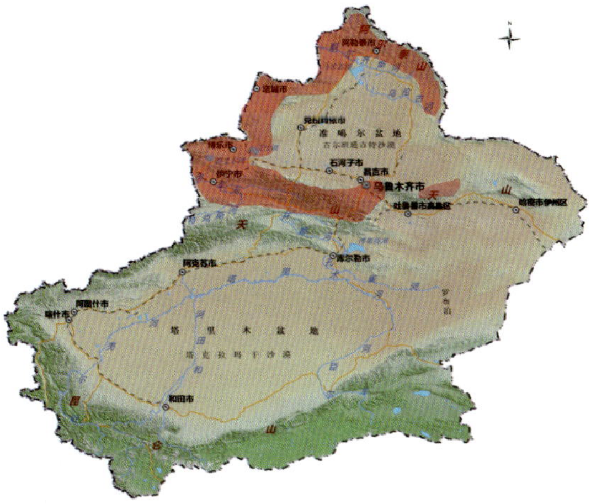

■ 红景天分布区——产青河、富蕴、布尔津、哈巴河、奇台、乌鲁木齐、和布克赛尔、额敏、博乐、温泉、霍城、特克斯等地。山西、河北、吉林等省区有分布。哈萨克斯坦、蒙古国、朝鲜、日本、俄罗斯、欧洲北部也有分布。

【生活习性】

生于阿尔泰山、天山、准噶尔阿拉套山山顶石缝、石质山坡、高山草甸、林间空地，海拔 1800 ～ 3000 米。

【保护价值】

该物种根状茎和根主要含酚性化合物，酚醇和它的配糖体有益气活血、通脉平喘的功效是重要的药用植物资源。

● 人工采挖导致种群下降迅速。

94. 四裂红景天 *Rhodiola quadrifida*

[中 文 名] 四裂红景天
[科　　名] 景天科
[属　　名] 红景天属
[别　　名] 四裂景天
[保护级别] 国家二级
[受威胁度] 中国生物多样性红色名录列为无危物种（LC）

四裂红景天

【生物学特征】

多年生草本。老花茎宿存，多数，常在 100 个以上，变黑或变紫红色；新花茎稻色，高 3 ～ 10 厘米。叶互生，全缘，先端急尖。伞房花序，花少数，雌雄异株；花 4 基数；萼片绿色；花瓣黄色，有时先端变红色，干后变淡绿色；雄蕊与花瓣等长或稍长，花丝花药均为黄色。果披针形；种子长圆形褐色，有翅。花期 5 ～ 6 月，果期 7 ～ 8 月。

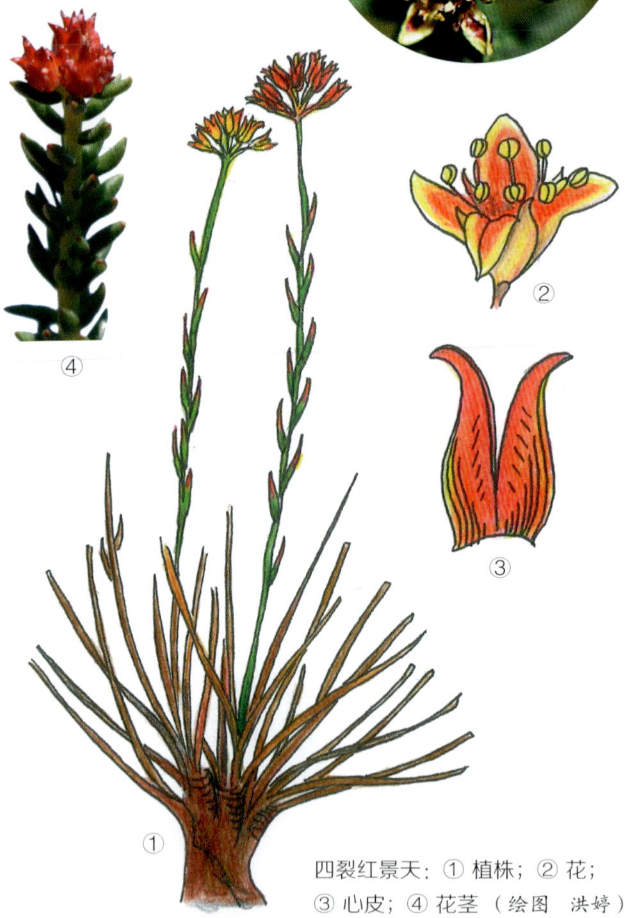

四裂红景天：① 植株；② 花；③ 心皮；④ 花茎（绘图　洪婷）

【生活习性】

生于高山草甸草原、岩石缝、针叶林下、碎石质山坡，海拔 2300 ～ 3700 米。

■ 四裂红景天分布区——产青河、福海、布尔津、哈巴河、吉木乃、奇台、阜康、米泉、乌鲁木齐、昌吉、沙湾、乌苏、尼勒克、新源、巩留、特克斯、昭苏、伊吾、哈密、鄯善、和硕、和静、库车、拜城等县市。西藏、四川、青海、甘肃有分布。巴基斯坦、印度、尼泊尔、俄罗斯、蒙古国也有分布。

【保护价值】

该物种含红景天苷及苷元酪醇，根及根茎入药，可清热退烧，利肺。抗寒，耐风蚀，是优良的抗逆基因挖掘材料。

- 因其药用，人工采挖导致种群下降迅速。

95. 喀什红景天 *Rhodiola kaschgarica*

［中 文 名］ 喀什红景天
［科　　名］ 景天科
［属　　名］ 红景天属
［别　　名］ 无
［保护级别］ 新疆一级
［受威胁度］ 中国生物多样性红色名录列为极危物种（CR）

喀什红景天：① 植株；② 花；③ 叶
（绘图　洪婷）

【生物学特征】

多年生草本。主根细；根茎分枝多。花茎多数，老花茎宿存，灰色先端被鳞片。叶互生，长圆形或线状披针形，全缘。花序伞房状或近头状；雌雄异株；花 4 基数，稀 5 基数；萼片、花瓣金黄色；雄蕊较花瓣稍短或稍长，花丝及花药黄色。蓇葖卵形；种子披针形，褐色。花期 6 ～ 7 月。

【生活习性】

生于帕米尔东北部山地的多石质山坡，海拔 2600 ～ 3200 米。

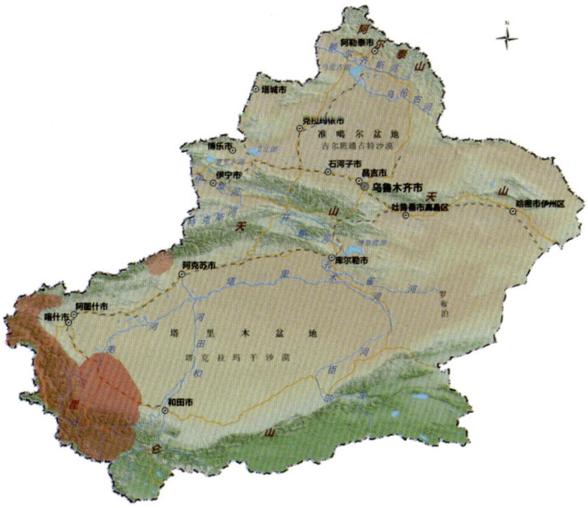

■ 喀什红景天分布区——产乌恰、阿克陶、乌什、莎车、皮山、叶城、塔什库尔干等地。吉尔吉斯斯坦、哈萨克斯坦也有分布。

【保护价值】

该物种是重要的药用植物资源，因人工采挖导致种群下降迅速。

● 中国仅在新疆分布。

96. 东疆红景天 *Rhodiola telephioides*

[中 文 名] 东疆红景天
[科　　名] 景天科
[属　　名] 红景天属
[别　　名] 无
[保护级别] 新疆一级
[受威胁度] 未予评估（NE）
据新的分类系统，该种已正名为红景天。

东疆红景天

【生物学特征】

多年生草本。根茎粗短，先端被鳞片。花茎少数，稍带白粉霜，直立或稍弯曲。叶疏生，长圆形，椭圆状倒披针形或长圆状宽卵形，无柄，全缘或上部疏生牙齿。伞房花序密集多花，花序周围不具叶；雌雄异株；花 5 基数；萼片长圆形；花瓣长圆形，黄色；雄蕊与花瓣等长或稍长。蓇葖先端具短喙，喙水平状外展，褐色。

【生活习性】

生于天山东部的多石山坡，海拔 3000 ～ 3400 米。

东疆红景天：① 植株；② 心皮；③ 叶
（绘图　洪婷）

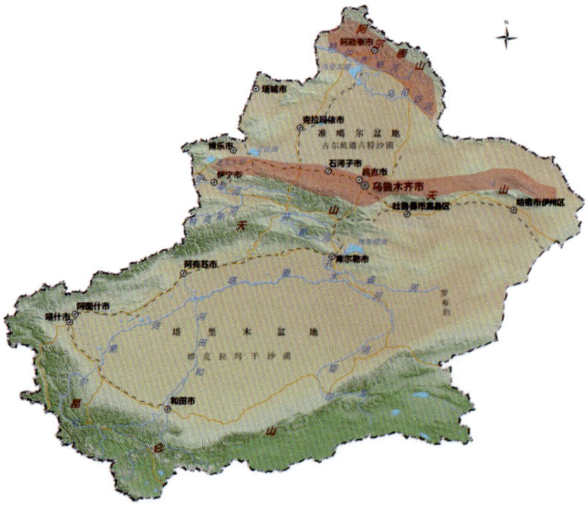

■ 东疆红景天分布区——沿天山北坡及阿尔泰山南坡都有分布。吉林、河北、北京、山西、陕西、甘肃有分布。蒙古国、朝鲜、日本、中亚地区及欧洲北部也有分布。

【保护价值】

该物种是重要的药用植物资源，因人工采挖而导致种群下降迅速。

97. 狭叶红景天 *Rhodiola kirilowii*

［中 文 名］狭叶红景天
［科　　名］景天科
［属　　名］红景天属
［别　　名］狮子七、狮子草、九头狮子七、涩疙瘩
［保护级别］新疆一级
［受威胁度］中国生物多样性红色名录列为无危物种（LC）

狭叶红景天

【生物学特征】

多年生草本，高可达 90 厘米。根粗，垂直；根茎粗壮。花茎少数，通常 1 ～ 2 条，密被叶。叶互生，线形至线状披针形，先端急尖，边缘有疏锯齿，稀全缘。聚伞花序伞房状，密集，多花；花单性，雌雄异株；花瓣 4 ～ 5，绿黄色；花丝及花药黄色。蓇葖果具短喙。花期 6 ～ 7 月，果期 7 ～ 8 月。

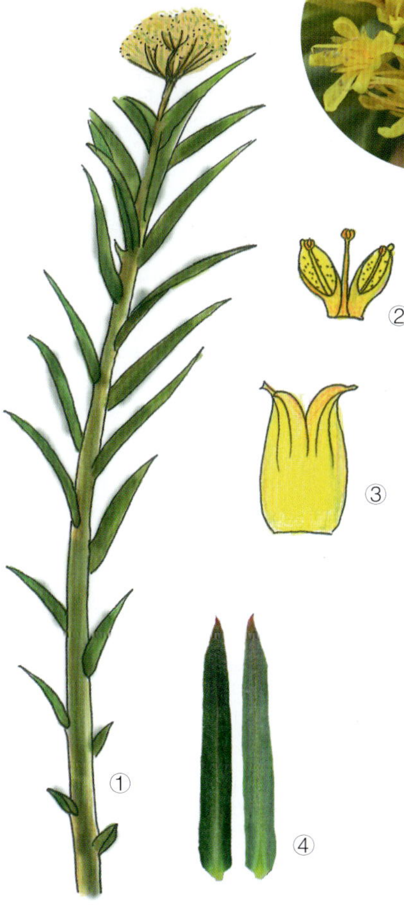

狭叶红景天：① 花茎上部；② 雄花花瓣及雄蕊；③ 心皮；④ 叶　（绘图　洪婷）

【生活习性】

生于石质山坡、山崖石缝、森林阳坡、山谷水边、山顶碎石堆，海拔 1700 ～ 3000 米。

■ 狭叶红景天分布区——产富蕴、阿勒泰、布尔津、奇台、阜康、乌鲁木齐、玛纳斯、沙湾、精河、博乐、温泉、霍城、察布查尔、尼勒克、新源、巩留、昭苏、哈密、和静、塔什库尔干等县市。西藏、云南、四川、青海、甘肃、陕西、山西、河北等省区有分布。哈萨克斯坦、缅甸也有分布。

【保护价值】

该物种根茎药用，可止血、止痛、破坚、消积、止泻。新疆有的地区将其根茎当土三七用。常栽培作观赏种，是重要的药用植物资源。

● 人工采挖导致种群下降迅速。

98. 柱花红景天 *Rhodiola semenovii*

[中 文 名] 柱花红景天
[科　　名] 景天科
[属　　名] 红景天属
[别　　名] 无
[保护级别] 新疆二级
[受威胁度] 中国生物多样性红色名录列为数据缺乏物种（DD）

柱花红景天

【生物学特征】

多年生草本。根茎粗壮，分枝，先端被三角形鳞片。花茎多数，高 35 ~ 60 厘米。叶密生，直立，不分枝，叶线形。花序长圆柱形，穗状或总状；花两性；萼片绿色，线形；花瓣白色或淡红色，披针形；雄蕊与花瓣等长，花丝白色，花药红色。蓇葖红色；种子卵形，有翅。花期 6 ~ 7 月。

【生活习性】

生于帕米尔山地石质沼泽草甸，海拔 2900 米。

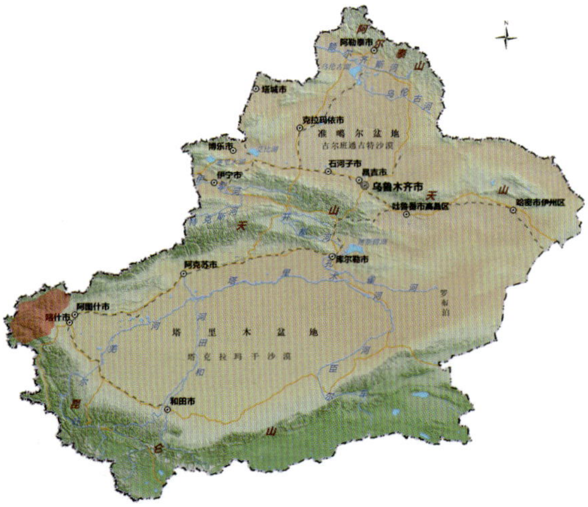

■ 柱花红景天分布区——产乌恰县。哈萨克斯坦、吉尔吉斯斯坦、塔吉克斯坦、乌兹别克斯坦也有分布。

柱花红景天：① 植株上部；② 植株下部；③ 叶；④ 花瓣及雄蕊　（绘图　洪婷）

【保护价值】

该物种是重要的药用植物资源，因人工采挖导致种群下降迅速。

● 中国仅在新疆分布。

99. 长鳞红景天 *Rhodiola gelida*

［中 文 名］长鳞红景天
［科 名］景天科
［属 名］红景天属
［别 名］小叶红景天
［保护级别］新疆二级
［受威胁度］中国生物多样性红色名录列为无危物种（LC）

长鳞红景天

【生物学特征】

多年生草本。主根粗壮，先端被鳞片；根茎宿存黑色老花茎。叶互生，卵状长圆形，边缘有细牙齿。花序多花，密集；雌雄异株；花 4 基数，稀 5 基数，黄绿色，线状披针形；雄蕊与花瓣对生，等长于花瓣，花药花丝均为黄色；花柱短，稍外弯。蓇葖红色；种子卵形，两端有翅，褐色。花期 6 ～ 7 月，果期 8 月。

长鳞红景天：① 植株；② 叶；③ 蓇葖果
（绘图 洪婷）

【生活习性】

生于天山高山河谷石缝、山顶草甸，海拔 2600 ～ 3700 米。

■ 长鳞红景天分布区——产奇台、阜康、乌鲁木齐、塔城、沙湾、察布查尔、昭苏、和静、阿克苏、皮山、民丰、裕民等地。蒙古国、哈萨克斯坦、吉尔吉斯斯坦、塔吉克斯坦、乌兹别克斯坦也有分布。

【保护价值】

该物种是重要的药用植物资源。

- 中国仅在新疆分布。

100. 条叶红景天 *Rhodiola linearifolia*

[中 文 名] 条叶红景天
[科　　名] 景天科
[属　　名] 红景天属
[别　　名] 土三七、线叶红景天
[保护级别] 新疆二级
[受威胁度] 未予评估（NE）

条叶红景天

【生物学特征】

多年生草本。高 25 ～ 30 厘米，植株暗绿色主根粗壮，先端被鳞片。花茎少数，1 ～ 3 条。叶互生，线状披针形，边缘在上部有疏齿或全缘，无柄。聚伞花序伞房状，密集，多花；花单性，雌雄异株，有时花两性；花 5 基数，稀 4 基数；花瓣 5 ～ 4，砖红色；花丝红色，花药亮黄色。花期 5 ～ 7 月。

【生活习性】

生于亚高山草甸、砾石质山坡，海拔 1700 ～ 2900 米。

条叶红景天：① 花茎上部；② 心皮；③ 叶
（绘图　洪婷）

■ 条叶红景天分布区——产伊宁、新源、巩留、昭苏、特克斯、和静、玛纳斯等地。哈萨克斯坦、吉尔吉斯斯坦也有分布。

【保护价值】

该物种根药用，能活血止血、化瘀消肿，主治跌打损伤、吐血、咯血。密集多花，色泽艳丽，可作花坛、花境的绿化观赏植物。

● 中国仅在新疆分布。

101. 黄萼红景天 *Rhodiola litwinowii*

［中 文 名］黄萼红景天
［科　　名］景天科
［属　　名］红景天属
［别　　名］多花红景天
［保护级别］新疆二级
［受威胁度］中国生物多样性红色名录列为数据缺乏物种（DD）

黄萼红景天

【生物学特征】

多年生草本，高 10 ～ 30 厘米。主根粗长，根茎粗壮，分枝多，先端被鳞片。叶互生，椭圆形，长 1 ～ 1.5 厘米、宽 3 ～ 5 毫米，边缘上部有钝牙齿，淡绿色。花茎多数，直立，残存的老枝茎少数；花序密集多花；花黄色或红色，5 ～ 4 基数；雌雄异株；萼片、花丝、花药都为黄色。种子长圆状披针形，褐色。花期 6 ～ 8 月，果期 7 ～ 9 月。

黄萼红景天：① 植株；② 萼片；③ 花瓣及雄蕊；④ 心皮　（绘图　洪婷）

【生活习性】

生于高山石坡、石缝、山顶冰碛石间，海拔 2700 ～ 4050 米。

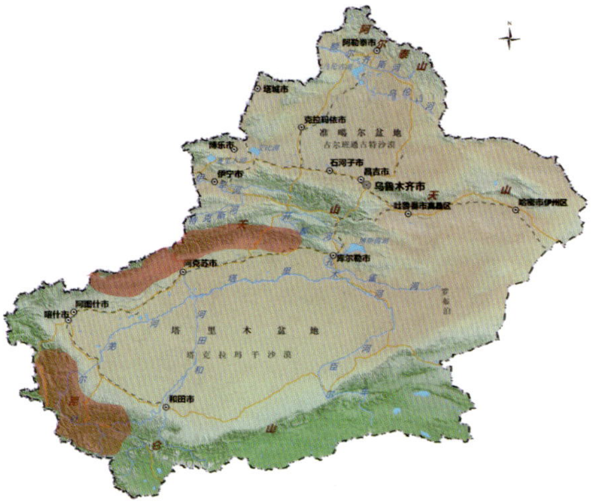

■ 黄萼红景天分布区——产库车、拜城、温宿、乌什、阿合奇、塔什库尔干等地。蒙古国、哈萨克斯坦、吉尔吉斯斯坦、塔吉克斯坦、乌兹别克斯坦也有分布。

【保护价值】

该物种是重要的种质资源，密集多花，色泽艳丽，可作花坛、花境的绿化观赏植物。

- 中国仅在新疆分布。

104. 异齿红景天
Rhodiola heterodonta

［中 文 名］ 异齿红景天
［科　　名］ 景天科
［属　　名］ 红景天属
［别　　名］ 叶红景天、土三七
［保护级别］ 新疆二级
［受威胁度］ 中国生物多样性红色名录列为无危物种（LC）

异齿红景天

异齿红景天

【生物学特征】

多年生草本。根粗壮，垂直；根茎分枝，顶端被鳞片。花茎长 30 ～ 40 厘米，叶互生，三角状卵形，边缘有粗锯齿。聚伞花序伞房状；雌雄异株；花 4 基数；萼片线形；花瓣线形，红色或淡绿色。果线状长圆形，具有短而弯的喙；种子棕褐色，椭圆形。花期 5 ～ 6 月，果期 7 月。

异齿红景天：① 植株；② 萼片；③ 花瓣及雄蕊；④ 心皮；⑤ 根　　（绘图　洪婷）

【生活习性】

生于帕米尔山地，天山西部山沟阴坡石缝及山崖上，海拔 3200 ～ 4200 米。

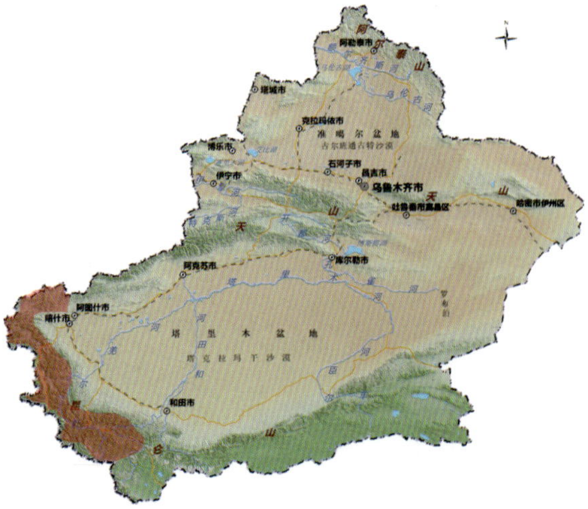

■ 异齿红景天分布区——产乌恰、叶城、塔什库尔干县。西藏有分布。蒙古国、哈萨克斯坦、塔吉克斯坦、吉尔吉斯斯坦、伊朗、阿富汗、巴基斯坦也有分布。

【保护价值】

该物种含红景天苷及苷元酪，根及植株药用。所有牲畜喜食，可作饲料。

● 因其药用，人工采挖导致种群下降迅速。

105. 大红红景天 *Rhodiola coccinea*

[中 文 名] 大红红景天
[科　　名] 景天科
[属　　名] 红景天属
[别　　名] 圆丛红景天、高山红景天、鲜红红景天
[保护级别] 新疆二级
[受威胁度] 中国生物多样性红色名录列为无危物种（LC）

大红红景天

【生物学特征】

多年生草本。主根粗长，长达 25 厘米以上；根茎粗壮、分枝，灰褐色，先端被宽三角形鳞片，棕褐色；宿存老茎多数，不变黑，直立。花茎高 5 ～ 15 厘米。叶互生，肉质，披针形，全缘。伞房花序宽 1 厘米，少花，密集；雌雄异株；花 5 基数，稀 4 基数；萼片红色；花瓣红色；花药黄色，花丝红色。单生种子大，近卵状长圆形，两端有翅。花期 6 ～ 7 月。

【生活习性】

生于天山西部、帕米尔山地、昆仑山、阿尔金山的高山石质山坡、岩石缝、山沟河滩草甸，海拔 2660 ～ 4850 米。

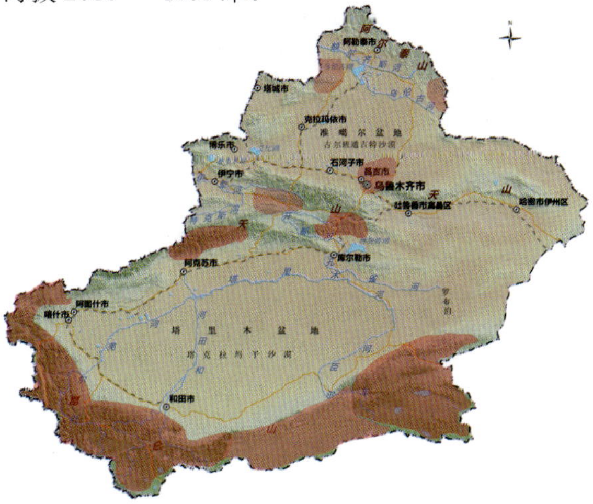

■ 大红红景天分布区——产和静、若羌、且末、库车、拜城、乌恰、叶城、塔什库尔干、策勒、和田、阜康、乌鲁木齐、昌吉、青河、和布克赛尔、新源等地。西藏、四川、青海、甘肃等省区有分布。巴基斯坦、印度、尼泊尔、塔吉克斯坦、吉尔吉斯斯坦、哈萨克斯坦、乌兹别克斯坦、俄罗斯也有分布。

大红红景天：① 植株；② 萼片；③ 花　（绘图　谷连福）

【保护价值】

该物种是重要的种质资源，密集多花，色泽艳丽，可作花坛、花境的绿化观赏植物。

106. 帕米红景天 *Rhodiola pamiroalaica*

[中 文 名] 帕米红景天
[科　　名] 景天科
[属　　名] 红景天属
[别　　名] 帕米尔红景天
[保护级别] 新疆二级
[受威胁度] 中国生物多样性红色名录列为无危物种（LC）

帕米红景天

【生物学特征】

多年生草本。根粗；根茎木质，先端有鳞片。老花茎宿存；花茎多数，高 10 ～ 30 厘米。叶互生，稀疏，线形、线状披针形或披针形，全缘，先端稍急尖。伞房花序圆锥状，花多数，密集；具苞片；花梗与花等长或稍短；雌雄异株；花 5 基数，稀 6 基数；萼片绿黄色；花瓣淡黄色；雄蕊较花瓣短，花丝淡黄色，花药黄色。种子披针形，褐色。花果期 6 ～ 8 月。

【生活习性】

生于天山西部、帕米尔东北部山地的石质山坡、河谷石缝中，海拔 2400 ～ 2800 米。

■ 帕米红景天分布区——产阿克陶、莎车、叶城、拜城、温宿、塔什库尔干等地。蒙古国、吉尔吉斯斯坦、塔吉克斯坦也有分布。

帕米红景天：① 植株；② 花；③ 果（绘图　谷连福）

【保护价值】

该物种是重要的种质资源，密集多花，色泽艳丽，可作花坛、花境的绿化观赏植物。

● 中国仅在新疆分布。

107. 合景天 *Pseudosedum lievenii*

[中 文 名] 合景天
[科　　名] 景天科
[属　　名] 合景天属
[别　　名] 假景天、六瓣景天
[保护级别] 无
[受威胁度] 中国生物多样性红色名录列为近危物种（NT）

合景天

【生物学特征】

多年生草本，高 20 ～ 25 厘米。根多数，丛生，细；根茎粗壮。叶线形。花序伞房状；苞片长圆形或披针形；花梗长 1 ～ 2 毫米；萼片披针状长圆形；花冠漏斗形，浅红色，或干后呈金黄色，花瓣长 12 厘米；雄蕊与花瓣对生；鳞片小而横宽。果较花冠短，披针形；种子椭圆状长圆形，两端稍有翅。花期 4 ～ 5 月，果期 6 ～ 7 月。

合景天：① 植株；② 根；③ 萼片；④ 心皮
（绘图　洪婷）

【生活习性】

生于天山北坡、准噶尔阿拉套山，山谷半阴坡、山坡草地、砾石质草原带、山沟石缝中，海拔 200 ～ 1450 米。

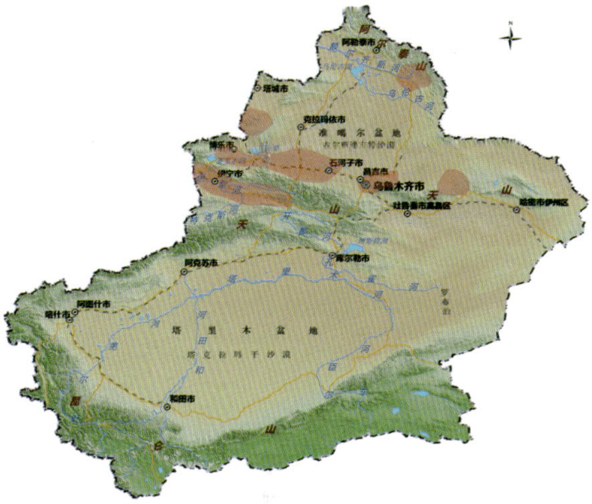

■ 合景天分布区——产奇台、阜康、乌鲁木齐、石河子、玛纳斯、沙湾、精河、博乐、霍城、伊宁、尼勒克、新源、巩留、托里、富蕴等地。俄罗斯、哈萨克斯斯坦、吉尔吉斯斯坦、乌兹别克斯坦也有分布。

【保护价值】

该物种可作花坛、花境的绿化观赏植物。

- 中国仅在新疆分布。

（十八）蔷薇科 Rosaceae

木本或草本。多具托叶，叶互生；两性花，辐射对称，花各部分为 5 或 5 的倍数；花托变化很大，呈碟形、钟形、杯形或坛形；心皮多数至 1 枚，分离或联合，心皮 1 枚为桃李，心皮离生绣线梅。心皮合生苹果梨，花托凹陷为蔷薇。果实有核果、梨果、瘦果、蓇葖果。在 90 属 2520 种之间，世界性分布，主要在北温带地区；中国有 46 属约 900 种；新疆有 30 属 145 种。该科许多种类，具有重要的经济价值，温带的果品属于该科者为多；不少种类的果实富有维生素、糖和有机酸，可作果干、果脯、果酱等果品加工原料；部分物种可入药；部分物种可作观赏，在全世界各地庭园中均占重要位置。

108. 小檗叶蔷薇 *Rosa berberifolia*

［中 文 名］小檗叶蔷薇
［科　　名］蔷薇科
［属　　名］蔷薇属
［别　　名］单叶蔷薇
［保护级别］国家二级
［受威胁度］未予评估（NE）

小檗叶蔷薇：① 植株；② 花；③ 果　（绘图　谷连福）

【生物学特征】

低矮铺散灌木，高 20 ～ 50 厘米。皮刺黄色，散生或成对生于叶片基部，弯曲或直立，有时混有腺毛。小枝光滑。单叶互生，革质，椭圆形或卵形。花单生；萼筒外被长针刺；花瓣黄色，基部有紫色斑点。果实近球形，紫褐色，无毛，密被针刺，萼片宿存。花期 5 ～ 6 月，果期 7 ～ 9 月。

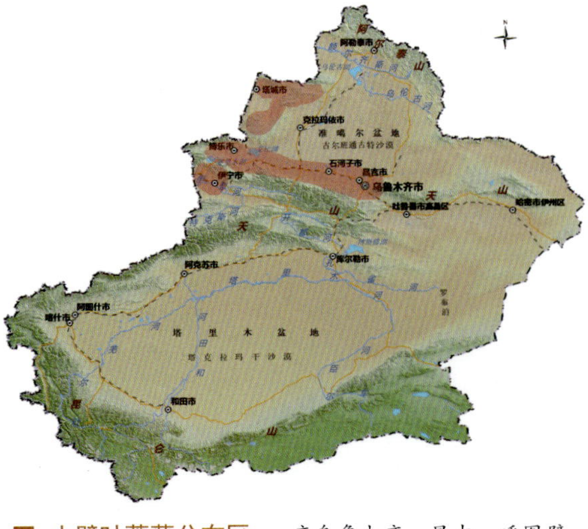

■ 小檗叶蔷薇分布区——产乌鲁木齐、昌吉、呼图壁、玛纳斯、石河子、精河、博乐、霍城、伊宁、托里、额敏、塔城、和布克赛尔等县市。中亚地区、西伯利亚地区也有分布。

【生活习性】

生于干旱荒地及碎石地。

【保护价值】

该物种耐旱，可引种栽培观赏。

● 中国仅在新疆分布。

109. 新疆野苹果 *Malus sieversii*

[中 文 名] 新疆野苹果
[科　　名] 蔷薇科
[属　　名] 苹果属
[别　　名] 塞威苹果、塞威氏苹果、野苹果
[保护级别] 国家二级
[受威胁度] IUCN 濒危红色名录列为易危物种（VU）

新疆野苹果

【生物学特征】

乔木，高 4 ～ 12 米。树冠开阔，树皮暗灰色。单叶，叶片阔披针形或长圆状椭圆形，先端尖，基部楔形，边缘具钝锯齿，叶下面有疏绒毛，幼叶较密。伞房花序；花瓣倒卵形，粉白色。梨果球形或扁球形，直径 3 ～ 4 厘米，黄绿色，有时有红晕，花梗微被绒毛。花期 5 月，果期 7 ～ 9 月。

【生活习性】

耐干旱，生于山间台地、阴坡和半阴坡，海拔 1100 ～ 1400 米。

【保护价值】

新疆野苹果为古地中海区温带落叶林的残遗植物，是我国野生苹果资源唯一的天然的基因库，对于揭示亚洲中部荒漠地区山地阔叶林的起源、植物区系变迁等具有重要的科研和保护价值。其植株耐旱、丰产、野生果实类型多，是优良的砧木和育种材料，在引种驯化、杂交育种和种质资源等方面占有重要的地位。

新疆野苹果：① 果枝；② 果实纵剖面；③ 花枝；④ 萼筒；⑤ 花纵剖面　　（绘图　洪婷）

新疆野苹果分布区——产霍城、伊宁、新源、巩留、托里、塔城、额敏、裕民。哈萨克斯坦、吉尔吉斯斯坦、乌兹别克斯坦、俄罗斯也有分布。

● 近年来，由于人为活动的干扰和虫害的侵扰，新疆野苹果自然种群数量和分布面积日益减少，已处于濒危和灭绝的边缘。伊犁植物园、托里县果子沟景区的建立减少了放牧以及人为砍伐对野苹果资源的破坏，对其种群的更新有重要意义。

中国仅在新疆分布。

110. 新疆野杏 *Prunus armeniaca*

[中 文 名] 新疆野杏
[科　　名] 蔷薇科
[属　　名] 李属
[别　　名] 杏树、杏子、杏花、杏、野杏
[保护级别] 国家二级
[受威胁度] 中国生物多样性红色名录列为近危物种（NT）
根据新的分类系统，该种已正名为杏。

新疆野杏

【生物学特征】

小乔木，高5～8米。叶片宽卵形或圆卵形，先端渐尖或急尖，两面无毛；叶柄基部常具1～6腺体。花单生，先叶开放；花瓣白色或带红色，具短爪。果实球形，果肉多汁，成熟时不开裂；核卵形或椭圆形，基部对称。花期5月，果期6～7月。

【生活习性】

喜光，耐干旱，抗寒，其树势健壮，适应性极强，能生长于贫瘠石质化土壤，野生于山地的砾石质山坡和山沟。

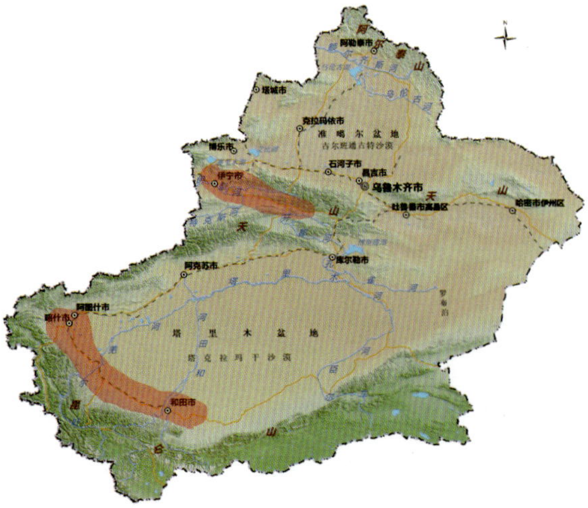

■ 新疆野杏分布区——野生分布于霍城、巩留、新源等地；伊宁、莎车、喀什、和田等地绿洲的庭园和果园普遍栽培。产全国各地，多数为栽培，尤以华北、西北和华东地区种植较多，少数地区逸为野生。世界各地均有栽培。

杏：① 果枝；② 花枝；③ 花纵剖面；④ 果核
（绘图　洪婷）

【保护价值】

该物种种子（杏仁）、叶、花、枝、树皮、树根均可入药；果可鲜食，是重要经济果树树种，是常见水果之一；树胶可制黏胶剂；树干可做家具，也可栽培观赏。野杏蕴含着丰富的抗逆基因资源，通常被认为是世界栽培杏的原种，对栽培杏的演化起着重要作用；该物种耐旱、耐贫瘠，是西北地区核果类果树的砧木。新疆野杏资源丰富。

● 随着近年来旅游开发、畜牧业以及病虫害的侵扰，其种群状态堪忧，应对其种群动态进行关注。

111. 矮扁桃 *Prunus tenella*

［中 文 名］矮扁桃
［科　　名］蔷薇科
［属　　名］李属
［别　　名］野扁桃、野巴旦
［保护级别］国家二级
［受威胁度］IUCN 濒危红色名录列为数据缺乏物种（DD）
中国生物多样性红色名录列为濒危物种（EN）

【生物学特征】

灌木，高 1 ～ 1.5 米。叶片狭长圆形，两面无毛，叶边具小锯齿，齿端有腺体。花单生，与叶同放；花瓣粉红色。核果卵球形，外面密被淡黄色长柔毛；核表面近光滑，无孔穴，具浅沟纹，基部稍偏斜。花期 5 ～ 6 月，果期 7 ～ 8 月。

矮扁桃：① 花枝；② 果枝；③ 果核
（绘图　洪婷）

【生活习性】

生于干旱草坡及谷地，海拔 1200 米左右。

【保护价值】

矮扁桃为珍贵的第三纪孑遗植物，果仁含油脂及扁桃苷，可入药。抗寒耐旱，适应性强，可作培育新品种的原始材料，又是美丽的观赏灌木。

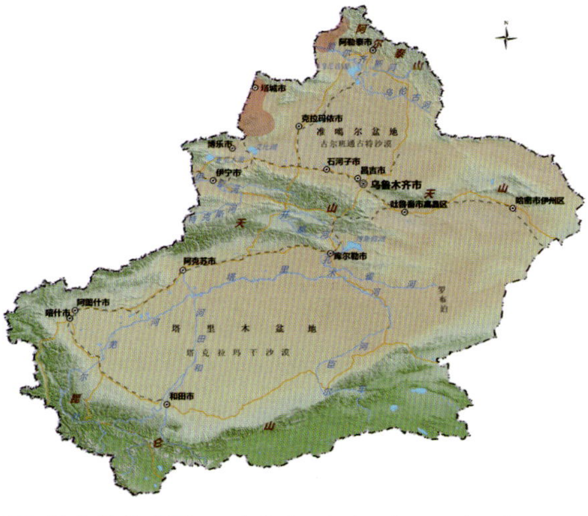

■ 矮扁桃分布区——产塔城、裕民、托里、哈巴河。俄罗斯、西伯利亚地区、中亚地区、亚洲西部和欧洲东南部也有分布。

1980 年，经新疆维吾尔自治区人民政府批准成立巴尔鲁克山野扁桃林自然保护区。

● 近年来，受放牧的干扰，以及其分布区多次遭受火灾危害，给矮扁桃的生存带来了很大的威胁。通过保护区护林员多年的禁牧和养护，其种群已逐渐恢复原来状态。

中国仅在新疆分布。

112. 新疆樱桃李 *Prunus cerasifera*

［中 文 名］ 新疆樱桃李
［科　　名］ 蔷薇科
［属　　名］ 李属
［别　　名］ 樱李、红叶晚李、矮樱
［保护级别］ 国家二级
［受威胁度］ IUCN 濒危红色名录列为数据缺乏物种（DD）
中国生物多样性红色名录列为无危物种（LC）
根据新的分类系统，已正名为樱桃李。

【生物学特征】

灌木或小乔木，高 2 ～ 8 米。枝条开展，常具刺。叶片椭圆形，下面沿脉有绒毛；叶柄无腺点。花单生，少 2 朵；花瓣白色，长圆形或匙形。核果球形或椭圆形，黄色、红色或紫色；核卵形或卵球形，表面平滑或粗糙，有时呈蜂窝状。花期 4 ～ 5 月，果期 7 ～ 8 月。

【生活习性】

生于山间台地或坡地灌丛，海拔 1000 ～ 1400 米。

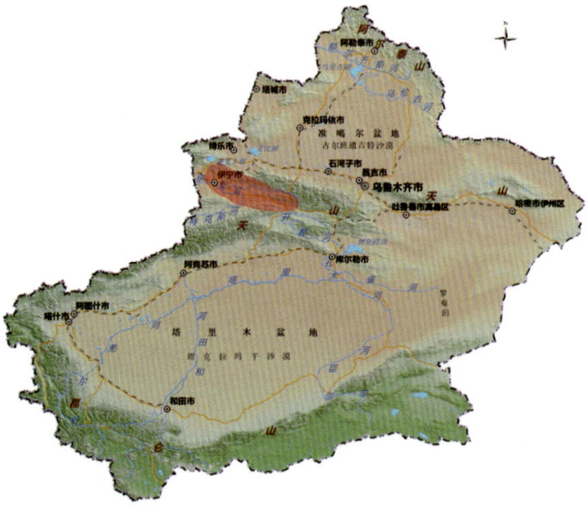

■ 新疆樱桃李分布区——产霍城（大、小西沟）、新源县交吾托海野果林；伊犁地区果园有栽培。哈萨克斯坦、土库曼斯坦、乌兹别克斯坦也有分布。

新疆樱桃李：① 果枝；② 叶缘；③ 果核；④ 花纵剖面
（绘图　洪婷）

【保护价值】

该物种果实鲜食味酸，可制果干，也可作园林观赏树种。樱桃李是温带山地落叶阔叶林一种宝贵的野生果树资源，抗逆性强，常作其近缘属栽培果树的砧木和接穗，是一种良好的抗逆性育种材料。霍城大西沟福寿山景区的建立减少了放牧对其的干扰，对该物种的保护起到了一定的作用。

● 中国仅在新疆分布。

113. 欧洲李 *Prunus domestica*

［中文名］欧洲李
［科　　名］蔷薇科
［属　　名］李属
［别　　名］西洋李、西梅、话梅、苦味扁桃
［保护级别］新疆一级
［受威胁度］IUCN 濒危红色名录列为数据缺乏物种（DD）

【生物学特征】

乔木，高 5～10 米。树冠开展，宽卵形。小枝幼时微被短柔毛，后脱落无毛；冬芽无毛；老枝红褐色，无毛，嫩枝淡红色或灰绿色，被短绒毛，以后脱落近无毛。叶片椭圆形或倒卵形，背面被密绒毛，边有睫毛。花 1～3 朵，簇生于短枝顶端，花先叶开放或花叶同放；花瓣白色。核果卵形，红色、紫色、黄色、绿色，被蓝色蜡粉；核表面干滑、极糙或具洼点。花期 4～5 月，果期 8～9 月。

欧洲李：① 果枝；② 果核；③ 花侧面；④ 叶片
（绘图　洪婷）

【生活习性】

根系较浅，不耐干旱，宜栽于地下水不深的肥沃土壤中。

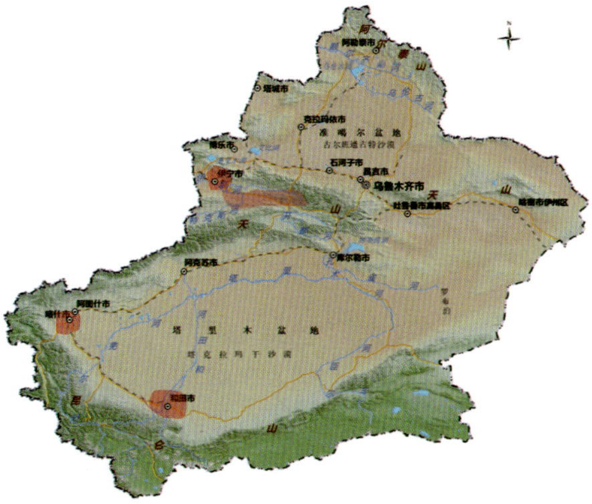

■ 欧洲李分布区——产新源、巩留、伊宁、喀什、和田等地。我国各地有引种栽培。

【保护价值】

该物种狭域分布，数量少，是重要的果树种质资源。久经栽培，品种甚多。果实除鲜食外，还可加工成果制品。花为白色，又可供观赏。

114. 天山樱桃 *Prunus tianshanica*

[中 文 名] 天山樱桃
[科　　名] 蔷薇科
[属　　名] 李属
[别　　名] 无
[保护级别] 新疆二级
[受威胁度] 中国生物多样性红色名录列为无危物种（LC）

【生物学特征】

灌木，高 1 ～ 1.5 米。小枝灰褐色，嫩枝被灰白色绒毛；冬芽卵形，鳞片外面疏被白色绒毛。叶片簇生于短枝上，倒卵状披针形，长 8 ～ 16 毫米、宽 3 ～ 7 毫米，叶边锯齿尖锐。花单生，花叶同放；花梗短，无毛；萼筒管状，无毛，萼片卵状三角形，先端急尖，外面无毛，内面有白色绒毛；花瓣淡红色，倒卵形。核果紫红色，近球形；核表面平滑。花期 4 ～ 5 月，果期 6 ～ 7 月。

天山樱桃：① 幼枝；② 果枝；③ 叶片；④ 果实
（绘图　洪婷）

【生活习性】

生于干旱坡地及灌木丛，海拔 1100 ～ 1500 米。

■ 天山樱桃分布区——产塔城、托里、额敏、裕民、博乐、霍城、察布查尔、伊宁、尼勒克、新源、巩留、特克斯、和静等地。中亚地区也有分布。

【保护价值】

该物种狭域分布，是重要的果树种质资源。果实可食，成熟的果味甜美，蜜源植物。

● 中国仅在新疆分布。

115. 西伯利亚花楸 *Sorbus sibirica*

[中 文 名] 西伯利亚花楸
[科　　名] 蔷薇科
[属　　名] 花楸属
[别　　名] 无
[保护级别] 新疆二级
[受威胁度] 中国生物多样性红色名录列为无危物种（LC）

【生物学特征】

小乔木，高 4 ～ 8 米。嫩枝被绒毛。奇数羽状复叶，有小叶 5 ～ 10 对，上面绿色，下面灰绿色，沿中脉多少有绒毛，边缘锐锯齿。复伞房花序，花稠密；花直径 7 ～ 8 毫米；花瓣白色；雄蕊短于花瓣；雌蕊 3 ～ 4 枚。果球形，鲜红色，无蜡粉。花期 5 月，果期 8 ～ 9 月。

【生活习性】

生于新疆云杉与新疆冷杉混交林下，海拔 1900 ～ 2400 米。

西伯利亚花楸：① 花枝；② 果枝；③ 果实；④ 花纵剖面　（绘图　洪婷）

■ 西伯利亚花楸分布区——产布尔津、哈巴河、阿勒泰、和布克赛尔、福海等地。蒙古国至欧洲北部、中部也有分布。

【保护价值】

该物种果实含较高的抗坏血酸，可药用；干果和花作水的浸剂，用作感冒时的发汗剂；用鲜果的流浸膏，特别是对儿童作温和的泻剂。果还可加工成果子露酒、夹心糖果、软果糕、果酱等，可食用；花多且密，晚春的蜜源植物；树形优美，花多且颜色艳丽，可孤植或行植作园林观赏树木。

● 中国仅在新疆分布。

116. 准噶尔山楂 *Crataegus songarica*

［中 文 名］准噶尔山楂
［科　　名］蔷薇科
［属　　名］山楂属
［别　　名］无
［保护级别］新疆二级
［受威胁度］中国生物多样性红色名录列为无危物种（LC）

准噶尔山楂

【生物学特征】

小乔木或灌木，高 3 ～ 5 米。枝具粗壮刺；当年生枝紫红色，散生柔毛，旋脱落；冬芽卵形，无毛。单叶阔卵形或菱形，常 2 ～ 3 羽状深裂；托叶呈镰刀状弯曲，边缘有齿。伞房花序；花瓣 5，白色。梨果，椭圆形或球形，黑紫色，具少数淡色斑点，内含小核 2 ～ 3 粒。花期 5 ～ 6 月，果期 7 ～ 8 月。

准噶尔山楂：① 果枝；② 果实；③ 果的横切面；④ 果核；⑤ 托叶　　　（绘图　洪婷）

【生活习性】

生于河谷或干旱碎石坡地，海拔 700 ～ 2000 米。

■ 准噶尔山楂分布区——产霍城、新源、伊宁、巩留、尼勒克、博乐、托里、额敏、和布克赛尔等地。中亚山地及伊朗也有分布。

【保护价值】

该物种分布区狭窄。果实可食用或作果脯、果酱加工原料；干果作煎剂可药用；植株可作砧木或抗性育种材料；栽培可作观赏、园林绿化、城镇道路绿化树种。

- 中国仅在新疆分布。

117. 帕米尔金露梅

Potentilla dryadanthoides

［中 文 名］ 帕米尔金露梅
［科　　名］ 蔷薇科
［属　　名］ 金露梅属
［别　　名］ 无
［保护级别］ 新疆二级
［受威胁度］ 中国生物多样性红色名录列为无危物种（LC）

【生物学特征】

矮小灌木，高7～15 厘米。枝条黄褐色，稍被疏柔毛。奇数羽状复叶，小叶椭圆形，顶端钝圆，边缘平坦或略反卷，两面被白色绢状柔毛，下面沿脉有开展的长柔毛。花单生叶腋，直径1～1.5厘米；花瓣黄色，长于萼片。瘦果被毛。花果期6～9月。

【生活习性】

生于干旱草原及石质坡地，海拔800～4500米。

帕米尔金露梅：① 植株；② 花背面；③ 叶片背面　　（绘图　洪婷）

■ 帕米尔金露梅分布区——产塔什库尔干、皮山、阿合奇、叶城、阿克陶、于田、若羌。甘肃、青海、西藏有分布。中亚地区也有分布。

【保护价值】

该物种为帕米尔特有高寒物种，其狭域分布，是帕米尔地区的地带性灌丛植被，对维护当地的水土保持和生态系统平衡具有重要的生态价值。

118. 甜栒子 *Cotoneaster suavis*

[中 文 名] 甜栒子
[科　　名] 蔷薇科
[属　　名] 栒子属
[别　　名] 无
[保护级别] 无
[受威胁度] 中国生物多样性红色名录列为易危物种（VU）

甜栒子

【生物学特征】

灌木，高 1 ～ 1.5 米。单叶，椭圆形或阔椭圆形，稀菱状椭圆形，下面密被灰白色短绒毛。聚伞花序短；花梗、萼筒、萼片均密被灰色绒毛；花瓣圆形，平展，白色。果实近球形或倒卵形，鲜紫色，具 2 核。花期 7 ～ 8 月，果期 8 ～ 9 月。

甜栒子：① 果枝；② 花
（绘图　洪婷）

【生活习性】

生于干旱坡地，海拔 1400 米左右。

■ 甜栒子分布区——产博乐、温泉、霍城、伊宁、特克斯、托里、塔城、和布克赛尔、阿勒泰等地。高加索地区、中亚地区也有分布。

【保护价值】

该物种栽培可供观赏。

● 中国仅在新疆分布。

119. 欧洲稠李 *Prunus padus*

［中 文 名］欧洲稠李
［科　　名］蔷薇科
［属　　名］稠李属
［别　　名］稠李
［保护级别］新疆二级
［受威胁度］IUCN 濒危红色名录列为无危物种（LC）

【生物学特征】

灌木或小乔木，高可达 15 米。小枝黄褐色或红褐色，内皮黄色，有特殊臭味，幼时被短绒毛，以后脱落无毛。叶椭圆形、长圆形或长圆状倒卵形。总状花序多花；萼筒钟状，内部有毛；花瓣白色。核果卵球形，顶端尖，红褐色至黑色，光滑；果梗无毛；核果卵圆形；核有皱纹。花期 4 ～ 5 月，果期 8 ～ 9 月。

【生活习性】

抗寒，喜光，生于谷地溪旁、林缘或灌丛，海拔 1600 ～ 2800 米。

欧洲稠李：① 花枝；② 果枝；③ 萼筒；④ 花瓣
（绘图　洪婷）

■ 欧洲稠李分布区——产布尔津、哈巴河、阿勒泰、新源、博乐、霍城、尼勒克、巩留、特克斯、塔城、托里、额敏、裕民等地。河北、河南、黑龙江、吉林、辽宁、青海、山东、陕西等省区有分布。中亚地区、西伯利亚地区、欧洲也有分布。

【保护价值】

该物种材质优良，可做家具；种子可榨油；树皮可提取栲胶；树皮、叶、花和果实均可入药；花期早，还是很好的观赏树种和蜜源植物。

（十九）豆科 Fabaceae

叶常互生，多为一回或二回羽状复叶；常有托叶；花两性，稀单性；花序总状或圆锥状；二体雄蕊，单体雄蕊或离体雄蕊；子房上位，心皮 1 枚，荚果。有 751 属 19500 种；中国有 167 属 1673 种；新疆有 47 属 400 种。该科植物的根部常有固氮作用的根瘤，是优良的绿肥和饲料作物；有的物种是农业上的重要豆类作物；部分物种可供药用；一些木本物种是优良的造林绿化树种。

120. 沙冬青 *Ammopiptanthus mongolicus*

［中 文 名］沙冬青
［科　　名］豆科
［属　　名］沙冬青属
［别　　名］蒙古沙冬青
［保护级别］国家二级
［受威胁度］IUCN 濒危红色名录列为极危物种（CR）
中国生物多样性红色名录列为易危物种（VU）

【生物学特征】

常绿灌木，高 1.5 ～ 2 米。树皮黄绿色，幼时被灰白色短柔毛；木材褐色。茎多叉状分枝，幼被灰白色短绒毛，后渐稀疏。3 小叶，偶为单叶；小叶菱状椭圆形，两面密被银白色绒毛，全缘，侧脉几不明显。总状花序顶生枝端，花互生；花冠黄色，花瓣均具长瓣柄。荚果扁平，线形，无毛；种子圆肾形。果期 5 ～ 6 月。

沙冬青：① 果枝；② 叶片；③ 翼瓣；④ 龙骨瓣；⑤ 旗瓣；⑥ 雄蕊；⑦ 花萼；⑧ 雌蕊；⑨ 荚果　　（绘图　王丹丹）

【生活习性】

生于沙丘、河滩边台地。

■ 沙冬青分布区——吐鲁番沙漠植物园引种栽培。内蒙古、宁夏、甘肃有分布。蒙古国南部也有分布。

【保护价值】

沙冬青是古老的第三纪孑遗植物，对于研究豆科植物的系统发育、古植物区系、古地理及第三纪气候特征，特别是亚洲中部荒漠植被的起源和形成具有较重要的科学价值。该物种是亚洲中部荒漠区特有的常绿阔叶灌木，是园林绿化的优良树种。枝叶可入药。

● 吐鲁番沙漠植物园引种栽培。

121. 新疆沙冬青
Ammopiptanthus nanus

［中 文 名］ 新疆沙冬青
［科　　名］ 豆科
［属　　名］ 沙冬青属
［别　　名］ 小沙冬青
［保护级别］ 新疆一级
［受威胁度］ IUCN 濒危红色名录列为极危物种（CR）
据新的分类系统，该种已正名为沙冬青。

新疆沙冬青：① 果枝；② 花；③ 旗瓣；④ 翼瓣；⑤ 龙骨瓣
（绘图　王丹丹）

【生物学特征】

常绿灌木，高 40 ～ 70 厘米，稀达 2 米。树冠近圆形，分枝多；树皮黄色，幼时密被灰色绒毛，茎叶稠密。单叶，偶具 3 小叶；托叶甚细小，锥形；叶柄粗壮；小叶全缘，阔椭圆形至卵形，先端钝，或具短尖头，基部阔楔形或圆钝，两面密被银白色短柔毛，如为三出叶时，则明显较窄，具离基三出脉。总状花序短，顶生枝端，花 4 ～ 15 朵集生。荚果线形，种子处隆起，缝线被细柔毛，缢缩而使荚果凹凸不平。花期 5 ～ 6 月，果期 7 月。

【生活习性】

生于砾质山坡。

■ **新疆沙冬青分布区**——乌恰、阿图什、阿合奇有分布。中亚地区也有分布。

【保护价值】

该物种狭域分布，数量少，是亚洲中部荒漠区特有的常绿阔叶灌木，野生集群生存在极端干旱的荒山和石质戈壁上，是荒山绿化的优良树种，可供观赏。枝叶含生物碱、黄花木素，可入药。

● 其野外种群生态环境恶劣，且狭域分布，建议对其集中分布区建立自然保护区来保护此珍贵的种质资源，同时加强科学研究，突破其移植易死的难题，促进该物种的引种栽培和异地保存。

中国仅在新疆分布。

122. 银砂槐 *Ammodendron bifolium*

［中 文 名］ 银砂槐
［科　　名］ 豆科
［属　　名］ 银砂槐属
［别　　名］ 银沙槐
［保护级别］ 新疆一级
［受威胁度］ 中国生物多样性红色名录列为濒危物种（EN）

【生物学特征】

灌木，高 30 ～ 150 厘米。枝和叶被银白色短柔毛。复叶，仅有 2 枚小叶，顶生小叶退化成锐刺；托叶变成刺，宿存；小叶对生，倒卵状长圆形，先端钝圆，具小硬尖头，基部渐狭成楔形，两面被灰色或银白色短绢毛。总状花序顶生；花冠深紫色。荚果扁平，有 1 ～ 2 粒种子。花期 5 ～ 6 月，果期 6 ～ 8 月。

【生活习性】

生于较干旱的砂石、沙漠地带。

银砂槐：① 花枝；② 果枝；③ 花剖面图 （绘图 王丹丹）

■ 银砂槐分布区——产霍城图开沙漠。俄罗斯、哈萨克斯坦也有分布。

【保护价值】

该物种狭域分布，数量少。优良的固沙植物，可作荒山荒地绿化树种，亦可观赏和作绿篱；根的提出物可作染料；荚果是动物抓膘的高质量饲料。受农田开垦和旅游开发干扰，其生境破碎化。

● 在其分布地已建立保护小区，自治区林业和草原局已启动专项保护资金对其生境退化区域进行生态修复。

中国仅在新疆分布。

123. 准噶尔无叶豆

Eremosparton songoricum

［中 文 名］准噶尔无叶豆

［科　　名］豆科

［属　　名］无叶豆属

［别　　名］无

［保护级别］新疆二级

［受威胁度］中国生物多样性红色名录列为极危物种（CR）

【生物学特征】

灌木，高 50 ～ 80 厘米。老枝黄褐色，皮剥落；嫩枝绿色，疏被短柔毛，纤细，稍有棱；茎基部多分枝，向上直伸。叶退化，鳞片状，披针形。花单生叶腋，在枝上形成长总状花序；花紫色，旗瓣宽肾形，先端凹入，具短瓣柄。荚果稍膨胀，卵形或圆卵形，具尖喙，被伏贴短柔毛，果瓣膜质；种子肾形。花期 5 ～ 6 月，果期 6 ～ 7 月。

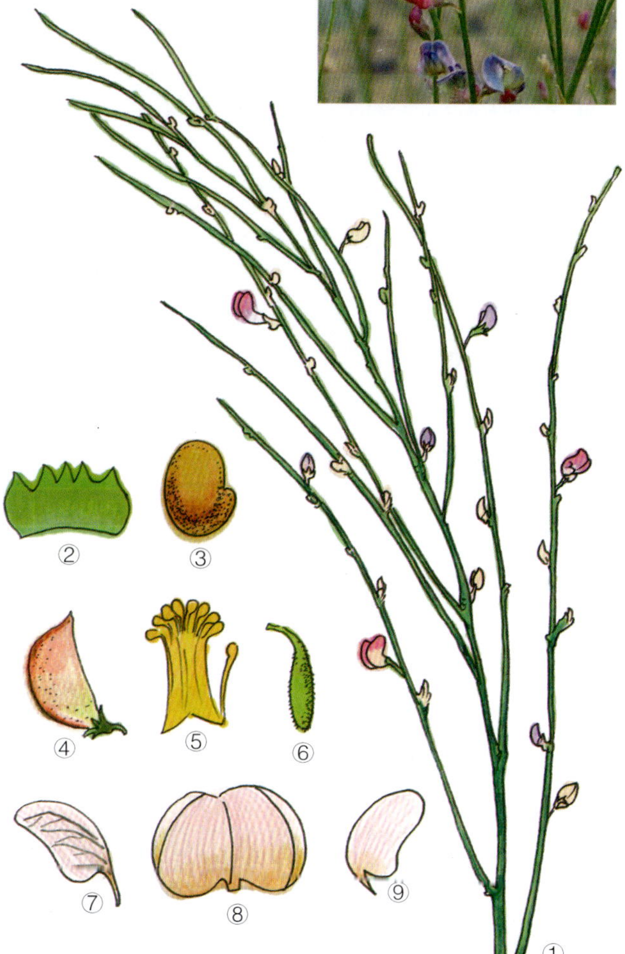

①

准噶尔无叶豆：① 花枝；② 花萼；③ 种子；④ 荚果；⑤ 雄蕊；⑥ 雌蕊；⑦ 龙骨瓣；⑧ 旗瓣；⑨ 翼瓣　　（绘图　王丹丹）

【生活习性】

生于流动或半固定的沙地、丘间低地。

■ **准噶尔无叶豆分布区**——产新疆准噶尔盆地。哈萨克斯坦也有分布。

【保护价值】

该物种既可以有性繁殖，根也可以进行克隆繁殖，为优良先锋固沙植物。有效成分中含有丰富的黄酮化合物和挥发油。黄酮化合物可抗氧化、抗癌、抗菌；挥发油成分对某些格兰阳性菌和某些真菌具活性有抑制性；良等牧草，骆驼、山羊喜食其当年生枝条。

- 中国仅在新疆分布。

124. 准噶尔锦鸡儿
Caragana soongorica

[中 文 名] 准噶尔锦鸡儿
[科　　名] 豆科
[属　　名] 锦鸡儿属
[别　　名] 无
[保护级别] 无
[受威胁度] 中国生物多样性红色名录列为近危物种（NT）

【生物学特征】

灌木，高 1.5～2 米。老枝深灰色或紫黑色；嫩枝细，绿褐色，有棱，无毛。羽状复叶有 2～4 对小叶，叶轴脱落；托叶在长枝者宿存，具刺尖；小叶倒卵形，无毛或背面疏被伏贴柔毛。花冠黄色；花梗单生；花萼钟状杯形；子房被绢毛。荚果线形。花期 5 月，果期 7～8 月。

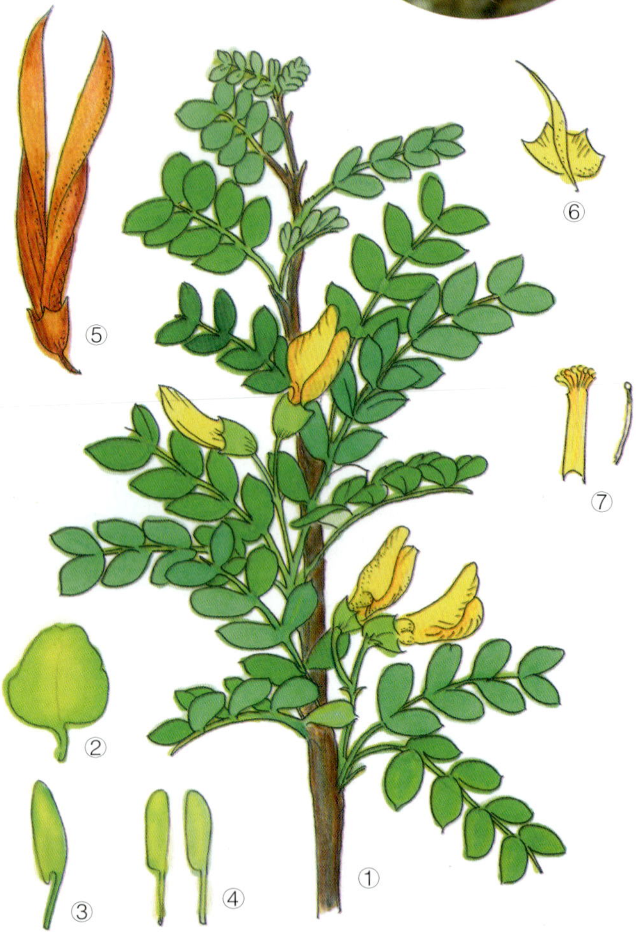

准噶尔锦鸡儿：① 花枝；②旗瓣；③ 翼瓣；④ 龙骨瓣；⑤ 荚果；⑥ 雌蕊；⑦ 雄蕊　　（绘图　王丹丹）

【生活习性】

生于荒漠平原、低山麓石质山坡、河谷灌丛、亚高山草原地带，海拔 1200～1800 米。

准噶尔锦鸡儿分布区——产阿勒泰、吉木乃、玛纳斯、沙湾、伊宁、尼勒克、新源、巩留、伊吾等地。

【保护价值】

该物种是山地水土保持的优良树种。

● 新疆特有种。

125. 华丽豆 *Calophaca chinensis*

［中 文 名］华丽豆
［科　　名］豆科
［属　　名］丽豆属
［别　　名］中国丽豆、塔城丽豆
［保护级别］新疆一级
［受威胁度］中国生物多样性红色名录列为无危物种（LC）

【生物学特征】

小灌木，高 20 ～ 40 厘米。茎丛生，从基部多分枝；树皮光亮，无毛；嫩枝密被短柔毛，淡棕色或淡灰色。羽状复叶；小叶革质，灰白色，两面密被伏贴毛。总状花序近头状；花梗被密毛；花萼宽钟状，被白色短柔毛；花冠黄色，旗瓣外面密被柔毛。荚果长 15 ～ 18 毫米，密被白色短柔毛；种子橄榄绿色。花期 7 ～ 8 月，果期 8 月。

华丽豆：① 果枝；② 花萼；③ 翼瓣；④ 旗瓣；⑤ 龙骨瓣；⑥ 雄蕊；⑦ 雌蕊；⑧ 荚果；⑨ 种子　（绘图　王丹丹）

【生活习性】

生于山坡绣线菊、蒿属、禾草草原中，海拔 800 ～ 950 米。

■ **华丽豆分布区**——产新疆托里、额敏、塔城、裕民、精河、博乐、温泉等地。

【保护价值】

该物种种群数量少，是山地水土保持的优良树种。

● 新疆特有种。

126. 新疆丽豆 *Calophaca soongorica*

［中 文 名］新疆丽豆
［科　　名］豆科
［属　　名］丽豆属
［别　　名］无
［保护级别］新疆二级
［受威胁度］IUCN 濒危红色名录列为数据缺乏物种（DD）
中国生物多样性红色名录列为近危物种（NT）

新疆丽豆

【生物学特征】

灌木或小灌木，高 20 ～ 100 厘米。茎自基部分枝；枝皮淡灰黄色；幼枝被短绵毛。羽状复叶；小叶蓝灰色，具蜡质层，微被伏贴短柔毛。总状花序；总花梗坚硬，密被绵毛；花萼钟状，外面疏被、内面密被伏贴绢毛；花冠黄色，干时淡褐色，旗瓣外面被短柔毛。荚果细圆柱状，长 2 ～ 3 厘米，被硬腺毛；种子棕褐色。花期 5 ～ 7 月，果期 7 ～ 8 月。

【生活习性】

生于山沟阳坡草丛中，海拔 1300 ～ 1400 米。

【保护价值】

该物种狭域分布，数量少，是山地水土保持的优良树种。

- 中国仅在新疆分布。

新疆丽豆：① 果枝；② 种子；③ 旗瓣；④ 翼瓣；⑤ 龙骨瓣；⑥雌蕊、雄蕊；⑦ 花萼　　（绘图　王丹丹）

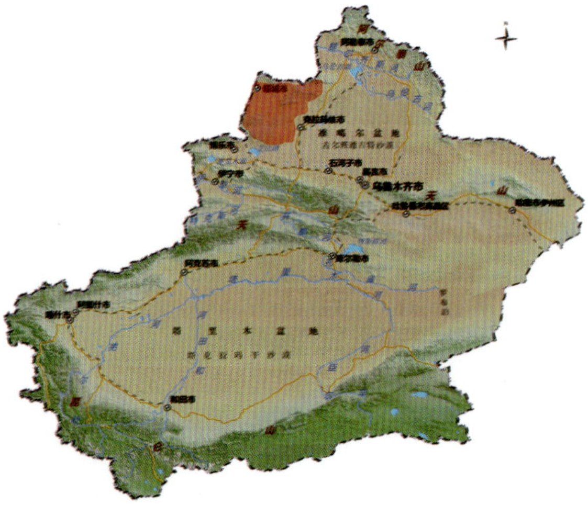

■ 新疆丽豆分布区——产新疆塔城地区。哈萨克斯坦也有分布。

127. 甘草 *Glycyrrhiza uralensis*

［中文名］甘草
［科　名］豆科
［属　名］甘草属
［别　名］甜根子、甜草、国老、乌拉尔甘草、甘草苗头、甜草苗
［保护级别］国家二级
［受威胁度］中国生物多样性红色名录列为无危物种（LC）

【生物学特征】

多年生草本，高 40 ～ 120 厘米。根与根状茎粗状，外皮红褐色，切面黄色，味甜，含甘草甜素。茎多分枝，密被鳞片状腺点、刺毛状腺体及白色或褐色的绒毛。小叶缘全缘或微呈波状，多少反卷。总状花序腋生；花冠紫色，基部白色或黄色。荚果弯曲呈镰刀状或呈环状，密集成球，密生瘤状突起和刺毛状腺体。花期 6 ～ 8 月，果期 7 ～ 10 月。

【生活习性】

生于山坡灌丛、山谷溪边、河滩草地、绿洲林下、垦区农田荒地、渠道边，海拔 400 ～ 1700 米。

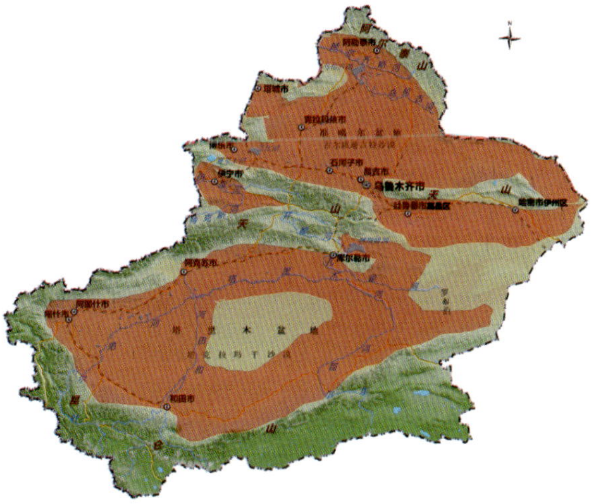

■ 甘草分布区——南北疆广泛分布。甘肃、河北、黑龙江、辽宁、内蒙古、宁夏、青海、陕西、山东、山西有分布。阿富汗、哈萨克斯坦、吉尔吉斯斯坦、蒙古国、巴基斯坦等也有分布。

甘草：① 花序及羽状复叶；② 果序；③ 花瓣；④ 雄蕊；⑤ 雌蕊；⑥ 荚果　（绘图　王丹丹）

【保护价值】

该物种为《中华人民共和国药典》收载传统中药甘草的原植物之一，根及根茎入药，有补脾益气、润肺止咳、清热解毒和调和诸药等功效；茎的韧皮纤维可作纺织材料；其地上部分可饲用，是干旱区、半干旱区优良的豆科牧草；地下部分耐旱、抗盐碱、耐沙埋，是珍贵的防风固沙植物。

128. 胀果甘草 *Glycyrrhiza inflata*

［中 文 名］胀果甘草
［科　　名］豆科
［属　　名］甘草属
［别　　名］无
［保护级别］国家二级
［受威胁度］中国生物多样性红色名录列为无危物种（LC）

【生物学特征】

多年生草本。根与根状茎粗壮，外皮灰褐色，被黄色鳞片状腺体，切面橙黄色，味甜。小叶长圆形至卵圆形，全缘，明显波状皱褶。总状花序腋生；花冠紫色基部白色。荚果成熟后膨胀为椭圆形，直或微弯，被褐色的腺点和刺毛状腺体。花期 5 ～ 7 月，果期 6 ～ 10 月。

胀果甘草：① 果枝；② 花枝；③ 花萼；④ 花瓣；⑤ 雄蕊、雌蕊　（绘图　王丹丹）

【生活习性】

生于荒漠沙丘底部、干旱古河道胡杨林下、河岸胡杨林缘、盐渍化河滩湿地、淤积平原、垦区盐碱弃耕地、农田渠边等生境，海拔 280 ～ 1600 米。

■ 胀果甘草分布区——产青河、伊吾、哈密、鄯善、吐鲁番、托克逊、和硕、和静、焉耆、库尔勒、尉犁、若羌、且末、库车、阿克苏、阿拉尔、阿克陶、阿图什、巴楚、喀什、英吉沙、莎车、于田、策勒、和田、墨玉和民丰等地。内蒙古、甘肃有分布。中亚地区也有分布。

【保护价值】

该物种为《中华人民共和国药典》收载传统中药甘草的原植物之一，根及根茎入药，能清热解毒，止咳祛痰，补脾和胃，调和诸药，用于咽喉肿痛、咳嗽、心悸、脘腹虚痛、溃疡病、疮疡。属中等牧草，春季各牲畜喜采食其嫩株，秋季采食其花序。

129. 光果甘草 *Glycyrrhiza glabra*

[中 文 名] 光果甘草
[科　　名] 豆科
[属　　名] 甘草属
[别　　名] 洋甘草、欧甘草
[保护级别] 新疆一级
[受威胁度] IUCN 濒危红色名录列为无危物种（LC）

【生物学特征】

多年生草本，高 30 ～ 100 厘米。植株被稀疏腺毛。茎直立，多分枝。小叶椭圆形或披针形，背面密生淡黄色鳞片状腺体。总状花序，果期伸长；萼筒管状，被短毛或腺体；花冠淡紫色。荚果柱状长圆形或稍扁，直或稍弯曲；光滑或被腺体。花期 5 ～ 6 月，果期 7 ～ 9 月。

【生活习性】

生于河滩一阶台地、河岸胡杨林缘、河岸芦苇滩、绿洲垦区农田地头、路边、荒地，海拔 350 ～ 1100 米。

光果甘草：① 花枝与羽状复叶；② 花瓣；③ 雌蕊；④ 雄蕊；⑤ 花萼；⑥ 各种形态的荚果　　（绘图　王丹丹）

■ 光果甘草分布区——产玛纳斯、石河子、沙湾、精河、博乐、霍城、伊宁、察布查尔、巩留、伊吾、巩乃斯、焉耆、阿克苏、阿拉尔、阿瓦提、巴楚、喀什、疏勒和莎车等地。我国东北、华北、西北各省区有分布。蒙古国、西伯利亚地区、地中海地区、中亚地区及欧洲也有分布。

【保护价值】

该物种根及根茎药用，功效同甘草；含染色物质甘草苷，可作染料；在工业中也有很大的作用，被用于糖果的制作。

● 该物种随着玛纳斯河和塔里木河周边农田的大量开垦，其生境遭大面积损坏，导致其种群面积急剧下降。

130. 茧荚黄芪 *Astragalus lehmannianus*

［中 文 名］ 茧荚黄芪
［科　　名］ 豆科
［属　　名］ 黄芪属
［别　　名］ 茧荚黄耆
［保护级别］ 新疆一级
［受威胁度］ 未予评估（NE）

【生物学特征】

多年生草本，高 35 ～ 60 厘米。羽状复叶有 15 ～ 23 片小叶，长 15 ～ 25 厘米；托叶三角状披针形，基部与叶柄贴生，具缘毛；小叶圆形或近圆形。总状花序生多数花，紧密呈圆形；花萼初则管状，密被长柔毛，果期膨大呈卵形或球形，膜质，具密网状脉；花冠黄色；子房有柄，被长柔毛。荚果长圆状圆形，膨胀，膜质，淡黄色，被白色长柔毛，含 2 ～ 4 颗种子。花期 5 ～ 6 月，果期 6 ～ 8 月。

【生活习性】

生于固定及半固定沙丘、沙漠防护林，海拔 340 ～ 800 米。

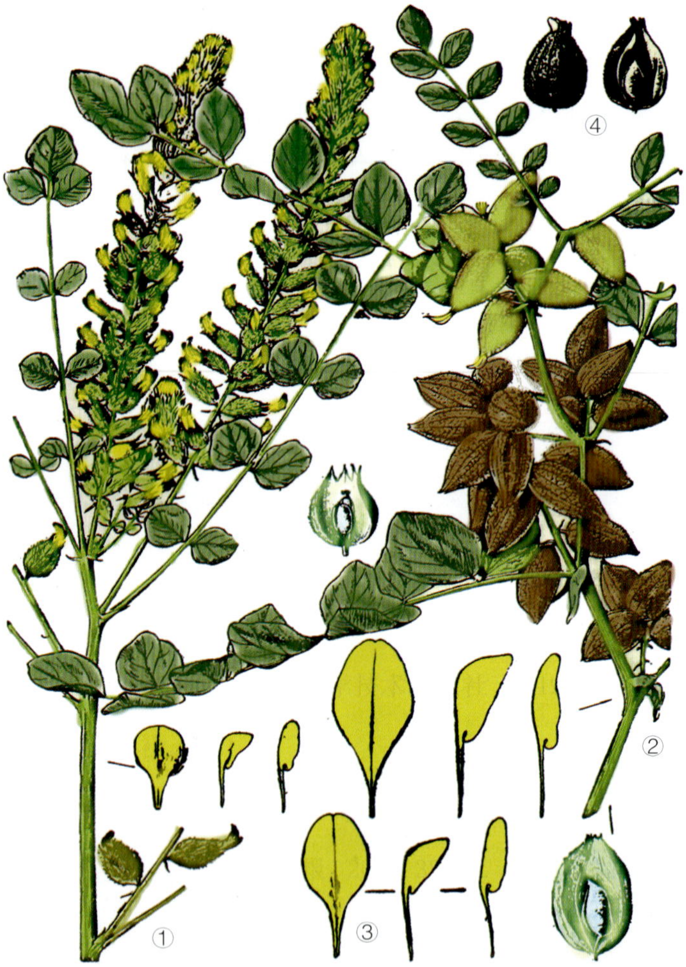

茧荚黄芪：① 花枝；② 果枝；③ 花瓣；④ 荚果
（绘图　王丹丹）

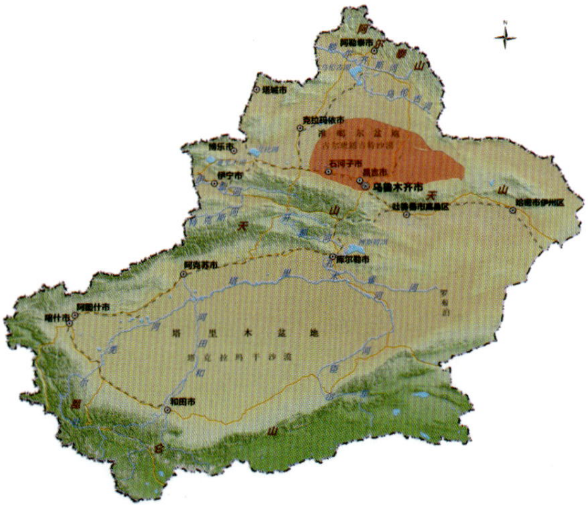

■ 茧荚黄芪分布区——产木垒、奇台、阜康、石河子等县市。中亚地区和高加索地区也有分布。

【保护价值】

该物种狭域分布，其野生种群数量较少，是重要的药用植物资源。

● 中国仅在新疆分布。

131. 膜荚黄芪 *Astragalus membranaceus*

［中 文 名］ 膜荚黄芪
［科　　名］ 豆科
［属　　名］ 黄芪属
［别　　名］ 黄芪、木黄芪、黄耆、蒙古黄耆
［保护级别］ 新疆一级
［受威胁度］ IUCN濒危红色名录列为无危物种（LC）

【生物学特征】

多年生草本，高 50 ～ 100 厘米。羽状复叶有 13 ～ 27 片小叶，长 5 ～ 10 厘米；托叶离生，披针形或线状披针形；小叶椭圆形或长圆状卵形。总状花序稍密；总花梗与叶近等长或较长，至果期显著伸长；花萼钟状，外面被白色或黑色柔毛；花冠黄色或淡黄色；子房有柄，被细柔毛。荚果半椭圆形，薄膜质，稍膨胀，两面被白色或黑色细短柔毛，果颈超出萼外，种子 3 ～ 8 颗。花期 6 ～ 8 月，果期 7 ～ 9 月。

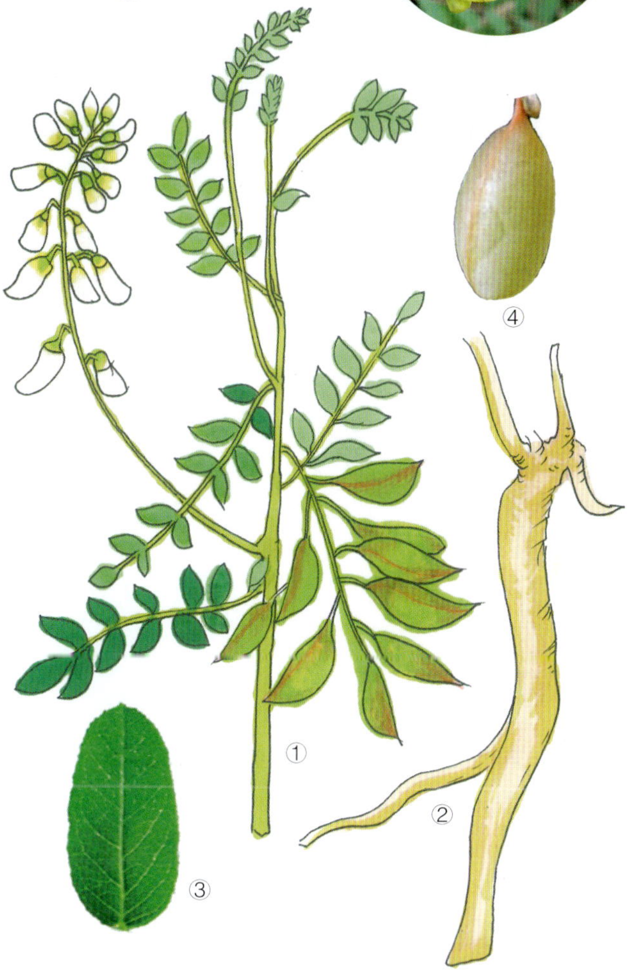

膜荚黄芪：① 果枝；② 根；③ 小叶；④ 荚果
（绘图　王丹丹）

【生活习性】

生于针叶林林缘、林间空地、灌丛、山地草甸、低山水旁。

■ 膜荚黄芪分布区——产青河、富蕴、福海、哈巴河、吉木乃、和布克赛尔、塔城、裕民、新源。黑龙江、内蒙古、河北、山西有分布。俄罗斯及西伯利亚地区也有分布。

【保护价值】

该物种为《中华人民共和国药典》收载传统中药黄芪的原植物之一。干燥根入药，有补气，固表，托毒，生肌的功效。中国各地多引种栽培。

（二十）白刺科 Nitrariaceae

一年生或多年生草本或灌木。叶互生或簇生，全缘或羽状分裂；花单生或排成聚伞状花序，萼片、花瓣 4 或 5，雄蕊与花瓣同数或 1 ～ 3 倍；子房 3 ～ 5 室，稀为 2 ～ 12 室；果实为分果、核果或浆果。3 属 16 种，主要分布于沿北非到东亚及澳大利亚西南部和墨西哥东部的干旱地区；中国有 2 属 8 种；新疆有 2 属 8 种。该科的物种常为建群种，特别在沙区为优良固沙植物。

132. 帕米尔白刺 *Nitraria pamirica*

［中 文 名］ 帕米尔白刺
［科　　名］ 白刺科
［属　　名］ 白刺属
［别　　名］ 无
［保护级别］ 无
［受威胁度］ 中国生物多样性红色名录列为易危物种（VU）

帕米尔白刺：① 花枝；② 种子；③ 花 （绘图 王丹丹）

【生物学特征】

低矮小灌木，高 12 ～ 30 厘米。茎铺展，自基部多分枝，枝常伏卧；不孕枝顶端刺针状；老枝灰白色，皮开裂，无毛；嫩枝白色，有光泽，被短伏毛；无性枝末端有刺。叶线状匙形，全缘，灰蓝绿色，被贴伏毛或疏毛。花序生于枝端，蝎尾状；花萼顶端尖；花瓣淡白色，长圆状或椭圆形，边缘向内卷。核果长圆锥形，多汁，樱红色，有时近黑色，卵形，被短伏毛。花期 5 ～ 6 月，果期 6 ～ 7 月。

■ 帕米尔白刺分布区——产阿克陶、塔什库尔干。中亚地区也有分布。

【生活习性】

生于河谷、阶地、砾质土或碱斑附近；常生南坡和东南坡溢出带或冰碛层附近，海拔 2300 ～ 3500 米。帕米尔特有种。

【保护价值】

该物种果实可食，带有微咸的甜味。白刺属的起源中心是古地中海沿岸地区，中亚和我国西北是该属的现代分化中心，对研究该科区系地理有重要的科学研究价值。

● 中国仅在新疆分布。

（二十一）大戟科 Euphorbiaceae

乔木，灌木或草本。单叶或复叶，互生或对生。花单性同株或异株，花序单性或两性。萼片通常 3 ～ 6 枚或合生；雄蕊花药内向开裂；雌蕊（2）3（至多数）心皮合生。子房（1 ～）2 ～ 5（～ 20）室，每室 1 枚胚珠。通常蒴果，具 2 ～ 3 个分果爿；果皮光滑或具软刺。有 217 属 6745 种，泛热带分布，温带地区也有分布；中国有 56 属 253 种；新疆有 3 属 41 种。

133. 沙大戟 *Chrozophora sabulosa*

[中 文 名] 沙大戟
[科　　名] 大戟科
[属　　名] 沙戟属
[别　　名] 沙戟、星毛戟
[保护级别] 新疆二级
[受威胁度] 未予评估（NE）

沙大戟：① 果枝；② 果实　（绘图　王丹丹）

【生物学特征】

一年生草本，高 5 ～ 30 厘米。全株密被星状毛。叶单一，互生，纸质，阔卵形，边缘浅波状，上面具疏毛，下面密生星状毛。总状花序生于上部叶腋；花单性，雌雄同株；子房每室有 1 胚珠。蒴果近球形；种子卵形，光滑。花果期 6 ～ 9 月。

【生活习性】

生于沙丘背风坡、丘间低地，以及河湖沿岸沙地。

■ 沙大戟分布区——产玛纳斯、石河子、沙湾、阜康、米泉、霍城、温泉。阿富汗及中亚地区也有分布。

【保护价值】

该物种狭域分布。数量少，偶见。一年生短命植物，植物无毒，夏季在沙漠可作绵羊的饲料；草含靛蓝或红蓝的色素，可作染料。

● 中国仅在新疆分布。

（二十二）无患子科 Sapindaceae

乔木或灌木，稀藤本。复叶，三小叶，稀单叶，轮生或对生。聚伞圆锥花序，花多单性，有时为杂性或两性。花冠整齐白色或黄绿色，萼片和花冠 4 ～ 5 枚；雄蕊通常 8 枚；子房上位，3 室。小坚果具翅。产热带和亚热带，全世界有 141 属 1900 余种；中国有 25 属 158 种；新疆有 3 属 9 种。

134. 天山槭

Acer tataricum subsp. *semenovii*

［中 文 名］ 天山槭
［科　　名］ 无患子科
［属　　名］ 槭属
［别　　名］ 天山枫
［保护级别］ 新疆二级
［受威胁度］ 未予评估（NE）

天山槭

【生物学特征】

小乔木，株高 3 ～ 5 米。单叶对生，叶片近革质。花序基部的叶三裂，中裂片较大，侧裂片小；各种裂片的边缘均具圆齿或重锯齿。伞房花序，被短而粗的腺毛；花淡绿色。翅果嫩时淡红色，成熟时淡黄色。花期 5 ～ 6 月，果期 9 月。

天山槭：① 果枝；② 果实　（绘图　王丹丹）

【生活习性】

生于河谷和山坡地疏林中，海拔 2000 ～ 2200 米。

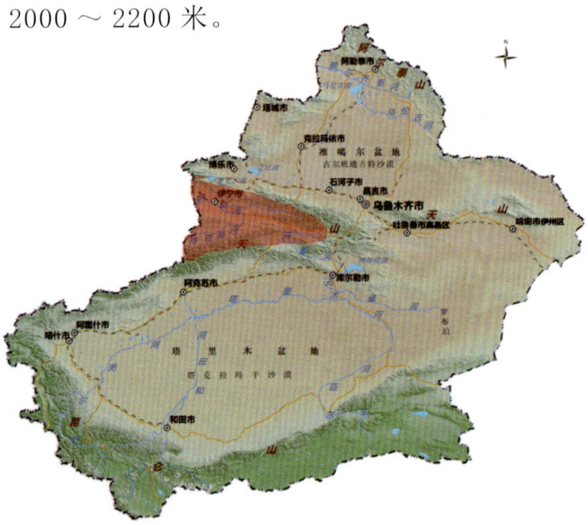

■ 天山槭分布区——产伊犁地区各县。阿富汗、俄罗斯、中亚地区及亚洲西南部也有分布。

【保护价值】

该物种是防风固沙、护堤护路的优良树种，其树形美观，抗烟尘、二氧化硫及氯气，是工厂、城镇绿化美化特色园林植物。

● 中国仅在新疆分布。

（二十三）鼠李科 Rhamnaceae

木本，单叶，常具刺，叶脉犹如三叉戟。花小整齐常两性，花萼钟状，4～5裂，萼片、花瓣、雄蕊均4～5枚；花盘杯状；子房上位，球形。浆果状核果。有58属1000种，广泛分布于温带至热带地区；中国有13属137种；新疆有2属6种。

135. 新疆鼠李 *Rhamnus songorica*

［中 文 名］ 新疆鼠李
［科　　名］ 鼠李科
［属　　名］ 鼠李属
［别　　名］ 土茶叶
［保护级别］ 新疆二级
［受威胁度］ 中国生物多样性红色名录列为无危物种（LC）

【生物学特征】

灌木，高约1米。树皮灰褐色；小枝红褐色，枝端具钝刺。叶大，纸质，互生，或在短枝上簇生，椭圆形或矩圆形，稀披针状椭圆形，长1～2.2厘米，宽3～12厘米，全缘，上面灰绿色，下面黄绿色。花单性，雌雄异株；雄花10～20朵；雌花数个簇生于短枝上，黄绿色，有退化雄蕊。核果浆果状，球形，成熟时黑色；种子黄褐色，背面有较宽的纵沟。花期4～5月，果期6～8月。

新疆鼠李：① 果枝；② 果实；③ 花萼　（绘图　王丹丹）

【生活习性】

生于山谷灌丛、山坡林下或河滩地，海拔1000～1600米。

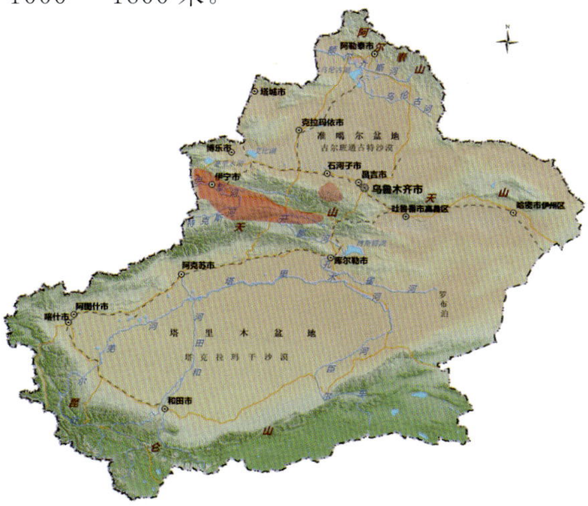

■ 新疆鼠李分布区——产玛纳斯、霍城、尼勒克、新源、巩留及特克斯。中亚地区也有分布。

【保护价值】

该物种树皮可药用，可作鞣料；植株秀丽，可供观赏。有潜在的开发价值。

- 中国仅在新疆分布。

136. 帕米尔鼠李 *Rhamnus minuta*

[中 文 名] 帕米尔鼠李

[科　　名] 鼠李科

[属　　名] 鼠李属

[别　　名] 矮小鼠李

[保护级别] 新疆二级

[受威胁度] 中国生物多样性红色名录列为无危物种（LC）

帕米尔鼠李

【生物学特征】

平卧或垫状小灌木，高 10 ～ 25 厘米。多分枝；小枝互生深灰色或灰褐色，枝端具针刺。叶小，纸质，互生或常在短枝上簇生，倒卵形、倒卵状椭圆形或矩圆形，边缘有疏细尖齿或全缘，淡绿色，两面同色。花单性，雌雄异株。核果倒卵状球形，黑褐色；种子黄色或淡褐色，背面有与种子近等长的浅宽沟，上端常有叉状附属物。

帕米尔鼠李：① 果枝；② 果实

（绘图　王丹丹）

【生活习性】

生于亚高山山坡石缝中，海拔 3000 ～ 4000 米。

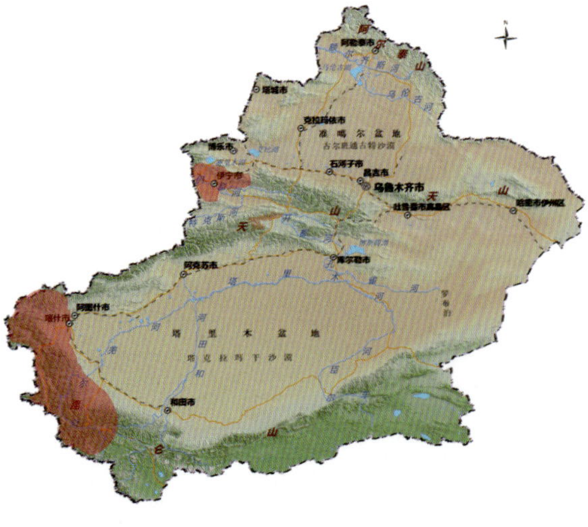

■ 帕米尔鼠李分布区——产塔什库尔干、阿克陶、叶城、乌恰、喀什、尼勒克、察布查尔、霍城等地。俄罗斯及中亚地区也有分布。

【保护价值】

该物种有重要的观赏和药用价值。地方居民用成熟的果实作为食物。

● 中国仅在新疆分布。

（二十四）金丝桃科 Hypericaceae

茎叶常具油腺点，单叶对生或轮生。花序顶生，聚伞状；花对称，完全花；萼片离生，常 4 ～ 5；花瓣 4 ～ 5，离生；多体雄蕊常成束。子房上位心皮多，心皮花柱相同数。胚珠多数常倒生，侧膜与中轴胎座。世界广布，有 9 属 540 种；中国有 4 属 69 种；新疆有 1 属 3 种。

137. 毛金丝桃 *Hypericum hirsutum*

［中 文 名］ 毛金丝桃
［科　　名］ 金丝桃科
［属　　名］ 金丝桃属
［别　　名］ 无
［保护级别］ 无
［受威胁度］ 中国生物多样性红色名录列为易危物种（VU）

毛金丝桃：① 果枝；② 花；③ 花苞；④ 花萼；⑤ 茎叶
（绘图　王丹丹）

【生物学特征】

多年生草本，高 0.5 ～ 1 米。全株被柔毛，具匍匐根茎；茎圆柱形，分枝少。叶片卵状长椭圆形或椭圆形，全缘，坚纸质，边缘无黑腺点，全面散布淡黄色腺点。聚伞花序于茎及枝上顶生，多个组成圆锥花序；花瓣黄色或淡黄色，上部有少数黑色具柄圆腺体。蒴果有纵向腺条纹；种子表面有纵长乳突。花期 7 ～ 8 月，果期 9 月。

【生活习性】

生于山谷林下，海拔 2800 米左右。

■ 毛金丝桃分布区——产霍城、尼勒克、巩留、新源、特克斯、布尔津、乌苏、和布克赛尔、塔城。俄罗斯、蒙古国、哈萨克斯坦至西欧各国也有分布。

【保护价值】

该物种常为民间药用，用来治疗感冒、结核病、胃病等疾病。

- 中国仅在新疆分布。

（二十五）瓣鳞花科 Frankeniaceae

草本或半灌木，茎上节处具关节。单叶，小形，对生或轮生，无托叶。花两性，辐射对称；花萼筒状，具 4 ～ 7 齿，齿镊合状排列，宿存；花瓣与萼齿同数，有瓣片与长爪；子房上位，1 室，侧膜胎座。蒴果，包藏在宿存的萼筒内。该科 1 属约 70 种，广布于世界热带及温带地区；中国有 1 属 1 种。

138. 瓣鳞花 *Frankenia pulverulenta*

［中 文 名］瓣鳞花
［科　　名］瓣鳞花科
［属　　名］瓣鳞花属
［别　　名］无
［保护级别］国家二级
［受威胁度］中国生物多样性红色名录列为濒危物种（EN）

瓣鳞花

【生物学特征】

一年生草本，高 5 ～ 16 厘米。茎平卧，从基部常呈二歧状多分枝。叶小，通常 4 叶轮生，窄倒卵形或倒卵形。花小，多单生叶腋，少数数朵生叶腋或小枝顶端；管状花萼 5 萼齿；花瓣 5，粉红色，中部以下逐渐狭缩，内侧附生的舌状鳞片狭长。蒴果卵形，3 瓣裂。种子多数，淡棕色。

【生活习性】

生于河流泛滥地、河床及湖边等盐化草甸的低湿盐碱化土地上，海拔 1200 ～ 1450 米。

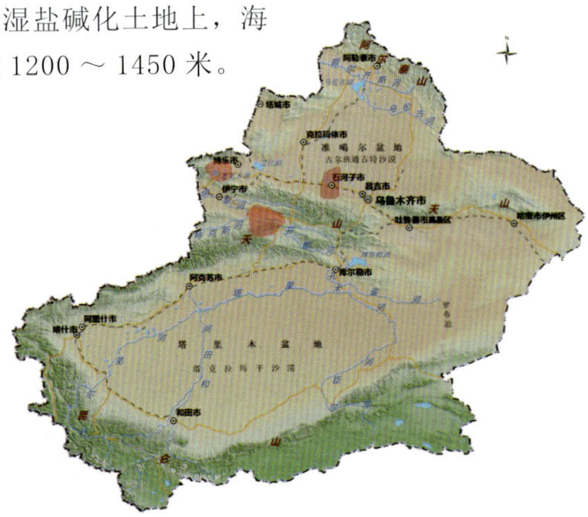

■ 瓣鳞花分布区——产新源、博乐、石河子。甘肃、内蒙古也稀少出现。高加索地区和西伯利亚地区南部、蒙古国、中亚地区、亚洲西南部至阿富汗、巴基斯坦和印度、非洲、欧洲南部等地区有分布。

瓣鳞花：① 花枝；② 花；③ 花萼　（绘图　王丹丹）

【保护价值】

瓣鳞花是古地中海区系成分的典型代表之一，对研究中国干旱区植物区系的起源、迁移和植物地理分区，具有重要的科学价值。

（二十六）柽柳科 Tamaricaceae

单叶互生，细小，常呈鳞片状。穗状花序较明显，萼片与花瓣均为 4 ～ 5 数；雄蕊与花瓣同数或为其 2 ～ 3 倍；子房上位，1 室，侧膜胎座，花柱离生常 3 ～ 5 枚。蒴果为 3 ～ 5 瓣裂开；种子全部被毛或芒柱被毛。该科有 3 属 100 余种，分布于东亚、中亚、西亚、欧洲以及地中海地区；中国有 3 属 32 种；新疆有 3 属 25 种。

139. 新疆琵琶柴 *Reaumuria kaschgarica*

［中 文 名］新疆琵琶柴

［科　　名］柽柳科

［属　　名］红砂属

［别　　名］五柱红砂

［保护级别］新疆二级

［受威胁度］中国生物多样性红色名录列为易危物种（VU）

新疆琵琶柴

【生物学特征】

矮灌木，高 10 ～ 30 厘米。垫状；老枝灰色，当年生幼枝带粉红色、黄绿色。叶肉质棒状，顶端钝或稍尖，向基部微变狭。花单生于枝顶，无花梗；花瓣 5，粉红色，椭圆形；子房卵圆形，花柱 5。蒴果长圆状卵形，5 瓣裂；种子细小，全被褐色长毛。花期 5 ～ 8 月，果期 8 月。

新疆琵琶柴：① 植株；② 花；③ 花瓣；④雌蕊；⑤ 雄蕊

（绘图　王丹丹）

【生活习性】

抗旱、耐盐、集沙能力强，生于山前砾质洪积扇和低山的盐土荒漠和多石荒漠草原，海拔 1300 ～ 3000 米。

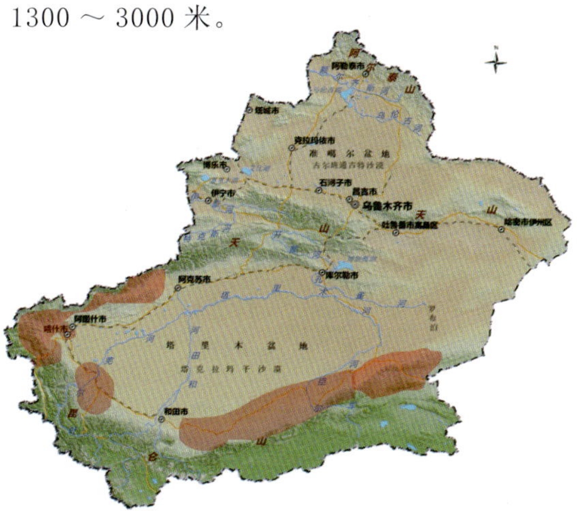

■ 新疆琵琶柴分布区——产若羌、阿合奇、乌恰、喀什、阿克陶、莎车、叶城、于田、策勒、民丰、且末等地。甘肃、青海、西藏有分布。中亚地区也有分布。

【保护价值】

该物种荒漠区优良的盐碱地改良、防风固沙树种；茎叶是荒漠区家畜的优良饲草；嫩枝及叶可入药，有解热发汗之功效；是优良的薪炭材。

● 该物种的分布区是荒漠区的主要放牧地，因此受放牧干扰严重。

140. 民丰红砂

Reaumuria minfengensis

[中 文 名] 民丰红砂
[科　　名] 柽柳科
[属　　名] 红砂属
[别　　名] 民丰琵琶柴
[保护级别] 无
[受威胁度] 中国生物多样性红色名录列为濒危物种（EN）

民丰红砂

【生物学特征】

灌木，高达 50 厘米。多分枝；老枝褐色；幼枝灰白色，有时淡紫红色。叶短圆柱形或长卵形，肉质。花单生于叶腋，无梗，形成带叶的穗状花序；花瓣 5，白色；花柱 3 ～ 4。蒴果窄纺缍形，3 ～ 4 瓣裂；种子有香味，除顶端外，均被褐色长柔毛。

民丰红砂：① 植株；② 花；③ 花瓣；④ 雄蕊；⑤ 雌蕊
（绘图　王丹丹）

【生活习性】

生于昆仑山低山带洪积扇上部，海拔 1700 ～ 2500 米。

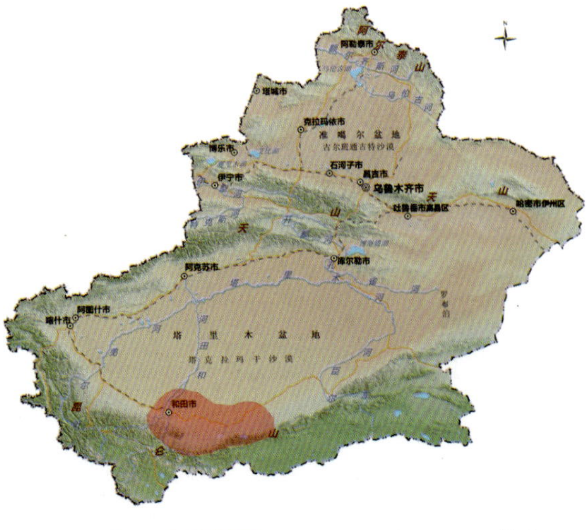

■ 民丰红砂分布区——产民丰、策勒、于田等地。

【保护价值】

该物种是优良的水土保持灌木。

● 新疆特有种。

141. 莎车柽柳 *Tamarix sachuensis*

[中 文 名] 莎车柽柳
[科　　名] 柽柳科
[属　　名] 柽柳属
[别　　名] 无
[保护级别] 无
[受威胁度] 中国生物多样性红色名录列为极危物种（CR）

莎车柽柳

【生物学特征】

灌木，高 2～4 米。老枝直伸，灰褐色或灰色；当年生木质化小枝褐色或深褐色。绿色营养小枝上的叶退化，半抱茎成鞘状，完全贴生枝上，先端尖外伸，灰绿色。总状花序生于当年生枝顶，形成圆锥花序；苞片卵状披针形，基部抱茎、具耳；萼片卵圆形；花枝长于花萼；花 5 数，花瓣倒卵形成长椭圆形。蒴果；种子黑紫色。花期 6～9 月。

莎车柽柳：① 花枝；② 嫩枝（示抱茎生叶）；③ 花药；④ 花盘；⑤ 花；⑥ 雌蕊　（绘图　王丹丹）

【生活习性】

生于流动沙丘或盐渍化盆地沙地。

■ 莎车柽柳分布区——产叶城、莎车、泽普、民丰。

【保护价值】

该物种是优良的防风固沙植物。

● 新疆特有种。

142. 沙生柽柳

Tamarix taklamakanensis

[中 文 名] 沙生柽柳
[科　　名] 柽柳科
[属　　名] 柽柳属
[别　　名] 塔克拉玛干柽柳
[保护级别] 无
[受威胁度] 中国生物多样性红色名录列为易危物种（VU）

【生物学特征】

灌木或小乔木，高3～7米。树皮黑紫色，有光泽；一二年生枝细长下垂；营养枝叶宽三角形，几抱茎呈鞘状，春季灰绿色，夏季黄绿色。叶退化成鞘状，全部抱茎，使小枝如分节一般；但在萌蘖嫩枝上叶尖部分外伸，黄绿色。在秋季总状花序生于当年生长枝的顶端，集成顶生圆锥花序；苞片三角管状，基部宽，半抱茎；花5数，花冠粉红色，花后不久脱落。蒴果圆锥状瓶状，3瓣裂；种子大，短棒状，黑紫色，顶端丛生白色毛。花期8～9月，果期9～10月。

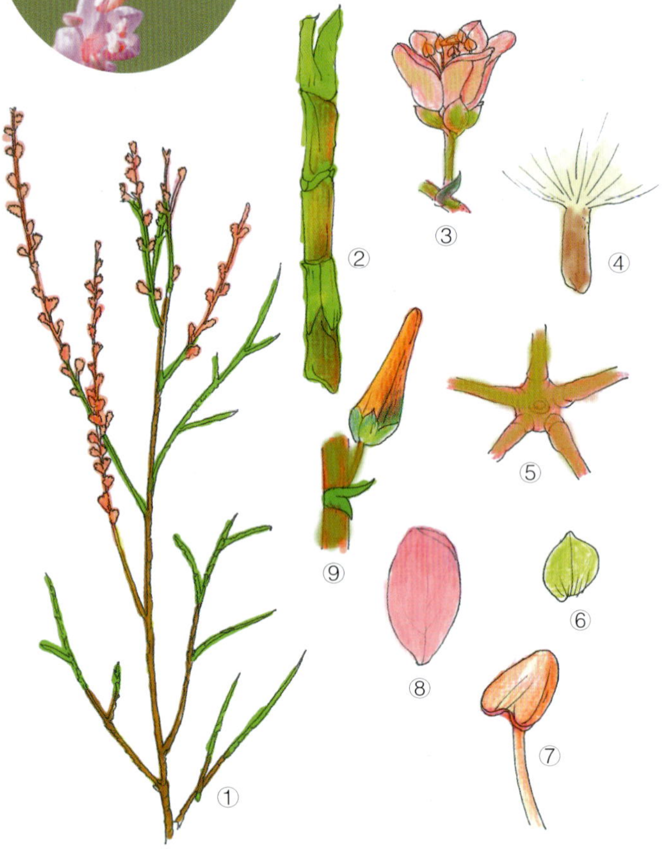

沙生柽柳：① 花枝；② 当年生枝（示叶抱茎呈鞘状）；③ 花；④ 种子；⑤ 花盘；⑥ 萼片；⑦ 花药；⑧ 花瓣；⑨ 未开裂的果实　　（绘图　王丹丹）

【生活习性】

生于荒漠地区流动沙丘上或盐渍化盆地沙地。

■ 沙生柽柳分布区——产吐鲁番、尉犁、轮台、阿克苏、阿瓦提、疏勒、莎车、若羌、且末、民丰、策勒、塔克拉玛干沙漠。我国甘肃敦煌的西沿有分布。

【保护价值】

该物种为耐旱、沙埋、耐炎热的固沙先锋植物，可作为防风固沙树种；嫩枝叶可作饲料。

● 中国特有种。

143. 塔里木柽柳 *Tamarix tarimensis*

[中 文 名] 塔里木柽柳
[科　　名] 柽柳科
[属　　名] 柽柳属
[别　　名] 无
[保护级别] 无
[受威胁度] 中国生物多样性红色名录列为濒危物种（EN）

【生物学特征】

灌木，高 2～5 米。老枝灰褐色。叶在绿色营养枝上排列稀疏，贴茎生，但不呈鞘状，先端急尖。总状花序，花稀疏，生当年生枝顶，集成稀疏的圆锥花序；花 5 数；花瓣淡紫红色，粉红色，花后大部宿存。蒴果 3 瓣裂；种子小，紫红色或黑色。

【生活习性】

生于流动沙丘边缘、沙丘及河岸沙地上。

塔里木柽柳：① 花枝；② 嫩枝中部（示叶）；③ 花
（绘图　王丹丹）

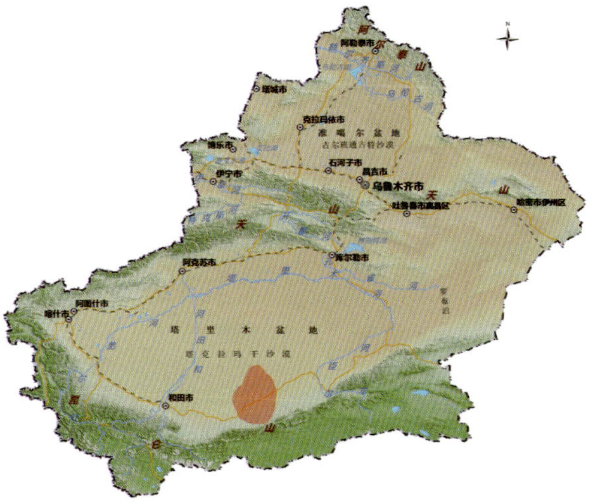

■ 塔里木柽柳分布区——产塔里木盆地民丰安迪尔河下游。

【保护价值】

该物种为优良的固沙造林和薪炭用材树种。

● 新疆特有种。

144. 匍匐水柏枝 *Myricaria prostrata*

［中 文 名］匍匐水柏枝
［科　　名］柽柳科
［属　　名］水柏枝属
［别　　名］无
［保护级别］新疆一级
［受威胁度］中国生物多样性红色名录列为近危物种（NT）

【生物学特征】

匍匐灌木，呈垫状，高 5 ～ 14 厘米。老枝灰褐色或暗紫色，平滑；去年生枝纤细，红棕色，枝上常生不定根。叶在当年枝上密集，长圆形至卵状椭圆形。总状花序圆球形，侧生于去年生枝上，密集，花序仅具 1 ～ 4 花；苞片长圆形，长于花梗；花瓣淡紫色或粉红色；雄蕊花丝合生部分达 2/3 左右。蒴果圆锥形；种子长圆形具芒柱，全部被白色长柔毛。花果期 6 ～ 8 月。

匍匐水柏枝：① 植株的一部分；② 花 （绘图　王丹丹）

【生活习性】

生于河谷沙滩、砾石山坡，常呈块状分布，海拔 4000 ～ 5200 米。

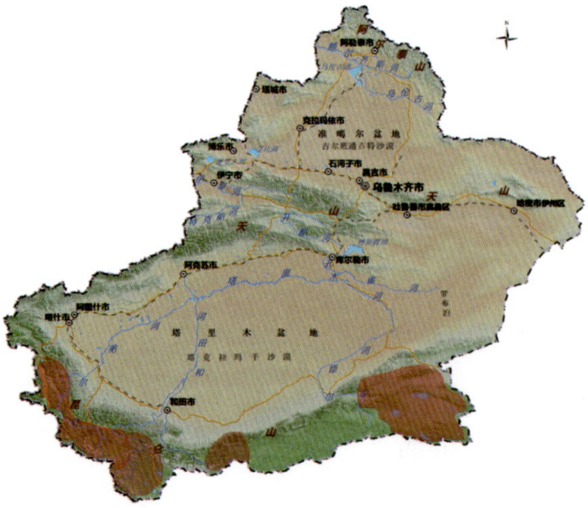

■ 匍匐水柏枝分布区——产若羌、叶城、于田、和田、塔什库尔干。甘肃、青海、西藏有分布。印度西北部、巴基斯坦、中亚地区也有分布。

【保护价值】

该物种极为少见，是高寒荒漠优良的水土保持树种；家畜全年喜食，中等饲草。有重要的生态价值。

145. 心叶水柏枝 *Myricaria pulcherrima*

[中 文 名] 心叶水柏枝

[科　　名] 柽柳科

[属　　名] 水柏枝属

[别　　名] 无

[保护级别] 新疆二级

[受威胁度] 中国生物多样性红色名录列为数据缺乏物种（DD）

心叶水柏枝

【生物学特征】

灌木或半灌木，高 1 ～ 1.5 米。2 年枝紫褐色；当年枝淡红色或淡绿色，光滑。叶较大，心形倒狭卵形，基部扩展成心形，抱茎。总状花序顶生；苞片宽卵形，等于或稍短于花萼（加花梗）；花瓣倒卵形或长椭圆形，紫红色或淡粉红色；花丝 1/2 部分合生；子房圆锥形。蒴果圆锥形；种子具芒柱，芒柱一半以上被白色长柔毛。花果期 6 ～ 9 月。

心叶水柏枝：① 花枝；② 花；③ 叶　（绘图　王丹丹）

【生活习性】

生于沿岸河滩沙地及山间盆地低地。

■ 心叶水柏枝分布区——产于叶尔羌河、和田河下游。

【保护价值】

该物种植株秀丽可引种观赏。

● 新疆特有种。

（二十七）半日花科 Cistaceae

草本、灌木或半灌木。单叶，通常对生，稀互生。花两性，整齐；萼片 5；花瓣 5，早落；雄蕊多数，花丝分离，长短不一，花药 2 室，纵裂。雌蕊 3 ～ 5 枚；子房上位，侧膜胎座，花柱 1，具 3 柱头。蒴果。该科有 8 属约 170 种，多生地中海区域；中国有 1 属 1 种，产于新疆、甘肃和内蒙古。

146. 半日花 *Helianthemum songaricum*

［中 文 名］ 半日花
［科　　名］ 半日花科
［属　　名］ 半日花属
［别　　名］ 无
［保护级别］ 国家二级
［受威胁度］ 中国生物多样性红色名录列为濒危物种（EN）

半日花

【生物学特征】

矮小灌木，高 5 ～ 10 厘米。多分枝，稍呈垫状；老枝褐色；小枝对生或近对生，先端常呈刺状。单叶对生，革质，披针形或狭卵形，全缘，边缘常反卷，两面被白色毛呈毡状。花单生枝顶；花瓣 5，黄色或橘黄色；雄蕊多数；子房密被柔毛。蒴果卵圆形，密被短柔毛；种子卵形，褐棕色，有棱角，具网纹。花果期 5 ～ 9 月。

半日花：① 植株；② 花；③ 花瓣　（绘图　王丹丹）

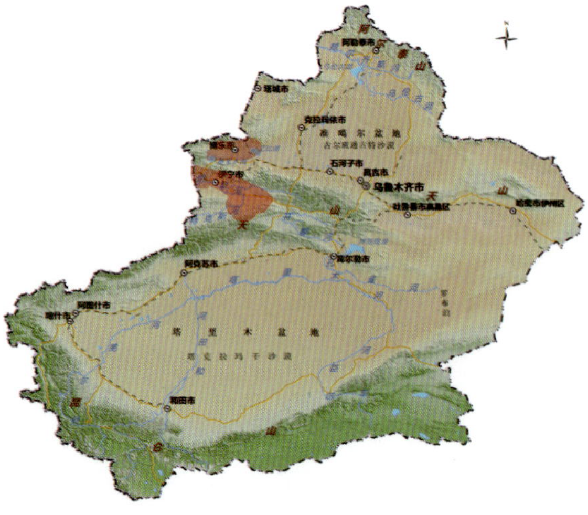

■ 半日花分布区——产伊宁、尼勒克、巩留、特克斯、霍城、博乐。甘肃、内蒙古有分布。中亚地区也有分布。

【生活习性】

生于石质和砾石质山坡、戈壁、山地河流岸边的干砾石地上，海拔 850 ～ 1400 米。

【保护价值】

该物种为中亚荒漠特有种，对研究我国荒漠植物区系的起源以及与地中海植物区系的联系有重要的科学价值。植物含染色物质，可作红色染料。

（二十八）瑞香科 Thymelaeaceae

多木本，树皮柔韧；单叶全缘；花萼下位花瓣状，花冠退化如鳞片；雄蕊萼生，花药分离；浆果、核果或坚果。有 51 属 892 种，广布于南北两半球的热带和温带地区，多分布于非洲、大洋洲和地中海沿岸；中国有 9 属 115 种左右；新疆有 4 属 5 种。

147. 阿尔泰瑞香 *Daphne altaica*

［中 文 名］ 阿尔泰瑞香
［科　　名］ 瑞香科
［属　　名］ 瑞香属
［别　　名］ 无
［保护级别］ 新疆二级
［受威胁度］ IUCN 濒危物种红色名录列为数据缺乏物种（DD）
中国生物多样性红色名录列为易危物种（VU）

阿尔泰瑞香

【生物学特征】

灌木，高 27 ～ 50 厘米。小枝纤细，具短伏毛；老枝红褐色，无毛。叶互生，簇生于茎顶，倒卵状披针形，边缘全缘或中下部有疏齿。总状花序顶生；花白色，花被筒状，顶端 4 裂；雄蕊 8 枚，2 轮；子房球形，无毛，花柱极短，柱头圆形。浆果卵球形，肉质，成熟时紫黑色。花期 5 ～ 6 月，果期 7 ～ 9 月。

【生活习性】

生于山地草原及山地灌丛中，海拔 1100 ～ 1600 米。

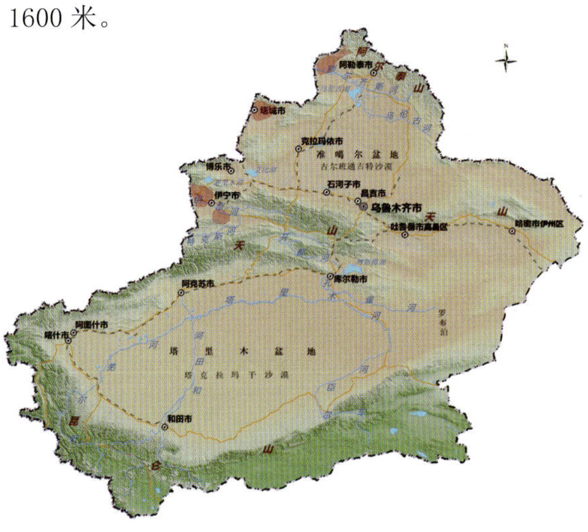

■ 阿尔泰瑞香分布区——产哈巴河、塔城、霍城、巩留。蒙古国、俄罗斯、哈萨克斯坦也有分布。

阿尔泰瑞香：① 植株上部；② 花枝；③ 果枝；④ 叶
（绘图　王丹丹）

【保护价值】

该物种植株含原碳酸酯二萜毒素，有毒；树皮和木质部被地方居民用来治牙痛；花雪白，可栽培观赏。

- 中国仅在新疆分布。

（二十九）千屈菜科 Lythraceae

草本、乔木或灌木，幼枝常四棱形。全缘叶片常对生，无托叶。辐射花冠，花两性；花朵单生在枝顶，或成花序顶腋生。花萼裂片 4 ～ 6，花瓣同数生边部。雄蕊数目常较多。子房上位与萼离，每室胚珠有多粒。本科约有 32 属 602 种，广布于热带地区。我国有 11 属约 45 种；新疆有 4 属 11 种。本科的有些种类可长成大乔木，是建筑、家具、舟车等用材；有些种类产生红黄色染料，可供印染；有些草本花朵大而艳丽，在观赏园艺方面占有一定位置，国内外各地庭园广为引种栽培以供观赏。

148. 额河菱角 *Trapa natans*

[中 文 名] 额河菱角
[科　　名] 千屈菜科
[属　　名] 菱属
[别　　名] 新疆菱角、欧菱
[保护级别] 新疆一级
[受威胁度] IUCN 濒危红色名录列为无危物种（LC）
中国生物多样性红色名录列为易危物种（VU）

额河菱角：① 植株；② 花；③ 叶；④～⑤ 果实；⑥ 果实的角；⑦ 花蕾；⑧ 萼片（绘图　王丹丹）

【生物学特征】

一年生草本。茎细长，多分枝，沉水中。沉水叶羽状细裂，裂片丝状；浮水叶聚生于茎顶，叶片菱形或宽三角形。花单生于叶腋；花瓣白色，具褐色脉纹。果实菱形或菱状三角形，坚硬，具 4 个粗短而粗厚的角。花期 6 ～ 7 月，果期 7 ～ 9 月。

【生活习性】

浮水植物。生于旧河湾中。喜充足的光照，耐寒、耐热，喜相对平静的水面，生长适温 16 ～ 30℃。

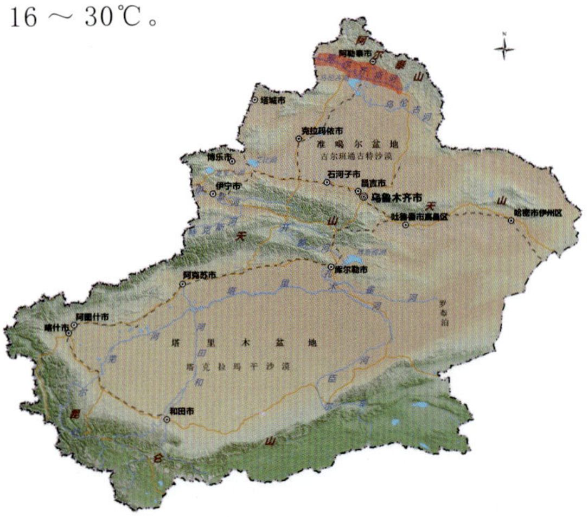

■ 额河菱角分布区——产阿勒泰地区额尔齐斯河流域。哈萨克斯坦斋桑湖也有分布。

【保护价值】

该物种狭域分布，数量少。果实富含淀粉，可用作食物；在某些国家被栽培作食物，具有“水生胡桃”之名；在许多地方，果实被药用治腹泻、痢疾，也可治狂犬病和有毒动物的咬伤。

● 中国仅在新疆分布。

（三十）柳叶菜科 Onagraceae

草本或灌木，稀为小乔木。花两性，稀单性，单生或为穗状、总状或圆锥花序；花瓣与萼片同数；子房下位，中轴或侧膜胎座，花柱 1， 柱头头状、棍棒状或具裂片。蒴果。该科有 17 属约 650 种；中国 6 属 70 种，南北均产，其中 3 属引种并逸生，1 属引种栽培；新疆有 3 属 10 种。

149. 天山柳叶菜 *Epilobium tianschanicum*

［中 文 名］天山柳叶菜
［科　　名］柳叶菜科
［属　　名］柳叶菜属
［别　　名］无
［保护级别］无
［受威胁度］中国生物多样性红色名录列为易危物种（VU）

【生物学特征】

多年生草本，高 30 ～ 50 厘米。茎上部周围被曲柔毛，下部除棱线被曲柔毛外其余近无毛。叶对生，在花序上的互生，边缘有细距齿。花序稍下垂，周围被曲柔毛；花瓣玫瑰紫色；花管喉部有一环长柔毛；子房密被曲柔毛；柱头呈棍棒状，稀近头状。蒴果疏被曲柔毛；种子具粗乳突，种缨灰白色，易脱落。花期 7 ～ 8 月，果期 8 ～ 9 月。

【生活习性】

生于海拔 1000 ～ 1700 米山区河谷、溪流湿处。

■ 天山柳叶菜分布区——产天山北坡、准噶尔西部山地、阿尔泰山南坡等地。哈萨克斯坦、乌兹别克斯坦、吉尔吉斯斯坦也有分布。

天山柳叶菜：① 植株上部；② 茎基部；③ 着生花的叶腋；④ 茎基部的叶腋；⑤ 花（示花瓣、雌蕊、雄蕊）；⑥ 种子

（绘图　谷连福）

【保护价值】

该物种为可栽培观赏。

● 中国仅在新疆分布。

（三十一）锁阳科 Cynomoriaceae

根寄生肉质草本，无叶绿素。茎圆柱形，肉质，具螺旋状排列的鳞片状叶。花杂性，极小，顶生肉穗状花序；雄花具 1 雄蕊和 1 蜜腺，雌蕊具 1 雌蕊，柱头 1，子房下位，1 室，具 1 顶生悬垂的胚珠，两性花具雄蕊和雌蕊各 1。小坚果；种子具胚乳。该科仅有 1 属 2 种，分布于地中海沿岸，北非、中亚及中国西北、北部沙漠地带。中国仅有 1 属 1 种，产西北地区。该科的植物具有重要的药用价值。

150. 锁阳 *Cynomorium songaricum*

［中 文 名］锁阳
［科　　名］锁阳科
［属　　名］锁阳属
［别　　名］无
［保护级别］国家二级
［受威胁度］中国生物多样性红色名录列为易危物种（VU）

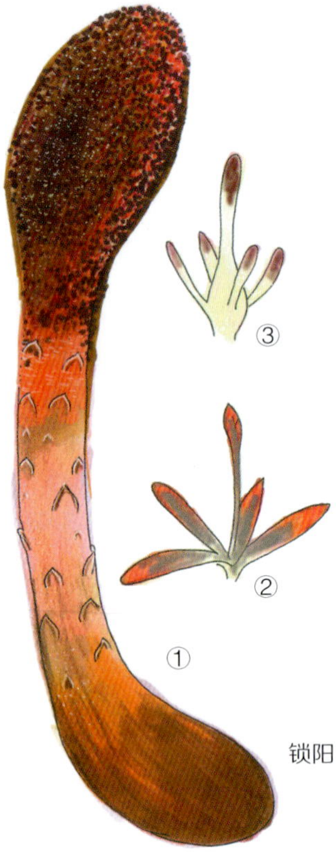

锁阳：① 植株；② 雄花；③ 雌蕊
（绘图　王丹丹）

【生物学特征】

多年生肉质寄生草本，无叶绿素，高 10 ～ 36 厘米。茎圆柱状，暗紫红色或褐色，直立，基部膨大，有散生的鳞片，中部或基部较密集，向上渐稀；鳞片状叶呈卵状三角形，先端尖。肉穗花序生于茎顶，伸出地面，棒状、矩圆形或狭椭圆形，生密集的小花和鳞片叶；花杂性，有香气。小坚果近球形，顶端有宿存的浅黄色花柱。花期 5 ～ 7 月。

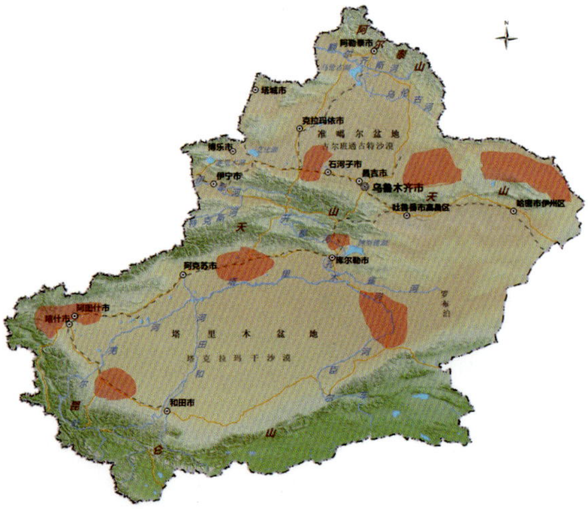

■ 锁阳分布区——产奇台、沙湾、伊吾、哈密、焉耆、若羌、库车、阿克陶、乌恰、叶城。内蒙古、陕西、甘肃、青海有分布。伊朗、蒙古国、中亚地区也有分布。

【生活习性】

耐旱、耐盐碱，生于含盐碱的沙地。寄生于白刺、柽柳等植物的根上，海拔 500 ～ 2700 米。

【保护价值】

该物种全草入药，有补肾、益精、润燥、治肾虚之效，被称为“大漠人参”；肉质茎富含鞣质，可提炼栲胶，并含淀粉，可酿酒，可作饲料及代食品。

● 每年春季，该物种采挖严重，在其生境内常可看见大小不一的盗洞，不仅严重破坏了当地脆弱的荒漠生态环境，而且其分布地多为当地的牧区，其家畜若奔跑过快而跌落盗坑，常易对其腿和蹄造成损伤，对家畜的生命安全也带来危害。

（三十二）伞形科 Apiaceae

草本，常有特殊气味，多药用。叶互生，复叶通常为多回，常有鞘状叶柄。花序顶生或腋生，通常单伞复伞形。花 5 基数，上位花盘，子房下位；双悬果。

全世界 300 ～ 440（455）属 3000 ～ 3750 种，广布温带地区，主产欧亚，尤其是中亚；中国有 99 属 600 余种；新疆有 55 属 146 种 4 变种。

151. 块茎芹 *Kozlovia longiloba*

[中 文 名] 块茎芹
[科　　名] 伞形科
[属　　名] 鳞苞芹属
[别　　名] 无
[保护级别] 无
[受威胁度] 中国生物多样性红色名录列为近危物种（NT）

块茎芹：① 植株；② 果实；③ 分生果横剖面
（绘图　王丹丹）

【生物学特征】

多年生草本，高 40 ～ 100 厘米。地下块茎球形；茎直立，单一。叶淡绿色，两面无毛或背面有稀疏的长毛，叶片近菱形，2 ～ 3 回羽状全裂。顶生复伞形花序，伞幅 5 ～ 8，不等长，无毛；小伞形花序有多数花；小总苞片 5，披针形或卵状披针形，几全膜质；萼齿不明显；花瓣白色，顶端凹缺具内折的小舌片。果实卵状长圆形，黑褐色，有光泽；棱间油管 1。花期 4 ～ 5 月，果期 5 ～ 6 月。

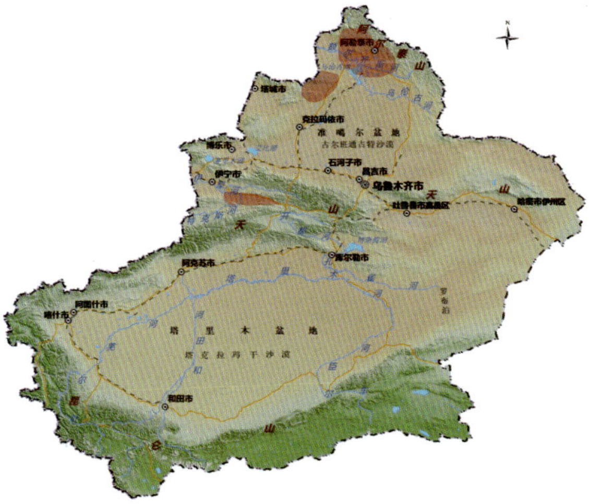

■ 块茎芹分布区——产新源、巩留、阿勒泰、福海、布尔津、和布克赛尔。中亚地区也有分布。

【生活习性】

生于砾石质草坡或灌木丛的石隙中，海拔 1200 米左右。

【保护价值】

该物种是重要的种质资源。

● 中国仅在新疆分布。

152. 皇康阿魏 *Ferula fukanensis*

[中 文 名] 阜康阿魏
[科　　名] 伞形科
[属　　名] 阿魏属
[别　　名] 无
[保护级别] 国家二级
[受威胁度] 中国生物多样性红色名录列为濒危物种（EN）

【生物学特征】

多年生草本，高 0.5 ～ 1.5 米。全株有强烈的葱蒜样臭味。茎单一，粗壮，有棱槽，被短柔毛或近无毛。基生叶有短柄；叶片三出 2 回羽状全裂；裂片下部再深裂，上部浅裂或具齿，基部下延，淡绿色，表面无毛，背面有短柔毛，早枯萎。复伞形花序顶生；花黄色，花瓣外面有疏毛。果实椭圆形，成熟果实长于果梗；果棱突起；每个棱槽内油管 4 ～ 5，大小不一，合生面油管 10 ～ 12。花期 4 ～ 5 月，果期 5 ～ 6 月。

阜康阿魏：① 顶生枝；② 侧生枝；③ 花；④ 果实；⑤ 分生果横剖面　　（绘图　王丹丹）

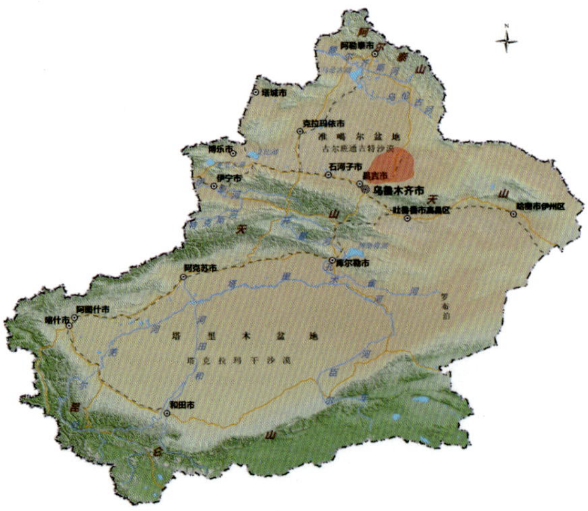

■ 阜康阿魏分布区——产阜康。

【生活习性】

生于准噶尔沙漠南缘有黏质土壤的冲沟边，海拔约 700 米。

【保护价值】

该物种树脂和根入药，能消积、散痞、杀虫。

由于该物种本身就是狭域分布，且其分布区多为牧区和农田开垦区，加之其嫩叶可食，居民采挖严重，导致其种群急剧缩小。该物种尚未引种栽培。建议对该物种进行抢救性保护，对原生境进行围栏封育，加快对该物种引种栽培、扩繁技术的研究。

● 新疆特有种。

153. 麝香阿魏 *Ferula moschata*

[中 文 名] 麝香阿魏
[科　　名] 伞形科
[属　　名] 阿魏属
[别　　名] 无
[保护级别] 国家二级
[受威胁度] 中国生物多样性红色名录列为易危物种（VU）

麝香阿魏

【生物学特征】

多年生草本，高约1米。全株无葱蒜样臭味。茎细，多数，开始被疏柔毛，以后近光滑。基生叶有长柄，基部有叶鞘，顶端与叶片相接处具关节；叶片三出2回羽状全裂；末回裂片稀疏，长圆形或披针形，再深裂为全缘或顶端具齿的小裂片，淡绿色，较厚，上面光滑，下面稍有短柔毛，不早枯萎。复伞形花序具中央花序和侧生花序；中央花序有较长的花序梗，侧生花序1～2，单生或对生；花瓣黄色。果实椭圆形；果棱丝状；每棱槽内有油管1，窄小，合生面油管2。花期6月，果期7月。

麝香阿魏：① 果枝；② 茎生叶；③ 果实；④ 分生果横剖面　　（绘图　王丹丹）

■ 麝香阿魏分布区——产昭苏、察布查尔。哈萨克斯坦、吉尔吉斯斯坦、塔吉克斯坦也有分布。

【生活习性】

生于森林带的砾石质山坡，海拔约1550米。

【保护价值】

该物种根含香豆素和白色的树脂，不仅可药用，还用于香料和化妆品。

● 中国仅在新疆分布。

154. 新疆阿魏 *Ferula sinkiangensis*

[中 文 名] 新疆阿魏
[科　　名] 伞形科
[属　　名] 阿魏属
[别　　名] 无
[保护级别] 国家二级
[受威胁度] 中国生物多样性红色名录列为极危物种（CR）

新疆阿魏

新疆阿魏：① 根；② 果枝；③ 茎生叶；④ 花；⑤ 果实；⑥ 分生果横剖面　（绘图　王丹丹）

【生物学特征】

多年生草本，高达 1.5 米。全株有强烈的葱蒜样臭味。茎单一，粗壮，有细棱槽，被短柔毛，通常带紫红色。叶灰绿色，表面有疏毛，背面有密集的短柔毛，叶片三角状卵形或广卵形，三出 3 回羽状全裂；末回裂片广椭圆形，浅裂或上部具齿，基部下延。复伞形花序顶生；萼齿小；花黄色；花瓣背面有毛。果实椭圆形；果棱突起，侧棱增宽或翅状；每个棱槽内油管 3 ～ 4，合生面油管 12 ～ 14。花期 4 ～ 5 月，果期 5 ～ 6 月。

【生活习性】

生于黏质黄土或带砾石的黏土坡上，海拔 700 ～ 850 米。

■ 新疆阿魏分布区——产玛纳斯、沙湾、阜康、伊宁、尼勒克。

【保护价值】

该物种的树脂能消积、杀虫，主治虫积、肉积、痞块、心腹冷痛、疟疾、痢疾等。自 20 世纪 50 年代开始收购以来，近 40 年收购阿魏药材约 10 吨，至 90 年代药材公司已很难收购到其药材。

受采挖的影响新疆阿魏分布面积急剧下降，仅在伊犁拜石墩有小面积分布，为保护该珍贵的植物资源，自治区和地方林业和草原局在其分布地采取了围栏封育的保护措施。2021 年，在其保护小区内看到开花植株逐渐增多，保护成效逐渐显现。

● 新疆特有种。

155. 托里阿魏 *Ferula krylovii*

[中 文 名] 托里阿魏
[科　　名] 伞形科
[属　　名] 阿魏属
[别　　名] 无
[保护级别] 新疆一级
[受威胁度] 中国生物多样性红色名录列为无危物种（LC）

托里阿魏

【生物学特征】

多年生草本，高 0.5 ～ 1.5 米。全株有强烈的葱蒜样臭味。茎粗壮，单一，植株成熟时常带淡紫红色。基生叶有短柄；叶片三出 3 回羽状全裂；末回裂片长圆形，基部下延，再深裂为披针形或具齿的小裂片，灰绿色，密被短柔毛，早枯萎。复伞形花序生于茎枝顶端，中央花序无梗；花瓣黄色。果实背部棱丝状突起，侧棱展为狭翅状；每棱槽中有油管 2，稀 3，合生面油管 6。花期 5 ～ 6 月，果期 6 ～ 7 月。

【生活习性】

生于黏质黄土或带砾石的黏土坡上，海拔 700 ～ 850 米。

托里阿魏：① 果枝；② 基生叶；③ 分生果横剖面
（绘图　谷连福）

■ 托里阿魏分布区——产托里、玛纳斯、布尔津。西伯利亚地区、中亚地区也有分布。

【保护价值】

该物种狭域分布，仅见 2 个居群，是重要的药用植物资源。根和树脂药用，嫩枝叶可食用。

● 近年来随着农田的开垦，以及人为大面积的采挖，导致其适生生境面积急剧退缩，种群数量急剧减少，种群更新严重受阻。

中国仅在新疆分布。

156. 圆锥茎阿魏 *Ferula conocaula*

[中 文 名] 圆锥茎阿魏
[科　　名] 伞形科
[属　　名] 阿魏属
[别　　名] 无
[保护级别] 新疆一级
[受威胁度] 中国生物多样性红色名录列为易危物种（VU）

圆锥茎阿魏

【生物学特征】

多年生草本，高达 2 米。全株有强烈的葱蒜样臭味。茎单一，具细棱槽，粗糙有毛，植株成熟时带紫红色。基生叶有短柄；叶片三角形，三出羽状分裂；裂片披针形或披针状椭圆形，有时呈羽状深裂，裂片上部边缘有圆锯齿，淡绿色，上面光滑，下面被密集的短柔毛。复伞形花序生于茎枝顶端；花瓣黄色。果实背部果棱突起，侧棱延展成狭翅；每棱槽内有油管 1～2，合生面在幼果时有油管 8，成熟果为 14。花期 5～6 月，果期 6 月。

圆锥茎阿魏：① 花枝；② 果枝；③ 茎生叶；④ 花；⑤ 幼果；⑥分生果横剖面　　（绘图　王丹丹）

【生活习性】

生于山谷碎石和砾石质山坡，以及谷地冲沟边，海拔 2700～3000 米。

■ 圆锥茎阿魏分布区——产乌恰、伊吾。吉尔吉斯斯坦也有分布。

【保护价值】

该物种狭域分布，为重要的药用植物。根和植株的树脂作阿魏入药，理气消胀，活血消痞，祛痰和兴奋神经，主治食积、胸腹胀痛。

● 由于采挖严重，物种生境及其种群严重受到干扰。

中国仅在新疆分布。

157. 大果阿魏 *Ferula lehmannii*

[中 文 名] 大果阿魏
[科　　名] 伞形科
[属　　名] 阿魏属
[别　　名] 无
[保护级别] 新疆一级
[受威胁度] 中国生物多样性红色名录列为无危物种（LC）

大果阿魏

【生物学特征】

多年生草本，高约 40 厘米。全株有强烈的葱蒜样臭味。茎细，单一。基生叶有短柄；叶片轮廓广卵形，三出 2 回羽状全裂；末回裂片长卵形，基部下延，再羽状深裂，小裂片基部下延，上部具 3 ～ 5 齿，灰绿色被柔毛，不早枯萎。复伞形花序生于茎枝顶端；花瓣淡黄色。果实椭圆形，背棱丝状突起，侧棱呈狭翅状；果梗短；每棱槽中有油管 3 ～ 4，合生面油管 10 ～ 12，大小不一。花期 5 月，果期 6 月。

【生活习性】

生于带沙砾的黏土低山坡上，海拔 1000 ～ 1100 米。

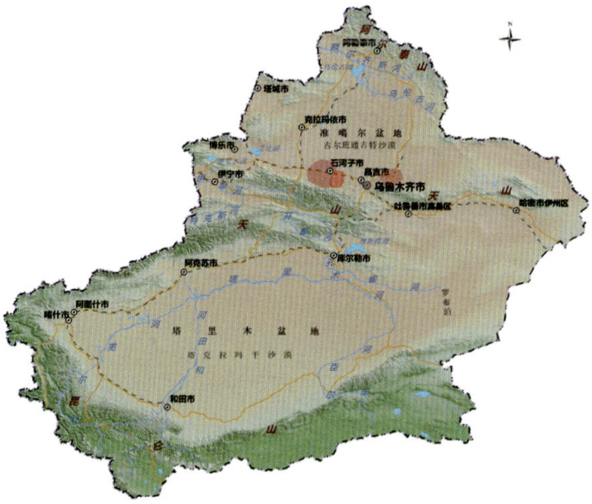

■ 大果阿魏分布区——产石河子、沙湾、玛纳斯、阜康。巴基斯坦、阿富汗、伊朗、中亚地区也有分布。

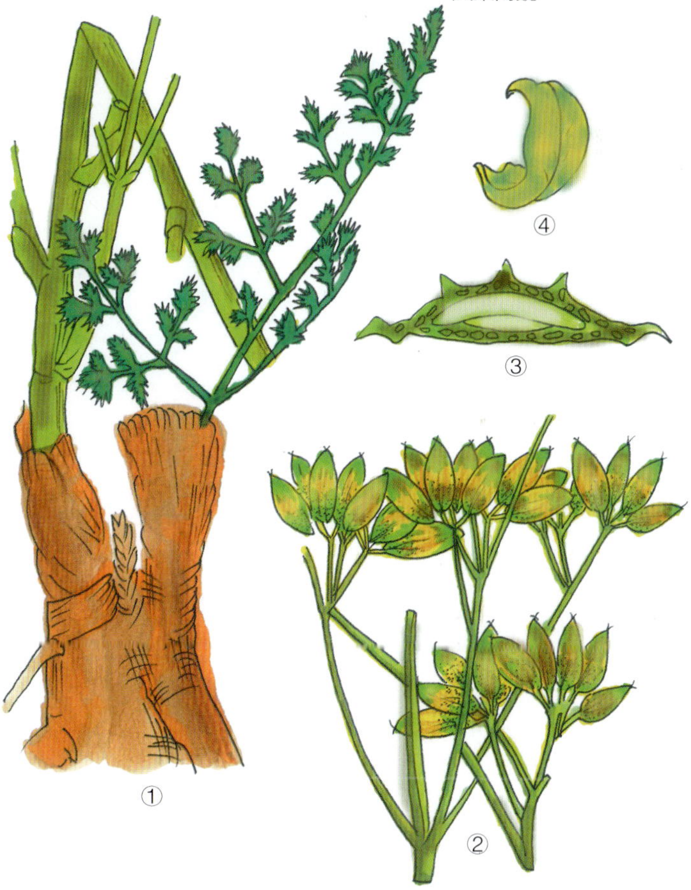

大果阿魏：① 植株下部；② 果枝；③ 分生果横剖面；④ 叶小裂片　　（绘图　王丹丹）

【保护价值】

该物种狭域分布，为重要的药用植物资源。根入药，治虫积、肉积、心腹冷痛。

● 受开垦、人为采挖和过度放牧的影响，其种群分布面积急剧下降，亟需实施围栏保护。

中国仅在新疆分布。

158. 臭阿魏 *Ferula teterrima*

[中 文 名] 臭阿魏
[科　　名] 伞形科
[属　　名] 阿魏属
[别　　名] 无
[保护级别] 新疆一级
[受威胁度] 中国生物多样性红色名录列为无危物种（LC）

臭阿魏

【生物学特征】

多年生草本，高约 2 米。全株有强烈的葱蒜样臭味。茎单一，有明显的棱槽，被短柔毛。基生叶有长柄；叶片广卵形，三出式多回羽状全裂；末回裂片披针形，长达 1 厘米，基部楔形，再深裂为披针形的小裂片，灰绿色，密被柔毛，早枯萎。复伞形花序生于茎枝顶端。果实椭圆形，果棱突起；每棱槽中有油管 1 ～ 2，合生面油管 6。花期 4 ～ 5 月，果期 5 ～ 6 月。

【生活习性】

生于荒漠带有砾石的黏质土上，以及河岸或干河滩的卵石和砾石地上，海拔约 900 米。

臭阿魏：① 植株；② 叶；③ 侧生枝；④ 分生果横剖面；⑤ 花　　（绘图　王丹丹）

■ 臭阿魏分布区——产裕民、托里。哈萨克斯坦也有分布。

【保护价值】

该物种狭域分布，为重要的药用植物资源。树脂和根供药用，功能主治和新疆阿魏相同。

● 受开垦、人为采挖和过度放牧的影响，其种群分布面积急剧下降，亟需实施围栏保护。

中国仅在新疆分布。

159. 多伞阿魏 *Ferula feruloides*

[中文名] 多伞阿魏
[科　名] 伞形科
[属　名] 阿魏属
[别　名] 无
[保护级别] 新疆二级
[受威胁度] 中国生物多样性红色名录列为无危物种（LC）

多伞阿魏

【生物学特征】

多年生草本，高 1 ～ 1.5 米。茎常单一，少 2 ～ 4，粗壮，近基部向上分枝呈圆锥状，枝多为轮生少互生。基生叶有柄，叶柄基部扩展成叶鞘；叶片广卵形，三出式 4 回羽状全裂；茎生叶向上渐小，至上部仅有叶鞘。复伞形花序生于植株顶端；无总苞片；伞幅常 4，单伞形花序生于侧生枝上，3 ～ 8 轮生。果实椭圆形，背腹扁压，背棱丝状，侧棱为狭翅状，每棱槽内有油管 1，合生面油管 2。花期 5 月，果期 6 月。

多伞阿魏：① 花序；② 茎；③ 花；④ 花瓣；⑤ 叶；⑥ 分生果横剖面；⑦ 根　　（绘图　王丹丹）

【生活习性】

生于沙丘、沙地，以及覆沙的砾石戈壁中，海拔 430 ～ 1100 米。

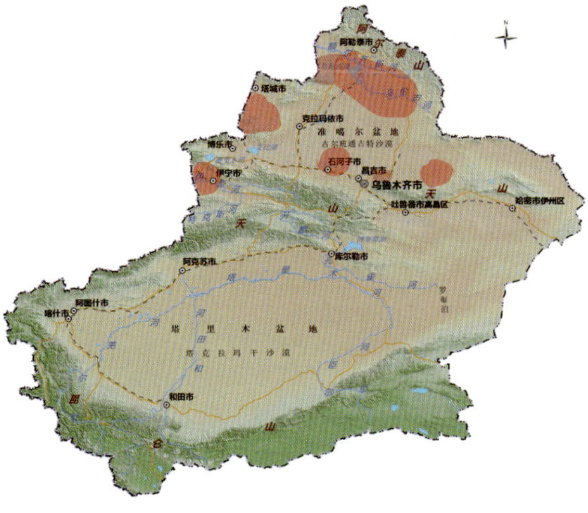

■ 多伞阿魏分布区——产富蕴、福海、阿勒泰、奇台、阜康、吉木乃、石河子、额敏、裕民、托里、霍城。蒙古国、吉尔吉斯斯坦、哈萨克斯坦、乌兹别克斯坦也有分布。

【保护价值】

该物种种群数量大，为重要的药用植物资源。树脂对工业有较大的价值；饲料植物，秋季骆驼喜食。

● 民间采集植株分泌的胶脂作阿魏入药，或在春季采挖鲜根到市场上出售，供用者切片入药，作煎剂具有阿魏的功效。在托里地区利用雨后拔出开花结实后的老根作燃料。

中国仅在新疆分布。

160. 双生栓翅芹 *Prangos didyma*

［中 文 名］双生栓翅芹
［科　　名］伞形科
［属　　名］栓翅芹属
［别　　名］隐盘芹
［保护级别］新疆一级
［受威胁度］中国生物多样性红色名录列为无危物种（LC）

【生物学特征】

多年生草本，高 30 ～ 50 厘米。根圆锥形。茎单一，有毛，下部较密，从中部分枝。叶有毛；基生叶多数，有短柄，柄的基部扩展成鞘；叶片广卵形，长 10 ～ 15 厘米、宽 5 ～ 10 厘米，3 回羽状全裂，2 回羽片再羽状深裂或 3 深裂；末回裂片长圆状披针形。复伞形花序顶生和侧生；总苞片 1 ～ 3，披针形，有毛，脱落；花瓣椭圆形，有毛；复伞形花序伞辐 4 ～ 6；小伞形花序有花 6 ～ 10；子房光滑。果实光滑，分生果一大一小，果枝不明显。花期 4 ～ 5 月，果期 6 月。

【生活习性】

生长在荒漠草原带砾石的黏质土上和干山坡上，海拔 430 ～ 1300 米。

■ 双生栓翅芹分布区——产塔城、裕民、托里。阿富汗、哈萨克斯坦、乌兹别克斯坦、塔吉克斯坦、吉尔吉斯斯坦也有分布。

双生栓翅芹：① 植株上部；② 植株下部；③ 果实；④ 分生果横剖面　（绘图　王丹丹）

【保护价值】

该物种狭域分布，居群数量少，零星分布。受放牧干扰其野生种群数量急剧减少，据新疆农业大学谭敦炎团队调查发现该物种同一种群内物种数量也十分少，不超过 20 株，亟需保护。

● 中国仅在新疆分布。

（三十三）杜鹃花科 Ericaceae

乔木、灌木、藤本，稀草本。单叶互生，螺旋排列，有时对生或轮生，无托叶。花两性，稀单性，辐射对称或略两侧对称，集成各种花序；雄蕊为花冠裂片的 2 倍；花药顶孔开裂，稀纵裂；子房上位或下位；花柱和柱头单一。蒴果或浆果。全世界分布，除沙漠地区外。全世界约 124 属 4100 种；中国有 23 属 837 种；新疆有 3 属 6 种。

161. 岩高兰 *Empetrum nigrum*

［中 文 名］ 岩高兰
［科　　名］ 杜鹃花科
［属　　名］ 岩高兰属
［别　　名］ 欧亚岩高兰
［保护级别］ 新疆一级
［受威胁度］ 未予评估（NE）

【生物学特征】

常绿匍匐状小灌木，高 20 ～ 50 厘米，稀达 1 米。分枝多而稠密，红褐色。叶轮生或交互对生，边缘略反卷，无柄。花单性，雌雄异株，1 ～ 3 朵生于上部叶腋；萼片 6，花瓣状；无花瓣；雄蕊 3，花柱短。果实为浆果，黑色。花期 7 ～ 8 月，果期 8 ～ 9 月。

【生活习性】

生于亚高山草甸，海拔 3400 米。

■ 岩高兰分布区——产阿勒泰、布尔津。黑龙江、内蒙古有分布。西伯利亚地区、欧洲至北极也有分布。

岩高兰：① 植株；② 花；③ 果实；④ 花枝；⑤ 枝
（绘图　张枫苑）

【保护价值】

该物种叶含苯甲酸、果糖、苷和生物碱，可药用；果实含维生素 C，可食用；宝贵抗逆基因种质资源。

164. 北极果 *Arctous alpinus*

［中 文 名］北极果
［科　　名］杜鹃花科
［属　　名］北极果属
［别　　名］无
［保护级别］新疆二级
［受威胁度］中国生物多样性红色名录列为无危物种（LC）

【生物学特征】

落叶匍匐小灌木，高 15 ～ 38 厘米。枝无毛，黄棕色。叶互生，倒卵形或倒披针形，厚纸质，通常有疏长睫毛，边缘有毛，具细锯齿，表面绿色，背面灰绿色，网脉明晰。顶生总状花序；萼片 5 裂；花冠坛状，绿白色，口部 5 浅裂；花药具芒状附属物。浆果球形，初为红色，后变为黑紫色，多汁。花期 5 ～ 6 月，果期 7 ～ 8 月。

北极果：① 植株；② 花；③ 花枝；④ 果枝；⑤ 雌蕊、雄蕊；⑥ 叶缘　（绘图　张枫苑）

【生活习性】

生于阿尔泰山和天山的亚高山至高山草甸，海拔 2240 ～ 3000 米。

■ 北极果分布区——产布尔津、奇台、昌吉、阜康、沙湾、尼勒克、霍城、新源、巩留、昭苏、吐鲁番、和静、拜城等地。内蒙古、陕西、甘肃、青海、四川有分布。日本、蒙古国、俄罗斯、亚洲西南部、欧洲及北美洲也有分布。

【保护价值】

该物种是有毒植物，牲畜不吃；叶可作鞣料和染料；浆果黑色，初食甜香，不久便会恶心作呕，多数伴有头痛。

165. 越橘 *Vaccinium vitis-idaea*

［中 文 名］越橘
［科　　名］杜鹃花科
［属　　名］越橘属
［别　　名］无
［保护级别］新疆二级
［受威胁度］IUCN 濒危红色名录列为无危物种（LC）
中国生物多样性红色名录列为无危物种（LC）

越橘

【生物学特征】

常绿半灌木，高 10 ～ 30 厘米。地上茎较矮，直立；茎纤细，枝及幼枝被灰白色短柔毛。叶密生，革质，椭圆形或倒卵形，边缘反卷，有浅波状小钝齿，背面具腺点状伏生短毛。短总状花序顶生于去年枝上；花冠白色或淡红色，钟状，4 裂。浆果球形，紫红色。花期 6 ～ 7 月，果期 8 ～ 9 月。

越橘：① 植株；② 花枝；③ 花面纵剖；④ 种子；⑤ 花序；⑥ 果枝；⑦ 枝叶　　（绘图　张枫苑）

【生活习性】

生于阿尔泰山的山地草原、针叶林下，海拔 1300 ～ 2300 米。

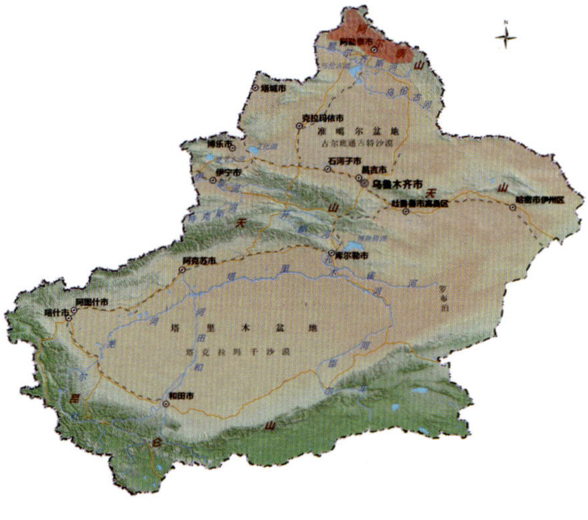

■ 越橘分布区——产阿勒泰、布尔津、哈巴河等地。黑龙江、吉林、内蒙古有分布。蒙古国、朝鲜、中亚地区、北美洲、欧洲北部也有分布。

【保护价值】

该物种是重要的果树种质资源，植株常绿，果实亮丽，叶子革质发亮，可用于林下地面的绿化。果实酸甜可口，可生食。叶和果入药、作染剂；叶可代茶饮用，亦可提取栲胶。种子可榨油。

● 由于人为大量采食其果实，造成其种群更新困难。

166. 黑果越橘 *Vaccinium myrtillus*

［中 文 名］黑果越橘
［科　　名］杜鹃花科
［属　　名］越橘属
［别　　名］无
［保护级别］新疆二级
［受威胁度］中国生物多样性红色名录列为无危物种（LC）

【生物学特征】

落叶矮小灌木，高 15 ～ 60 厘米。茎直立，多分枝；幼枝绿色，无毛，具锐棱。叶多数，纸质，卵形或椭圆形，边缘具细锯齿，两面无毛。花 1 ～ 2 朵生于当年生枝的叶腋，下垂；花冠淡绿色带淡红色晕，球状坛形，4 ～ 5 浅裂，裂片反折。浆果球形，成熟时蓝黑色，外面被灰白色粉霜。花期 6 月，果期 9 月。

黑果越橘：① 植株；② 花枝；③ 叶；④ 花纵剖面；⑤ 果；⑥ 种子　　（绘图　谷连福）

【生活习性】

生于阿尔泰山的山地草甸、针叶林及针阔混交林下，海拔 1300 ～ 2400 米。

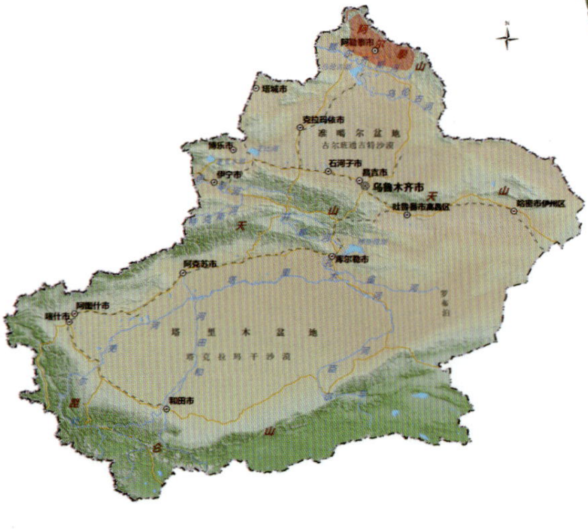

■ 黑果越橘分布区——产布尔津、阿勒泰等地。俄罗斯、蒙古国、亚洲南部、欧洲北部、北美洲也有分布。

【保护价值】

该物种是重要的果树种质资源，果较大，酸甜可食。叶和果入药、作染剂；叶可代茶饮用，亦可提取栲胶。种子可榨油。

● 中国仅在新疆分布。

167. 笃斯越橘 *Vaccinium uliginosum*

［中 文 名］ 笃斯越橘

［科　　名］ 杜鹃花科

［属　　名］ 越橘属

［别　　名］ 无

［保护级别］ 新疆二级

［受威胁度］ 中国生物多样性红色名录列为无危物种（LC）

笃斯越橘

【生物学特征】

落叶矮小灌木，高 0.5～1 米。茎多分枝；幼枝有微柔毛。叶多数，纸质，倒卵形，全缘，表面近于无毛，背面微被柔毛。花下垂，1～3 朵着生于上年生枝顶叶腋；花冠绿白色，宽坛状，4～5 浅裂。浆果球形，成熟时呈蓝紫色，被白粉。花期 6 月，果期 9 月。

笃斯越橘：① 花枝；② 果；③ 花及花纵剖面；④ 雌蕊、雄蕊；⑤ 叶（示叶脉）　　（绘图　谷连福）

【生活习性】

生于阿尔泰山的山地草甸、针叶林及针阔混交林下，海拔 1300～2400 米。

■ 笃斯越橘分布区——产哈巴河、布尔津、阿勒泰、和布克赛尔等地。俄罗斯、蒙古国、亚洲南部、欧洲北部、北美洲也有分布。

【保护价值】

该物种是重要的果树种质资源。果实成熟后味酸甜，可食，又可制成果酱或果干，也可酿酒或制成饮料；全株可作栲胶原料；浆果在用明矾加工时提供紫色颜料。

● 由于人为大量采食其果实，造成其种群更新困难。

中国仅在新疆分布。

168. 红莓苔子 *Vaccinium oxycoccus*

[中 文 名] 红莓苔子
[科　　名] 杜鹃花科
[属　　名] 越橘属
[别　　名] 无
[保护级别] 无
[受威胁度] 中国生物多样性红色名录列为近危物种（NT）

红莓苔子

【生物学特征】

常绿匍匐状半灌木，高 10 ～ 15 厘米。枝条纤细，紫红色；幼枝褐色，稍有细毛。叶质稍厚，椭圆形至倒卵形，顶端锐尖，基部圆形，全缘，无毛，下面粉白色。花 2 ～ 6 朵生于上年生的枝顶，伞形；花萼裂片 4，宿存；花冠淡红色，4 深裂，裂片外折；子房下位，4 室。浆果球形，深红色。

【生活习性】

生于阿尔泰山森林湿地、河边、苔藓群落地。

红莓苔子：① 植株（果期）；② 植株（花期）；③ 花；④ 雌蕊；⑤ 果实　　（绘图　谷连福）

■ 红莓苔子分布区——产布尔津、哈巴河等县。东北各省有分布。俄罗斯、哈萨克斯坦、蒙古国也有分布。

【保护价值】

该物种浆果被工业利用作蜜饯、糖水罐头；成熟的果实可鲜食，也可制成果汁；叶和果实还可药用。

169. 松毛翠 *Phyllodoce caerulea*

［中 文 名］松毛翠
［科　　名］杜鹃花科
［属　　名］松毛翠属
［别　　名］无
［保护级别］新疆一级
［受威胁度］中国生物多样性红色名录列为无危物种（LC）

②

⑤

【生物学特征】

常绿小灌木，高 10 ～ 30 厘米。茎平卧，多分枝；当年枝黄褐色或紫褐色，无毛。叶互生，密集，近无柄，革质，边缘有尖而小的细锯齿，常外卷，两面深绿色，光滑。伞形花序顶生，花 2 ～ 5 朵；花梗及萼片被腺毛，红色；花冠卵状壶形，红色或紫堇色，檐部5裂，裂片边缘疏生短腺毛。蒴果近球形。花期 6 ～ 7 月，果期 8 月。

【生活习性】

多生于高山冻原和石质山坡、亚高山草原、苔原、山地灌丛和草甸。

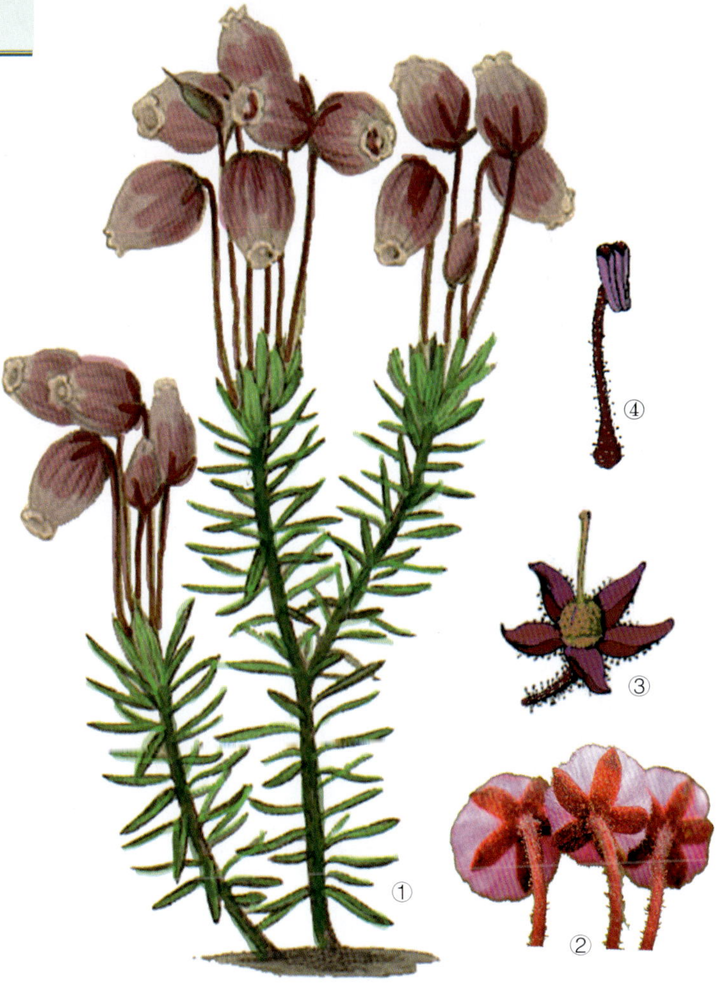

松毛翠：① 植株；② 花；③ 花（示花萼、雌蕊）；④ 雄蕊；⑤ 枝叶　（绘图　张枫苑）

■ 松毛翠分布区——产阿尔泰、青河、富蕴、福海、布尔津、哈巴河等地。吉林、内蒙古有分布。朝鲜、日本、俄罗斯、欧洲北部和北美洲也有分布。

【保护价值】

该物种比较少见，是高海拔观赏植物。株形矮小优美，枝叶密集，花色艳丽，具有较高的观赏价值，对维持高原生态平衡有一定的作用。该物种在中国呈间断狭域分布，对研究植物区系有科学价值。

（三十四）报春花科 Primulaceae

草本、灌木、乔木、木质藤本。单叶互生，螺旋状排列，对生或轮生，基部常呈莲座状。花两性，常辐射对称。雄蕊与花冠裂片同数而对生，特立中央胎座；蒴果。该科共 58 属 2590 种，分布于温带至热带。中国有 17 属约 652 种；新疆有 9 属 38 种，尤以新疆北部的种类最丰富。

170. 绢毛点地梅 *Androsace nortonii*

［中 文 名］绢毛点地梅
［科　　名］报春花科
［属　　名］点地梅属
［别　　名］无
［保护级别］无
［受威胁度］中国生物多样性红色名录列为近危物种（NT）

绢毛点地梅：① 内层叶；② 中层叶；③ 外层叶；④花萼展开；⑤ 花；⑥ 植株；⑦ 植株　　（绘图　张枫苑）

【生物学特征】

多年生草本。根出茎枣红色，初被柔毛。叶基生成莲座状，莲座丛直径 5 ～ 10 毫米；莲座状叶内外层近等长，线状披针形，先端尖，基部渐狭，边缘及两面被白色绢毛。伞形花序 2 ～ 6 花；花梗被柔毛；花冠白色或淡黄色，喉部黄色或紫红色。花果期 6 ～ 7 月。

【生活习性】

生于塔尔巴哈台山、天山伊犁地区高山亚高山草甸、林缘、砾石山坡，海拔 1700 ～ 3100 米。

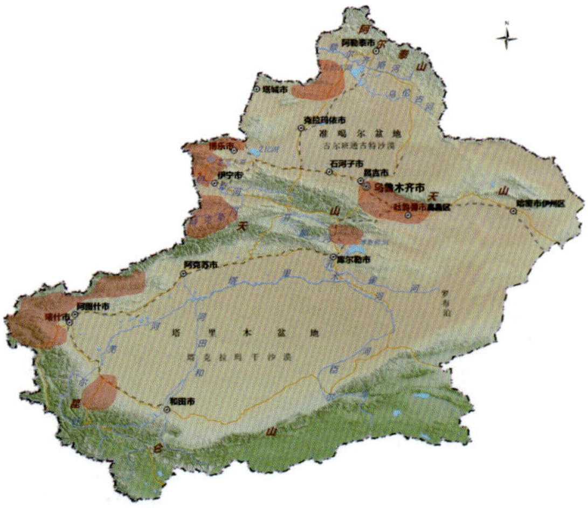

■ 绢毛点地梅分布区——产和布克赛尔、吉木乃、博乐、温泉、霍城、昭苏、吐鲁番、乌鲁木齐、和静、阿合奇、阿克陶、叶城、乌恰等地。哈萨克斯坦、吉尔吉斯斯坦也有分布。

【保护价值】

植株可供观赏。

- 中国仅在新疆分布。

171. 羽叶点地梅 *Pomatosace filicula*

[中 文 名] 羽叶点地梅
[科　　名] 报春花科
[属　　名] 羽叶点地梅属
[别　　名] 无
[保护级别] 国家二级
[受威胁度] 中国生物多样性红色名录列为无危物种（LC）

羽叶点地梅

【生物学特征】

一年生或二年生草本，高 3 ～ 9 厘米。具粗长的主根和少数须根。叶片线状椭圆形，羽状深裂至羽状全裂；叶柄甚短或长达叶片的 1/2，被疏长柔毛。花莛通常多枚自叶丛中抽出，疏被长柔毛；伞形花序；苞片线形，疏被柔毛；花梗无毛；花萼杯状或钟状；花冠白色，花冠裂片椭圆形。蒴果近球形，周裂成上、下两半，种子 6 ～ 12 粒。

【生活习性】

生于阿尔金山的高山草原、碎石山坡，海拔 3000 ～ 4500 米。

羽叶点地梅：① 植株；② 花；③ 花冠（示雄蕊）；④ 叶；⑤ 果实；⑥ 花　（绘图　张枫苑）

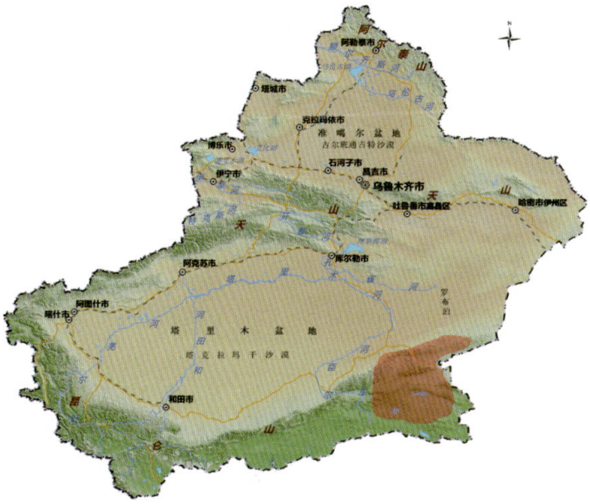

■ 羽叶点地梅分布区——产若羌县。青海、四川、西藏等省区有分布。

【保护价值】

该物种为我国特有单种属，是重要的种质资源，对于植物系统进化研究具有重要的科学价值。

● 中国特有种。

（三十五）白花丹科 Plumbaginaceae

草本、小灌木或攀缘植物。单叶互生或基生，全缘。花两性，整齐，花的各部均为 5；花瓣或多或少联合；萼宿存而常有色彩；花冠在花后蜷缩于萼筒内；雄蕊下位，与花冠裂片对生；柱头与萼的裂片对生；子房上位，1 室；胚珠 1 枚，基生；蒴果包藏于萼筒内；种子有薄层粉质胚乳。该科有 27 属约 836 种，世界广布；主要产于地中海区域和亚洲中部。中国有 7 属约 46 种；新疆有 5 属 24 种。

172. 细叶彩花 *Acantholimon borodinii*

［中 文 名］ 细叶彩花
［科　　名］ 白花丹科
［属　　名］ 彩花属
［别　　名］ 细矶松
［保护级别］ 无
［受威胁度］ 中国生物多样性红色名录列为近危物种（NT）

细叶彩花：① 植株；② 植株的部分老枝；③ 花萼
（绘图　张枫苑）

【生物学特征】

垫状灌木。叶淡灰绿色，当年枝上基部叶短于中部叶。花序有明显花序轴，高约 2 厘米，略伸出叶外，不分枝，被密毛；小穗含 1～2 花，外苞和第一内苞背面草质部分通常被密毛；萼筒沿脉和脉间密被短毛，萼檐白色，下部脉间和脉上多被毛，先端有大小相间的 10 个裂片，脉紫褐色，伸达或几达萼檐顶缘；花冠粉红色。花期 6～7 月，果期 7～8 月。

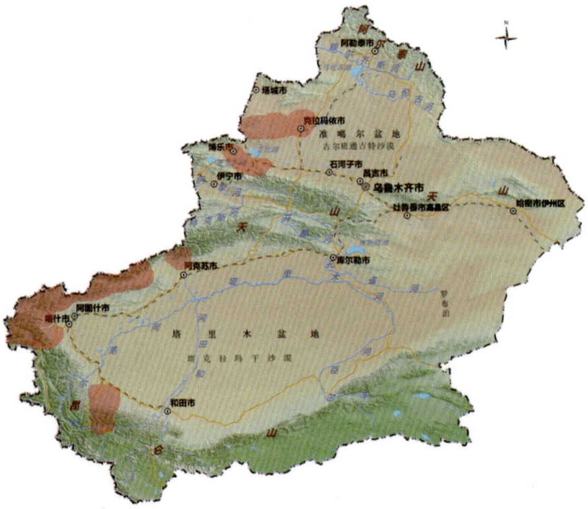

■ 细叶彩花分布区——产乌什、阿合奇、叶城、阿克陶、温宿、精河、博乐、克拉玛依、托里。中亚地区也有分布。

【生活习性】

生于天山南坡干旱砾石山坡，海拔 1700～2900 米。

【保护价值】

该物种植株成球形，可作花坛和绿地的绿化和饰边植物，供观赏。

● 中国仅在新疆分布。

173. 浩罕彩花 *Acantholimon kokandense*

[中 文 名] 浩罕彩花
[科　　名] 白花丹科
[属　　名] 彩花属
[别　　名] 浩罕刺矶松
[保护级别] 无
[受威胁度] 中国生物多样性红色名录列为易危物种（VU）

浩罕彩花

【生物学特征】

垫状小灌木。叶带灰绿色。当年枝上基部叶不到中部夏叶长度的一半。花序有明显的花序轴，高3～6厘米，伸出叶外，不分枝，被毛；小穗含单花，外苞和第一内苞无毛或被稀疏微柔毛；萼筒上部脉间被疏毛；萼檐白色，有伸达萼檐顶缘的紫褐色脉纹，无毛，先端有5个明显的浅裂片；花冠粉红色。花期6～8月，果期7～9月。

浩罕彩花：① 植株；② 花　（绘图　张枫苑）

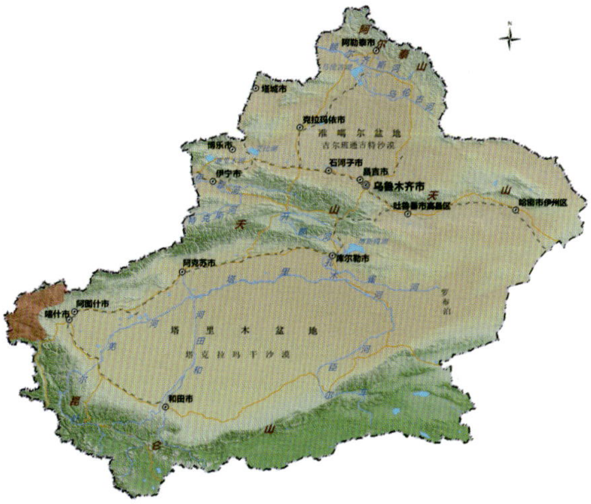

■ 浩罕彩花分布区——产乌恰。俄罗斯、中亚地区也有分布。

【生活习性】

生于帕米尔高原的山地砾石荒漠，海拔1800～2500米。

【保护价值】

该物种植株呈球形，可作花坛和绿地的绿化和饰边植物，以供观赏。

● 中国仅在新疆分布。

174. 大叶补血草 *Limonium gmelinii*

[中 文 名] 大叶补血草
[科　　名] 白花丹科
[属　　名] 补血草属
[别　　名] 克迷克、拜赫曼
[保护级别] 无
[受威胁度] 中国生物多样性红色名录列为易危物种（VU）

大叶补血草

【生物学特征】

多年生草本，高 60 ～ 100 厘米。根粗壮，木质。茎基单头或 2 ～ 3 头，密被残存叶柄基部。叶基生，绿色或灰绿色，长圆状倒卵形或椭圆形，宽大。花序呈大型伞房状或圆锥状，通常由中部以上作 3 ～ 4 回分枝；花茎单生，3 ～ 4 回分枝，小枝细直；花序伞房状或圆锥状；花萼白色或淡紫色，倒圆锥形，长 3 ～ 3.5 毫米，萼檐淡紫或白色；花冠蓝紫色，稀白色。花期 6 ～ 7 月，果期 8 ～ 9 月。

大叶补血草：① 植株下部；② 花；③ 花枝；④ 花　（绘图　张枫苑）

【生活习性】

生于阿尔泰山、塔尔巴哈台山、天山北坡山地草原带的盐碱地及平原盐渍化的低地、山地河岸、湖岸的盐土地上，海拔 1000 ～ 2000 米。

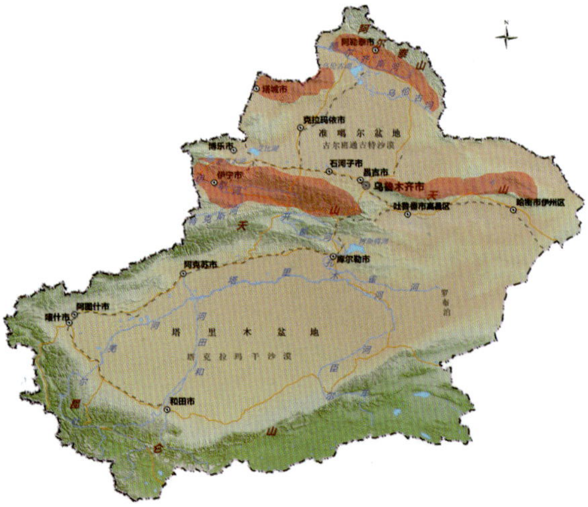

■ 大叶补血草分布区——产富蕴、阿勒泰、布尔津、奇台、阜康、乌鲁木齐、呼图壁、玛纳斯、石河子、塔城、托里、沙湾、霍城、伊宁、察布查尔、新源、巩留、巴里坤。西伯利亚地区、中亚地区、欧洲、蒙古国也有分布。

【保护价值】

该物种全草和根可入药。治功能性子宫出血、尿血、痔疮出血、脱肛、痈疽、子宫内膜炎、宫颈糜烂等；根部含单宁较多（10% ～ 18%），民间用以鞣革；花干后不败，可作为插花、切花材料。

● 由于被采为干花，根常被用作药材，因此采挖严重。

中国仅在新疆分布。

（三十六）木樨科 Oleaceae

木本。叶常对生，单叶、三出复叶或羽状复叶。花两性，辐射对称；花萼、花冠常 4 裂；雄蕊 2 枚，稀 4 枚；子房上位，2 室，每室常 2 胚珠。果为翅果、蒴果、核果、浆果或浆果状核果。约 28 属 400 余种，广布于两半球的热带和温带地区，亚洲地区种类尤为丰富。中国有 10 属 160 余种；新疆有 3 属 13 种，绝大多数为引进栽培树种。

175 天山梣 *Fraxinus sogdiana*

［中 文 名］ 天山梣
［科　　名］ 木樨科
［属　　名］ 梣属
［别　　名］ 欧洲白蜡、小叶白蜡、小叶梣、新疆白蜡树、新疆小叶白蜡
［保护级别］ 国家二级
［受威胁度］ 中国生物多样性红色名录列为易危物种（VU）

天山梣：① 果枝；② 两性花；③ 翅果；④ 花；⑤ 枝叶
（绘图　张枫苑）

【生物学特征】

乔木，高达 25 米。芽圆锥形，尖头，黑褐色，外被糠秕状毛；小枝灰褐色，粗糙。奇数羽状复叶，对生；小叶 7 ～ 11 枚，纸质，卵状披针形，下面密生细腺点。聚伞圆锥花序；花杂性，无花冠也无花萼。翅果倒披针形。花期 5 月，果期 8 ～ 9 月。

【生活习性】

适应性强，抗寒、旱、盐碱能力强，根系发达，产天山西部伊犁山区，海拔分布 1400 ～ 1800 米。

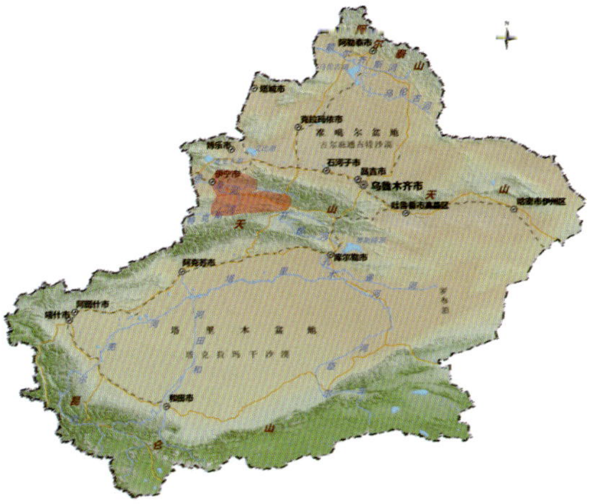

■ 天山梣分布区——产新源、尼勒克、伊宁、巩留等地。吐鲁番、阿克苏、喀什、莎车、和田等平原地区多有栽培。中亚地区也有分布。

【保护价值】

该物种材质坚硬，树形美观，是重要的用材树种，也是农田防护林和四旁绿化的优良树种。该物种是新疆珍贵的第三纪温带落叶阔叶林孑遗树种，有“阔叶树活化石”之称，对研究中亚、新疆植物的起源有着重要意义。1983 年，经新疆维吾尔自治区批准成立新疆伊犁小叶白蜡自然保护区；2016 年 5 月 2 日，经国务院批准，晋升为国家级自然保护区。多年来，保护区对该物种的保护、科学研究做了大量富有成效的工作。建立了种质资源圃和苗圃基地，人工种植扩繁小叶白蜡林，保存小叶白蜡林木种质基因。

● 中国仅在新疆分布。

（三十七）睡菜科 Menyanthaceae

水生或湿生草本。叶互生，稀对生，单叶或三出复叶，无托叶。花常 5 数；萼片 5，1 轮；花冠 5，1 轮，合生，花瓣常流苏状；雄蕊 5，与花瓣互生；子房上位，1 室。蒴果。种子多数，具胚乳。5 属约 58 种，世界广布；中国有 2 属 7 种；新疆有 10 属 54 种。

176. 睡菜 *Menyanthes trifoliata*

[中 文 名] 睡菜
[科　　名] 睡菜科
[属　　名] 睡菜属
[别　　名] 无
[保护级别] 新疆二级
[受威胁度] 未予评估（NE）

【生物学特征】

多年生沼生草本，高 15～35 厘米。全株无毛。根茎粗壮，匍匐状。叶基生，具长柄，三出复叶。总状花序生于长的无叶花莛上；花 5 数；花冠白色，5 深裂，边缘有流苏状白毛，内有白色柔毛；雄蕊着生于冠筒中部；柱头 2 裂。蒴果球形；种子鼓胀，圆形。花果期 5～7 月。

【生活习性】

生于北疆平原沼泽或浅水处、平原洼地、山前集水的洼地、河滩沼泽及山地苔藓类沼泽中，多零星散生。

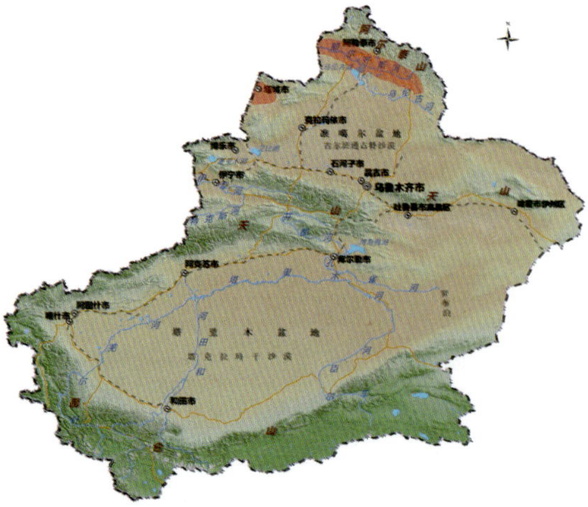

■ 睡菜分布区——产额尔齐斯河沿岸、塔城淡水沼泽边。西藏、云南、四川、贵州、河北、黑龙江、辽宁、吉林、浙江有分布。广布于北半球。

睡菜

睡菜：① 植株；② 雌蕊；③ 花；④ 果序；⑤ 花序
（绘图　张枫苑）

【保护价值】

该物种数量少，多零星散生。单种属，是重要的种质资源；全草入药，能清热利尿、健胃、安神。可作饲料，家畜喜食。

- 生境脆弱，易受干扰。

177. 荇菜 *Nymphoides peltata*

［中 文 名］荇菜
［科　　名］睡菜科
［属　　名］荇菜属
［别　　名］无
［保护级别］新疆二级
［受威胁度］IUCN 濒危红色名录列为无危物种（LC）
中国生物多样性红色名录列为无危物种（LC）

荇菜

【生物学特征】

多年生水生植物。茎圆柱形，多分枝，密生褐色斑点，匍匐状。叶漂浮，互生，心状椭圆形或圆形，近革质，稍厚，基部深裂至叶柄着生处。伞形花序腋生；花小，花冠黄色，裂片卵状披针形，长约缘啮齿状或流苏状；雄蕊插生于花冠管；柱头 2 裂。蒴果长卵形；种子小，多数，圆形。花果期 6 ～ 10 月。

荇菜：① 植株；② 花（示雌蕊及子房）；③ 雄蕊；④ 叶
（绘图　谷连福）

【生活习性】

生于河流边缘浅水淡水、池塘及其岸边或湖泊中。

■ 荇菜分布区——产布尔津、阿勒泰、焉耆、博湖、库尔勒等地。我国大部分省区有分布。中亚地区、日本、朝鲜、蒙古国、俄罗斯、伊朗、印度、欧洲也有分布。

【保护价值】

该物种全草入药，能发汗、透疹、清热、利尿；外用治毒蛇咬伤。

● 生境脆弱，生长在稳定的水域，适生于多腐殖质的底泥水域，易受人为干扰和气候变化影响。

（三十八）紫草科 Boraginaceae

草本植物被硬毛，单叶互生多粗糙。单歧蝎尾聚散序，花 5 基数，整齐，花冠喉部具附属物，4 小坚果。约 143 属 2785 种，分布于世界的温带和热带地区，地中海区为其分布中心。中国有 44 属 300 种；新疆有 26 属 102 种，亚种及 6 变种。

178. 新疆紫草 *Arnebia euchroma*

[中 文 名] 新疆紫草
[科　　名] 紫草科
[属　　名] 软紫草属
[别　　名] 新藏假紫草、软紫草、紫草、新疆假紫草、新芷假紫草
[保护级别] 国家二级
[受威胁度] 中国生物多样性红色名录列为濒危物种（EN）

新疆紫草

新疆紫草：① 植株；② 雌蕊；③ 雄蕊；④ 花；⑤～⑥ 花冠筒；⑦ 种子　　（绘图　张枫苑）

【生物学特征】

多年生草本，高达 40 厘米。根粗壮，富含紫色素。植株密生通常带淡黄色的长刚毛；茎 1 条或 2 条，直立，仅上部花序分枝。叶较大，无柄，披针状条形，长 5 厘米以上。镰状聚伞花序生茎上部叶腋；花冠筒状钟形，深紫色，有时淡黄色带紫红色。小坚果宽卵形，黑褐色，有粗网纹和少数疣状突起，着生面略呈三角形。花果期 6 ～ 8 月。

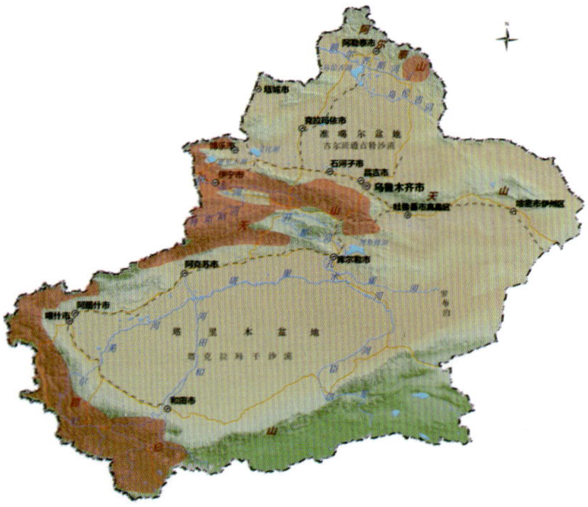

■ 新疆紫草分布区——产富蕴、察布查尔、伊宁、新源、昭苏、博乐、温泉、玛纳斯、乌鲁木齐、和静、库车、拜城、阿图什、温宿、乌恰、阿克苏、塔什库尔干、和田等地。西藏西部有分布。印度、尼泊尔、巴基斯坦、阿富汗、伊朗、中亚地区及西伯利亚地区也有分布。

【生活习性】

生于阿尔泰山、天山、帕米尔高原及昆仑山的洪积扇、前山和中山带山坡，海拔 1000 ～ 4000 米。

【保护价值】

该物种根富含紫草素，可代紫草入药，功效同紫草。暗紫红色的根皮中含染色物质可作染料。

● 因人工采挖严重，导致该物种种群分布面积急剧减少。

179. 黄花软紫草 *Arnebia guttata*

［中 文 名］黄花软紫草
［科　　名］紫草科
［属　　名］软紫草属
［别　　名］无
［保护级别］无
［受威胁度］中国生物多样性红色名录列为易危物种（VU）

【生物学特征】

多年生草本，高达25厘米。根含紫色物质。茎通常2～4条，多分枝，密生开展的长硬毛和短伏毛。叶狭小，无柄，宽不超过1.2厘米。镰状聚伞花序；花冠黄色，筒状钟形，常有紫色斑点；花柱先端浅2裂。小坚果三角状卵形，淡黄褐色，有疣状突起。花果期6～10月。

黄花软紫草：① 植株；② 花 （绘图 张枫苑）

【生活习性】

生于阿尔泰山、准噶尔西部山地、天山、帕米尔高原及昆仑山的前山荒漠、砾石质山坡，海拔1000～3000米。

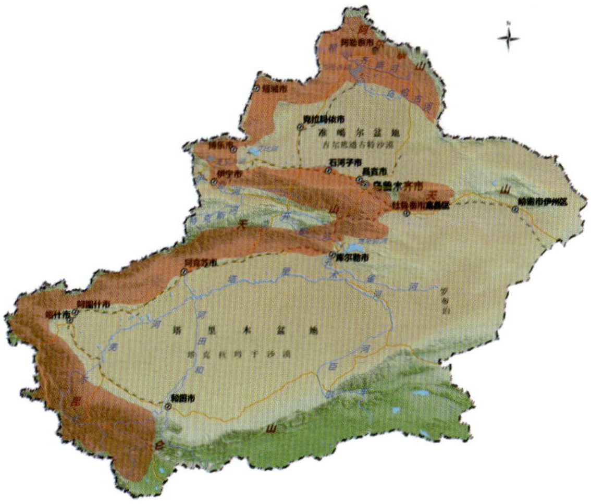

■ 黄花软紫草分布区——产福海、阿勒泰、布尔津、青河、吉木乃、和布克赛尔、塔城、伊宁、博乐、精河、玛纳斯、奇台、托克逊、鄯善、和静、和硕、轮台、阿克苏、拜城、阿合奇、阿图什、喀什、乌恰、疏附、阿克陶、叶城、塔什库尔干等地。西藏、甘肃、宁夏、内蒙古、河北有分布。印度、巴基斯坦、阿富汗、蒙古国、中亚地区及西伯利亚地区也有分布。

【保护价值】

该物种根代紫草入药，功效与紫草相同。

180. 天山软紫草 *Arnebia tschimganica*

[中 文 名] 天山软紫草
[科　　名] 紫草科
[属　　名] 软紫草属
[别　　名] 无
[保护级别] 新疆二级
[受威胁度] 中国生物多样性红色名录列为易危物种（VU）

⑤

天山软紫草：① 植株；② 花冠解剖；③ 雌蕊；④ 小坚果（未成熟）；⑤ 花（示茎、叶及花冠上短柔毛）

（绘图　谷连福）

【生物学特征】

多年生草本，高 15 ～ 30 厘米。根无紫色物质。茎数条，不分枝，有短柔毛。基生叶有叶柄，叶片倒披针形，两面均有毛，全缘。镰状聚伞花序不分枝；苞片披针形；花萼裂片线状披针形至钻形；花冠黄色，漏斗状；花柱先端浅 2 裂，各具 1 个 2 裂的柱头。花期 4 ～ 5 月。

【生活习性】

生于天山伊犁地区山地草原及亚高山草甸、河滩灌丛、河谷，海拔 1000 ～ 2000 米。

■ 天山软紫草分布区——产新源、巩留、特克斯、昭苏等地。俄罗斯、哈萨克斯坦、乌兹别克斯坦也有分布。

【保护价值】

该物种有重要的药用价值，根含有丰富的色素，可制作化妆品和食用色素。

● 中国仅在新疆分布。

（三十九）唇形科 Labiatae

茎四棱，叶对生，挥发油脂遍全身。轮伞花序唇形冠，2 强雄蕊。子房上位，雌蕊由 2 个心皮组成，4 小坚果。本科为一世界性分布的较大的科。全世界有 7 个亚科 236 属 7173 种，其中单种属约占 1/3，寡种属亦约占 1/3。中国有 96 属 970 种；新疆有 41 属 134 种 4 变种。

181. 阿尔泰黄芩 *Scutellaria altaica*

［中 文 名］阿尔泰黄芩
［科　　名］唇形科
［属　　名］黄芩属
［别　　名］无
［保护级别］无
［受威胁度］中国生物多样性红色名录列为近危物种（NT）

阿尔泰黄芩

阿尔泰黄芩：① 植株；② 苞片；③ 叶；④ 花枝
（绘图　谷连福）

【生物学特征】

多年生半灌木，高约 25 厘米。根茎木质，多弯拐。叶片卵圆形，基部宽楔形，下面被贴生较细的短柔毛。苞片沿脉及边缘上被短柔毛及具短柄腺毛；花冠黄色；冠檐二唇形，上唇盔状，下唇 3 裂；子房 4 裂。小坚果三棱状卵圆形。花期 6～8 月，果期 8～9 月。

【生活习性】

生于山地草原及林带阳坡。

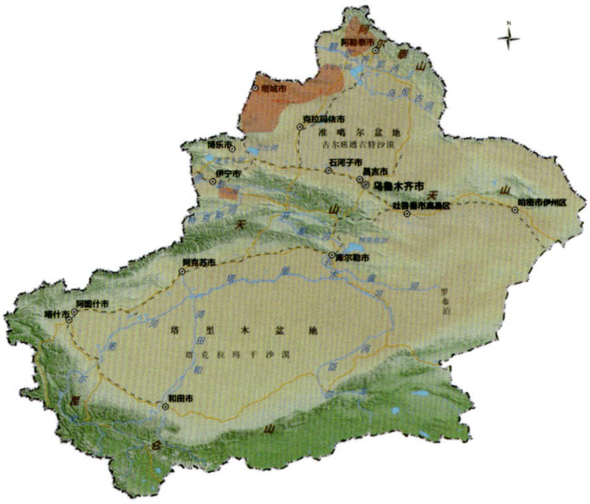

■ 阿尔泰黄芩分布区——产吉木乃、和布克赛尔、额敏、塔城、裕民、托里、布尔津、巩留。蒙古国、中亚地区、俄罗斯西伯利亚地区也有分布。

【保护价值】

该物种可引种栽培观赏。

- 中国仅在新疆分布。

182. 光沙穗 *Eremostachys fulgens*

[中 文 名] 光沙穗
[科　　名] 唇形科
[属　　名] 沙穗属
[别　　名] 无
[保护级别] 无
[受威胁度] 中国生物多样性红色名录列为近危物种（NT）

光沙穗

【生物学特征】

多年生草本，高 40 ～ 70 厘米。根块状纺锤形。茎直立，四棱形，通常紫红色。叶长圆状卵圆形或卵圆状菱形至卵圆形，边缘具不整齐的粗锯齿，基部楔形，两面光滑，边缘被毛。轮伞花序 4 ～ 8 轮，每轮有花 8 ～ 10 朵，具短梗，组成总状花序；花冠黄色，上唇边缘无须毛。小坚果顶端无毛。

【生活习性】

生于天山山区的低山带干山坡、砾石山坡。

■ 光沙穗分布区——产伊宁、察布查尔、新源、巩留、尼勒克、昭苏、特克斯。吉尔吉斯斯坦、乌兹别克斯坦、亚洲西南部也有分布。

光沙穗：① 植株下部；② 植株上部；③ 苞片；④ 花；⑤ 花萼纵剖；⑥ 花冠纵剖示雄蕊；⑦ 果实
（绘图　谷连福）

【保护价值】

该物种耐旱、耐贫瘠，是优良的荒山水土保持物种。

● 中国仅在新疆分布。

183. 异叶元宝草 *Alajja anomala*

[中 文 名] 异叶元宝草
[科　　名] 唇形科
[属　　名] 元宝草属
[别　　名] 无
[保护级别] 无
[受威胁度] 中国生物多样性红色名录列为近危物种（NT）

【生物学特征】

多年生草本，高 20 ～ 35 厘米。根茎长而粗。茎多数，不分枝，或通常自基部分枝，近直立，稍粗壮，中空，带紫红色，密被柔软白色或淡黄色的绵状毛。下部叶小，对生，匙形；上部叶较大，卵状菱形，基部楔形；苞叶最大，密集着生在一起，宽菱形或楔状扇形顶端钝或近圆形，被短绒毛。轮伞花序；花萼钟形；花冠较大，紫色，冠檐二唇形，下唇比上唇稍长。花期 7 ～ 8 月。

异叶元宝草：① 植株；② 花；③ 花萼；④ 花冠纵剖（示雄蕊）　　（绘图　张枫苑）

■ 异叶元宝草分布区——产乌恰、乌鲁木齐。吉尔吉斯斯坦、塔吉克斯坦也有分布。

【生活习性】

生于高原的干山坡、砾石山坡。

【保护价值】

该物种为优良的水土保持物种。

- 中国仅在新疆分布。

184. 新疆兔唇花 *Lagochilus xinjiangensis*

[中 文 名] 新疆兔唇花
[科　　名] 唇形科
[属　　名] 兔唇花属
[别　　名] 无
[保护级别] 无
[受威胁度] 中国生物多样性红色名录列为近危物种（NT）

新疆兔唇花：① 植株；② 几种叶形；③ 花；④ 花萼；⑤ 花冠纵剖（示雄蕊）　（绘图　张枫苑）

【生物学特征】

多年生草本，高 6 ～ 20 厘米。茎由基部多分枝，枝条坚硬，乳白色，被绒毛。基生叶具长柄，宽楔状；上部叶宽楔形或扇形，革质，顶端具整齐的圆齿，齿尖芒状。轮伞花序；苞片刺状，无毛；花萼狭钟形，萼片 4（或 5），具短刺尖，革质，具明显网纹；花冠粉红色。花期 6 ～ 7 月，果期 8 ～ 9 月。

■ 新疆兔唇花分布区——产乌鲁木齐。

【生活习性】

生于天山中部低山带砾石山坡。

【保护价值】

该物种为水土保持物种。

● 新疆特有种。

（四十）茄科 Solanaceae

草本或灌木，叶互生。聚伞花序，花5数，萼宿存，花冠辐射状，钟状，花药孔裂或纵裂，中轴胎座两心皮。浆果或蒴果。约102属2460种，广泛分布于全世界温带及热带地区，美洲热带种类最为丰富。中国有20属102种，新疆有13属28种3变种。

185. 黑果枸杞 *Lycium ruthenicum*

［中 文 名］黑果枸杞
［科　　名］茄科
［属　　名］枸杞属
［别　　名］无
［保护级别］国家二级
［受威胁度］中国生物多样性红色名录列为无危物种（LC）

黑果枸杞：① 果枝；② 花冠纵剖（示雄蕊）；③ 花；④ 叶；⑤ 果实；⑥ 叶序　　（绘图　张枫苑）

【生物学特征】

灌木，多棘刺，高20～70厘米。分枝多，常成“之”字形曲折。叶2～6枚簇生于短枝上，在幼枝上单叶互生，近棒状、条状至匙形，肉质，无柄。花1～2朵生于短枝上；花冠漏斗状，淡紫色，花冠筒部长约为檐部裂片长的2～3倍。浆果球形，成熟后呈黑紫色；种子肾形。花果期5～10月。

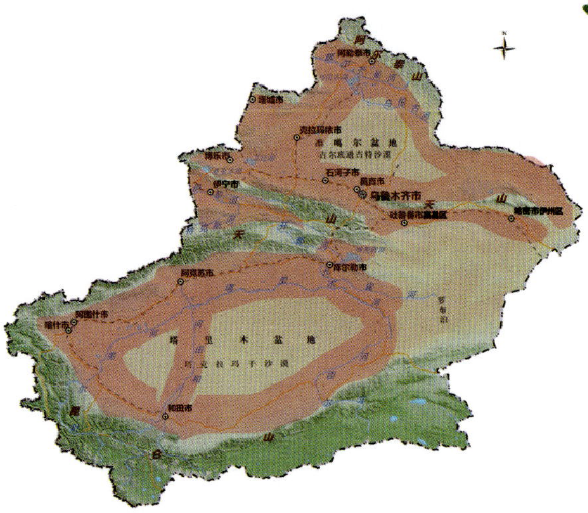

■ 黑果枸杞分布区——南北疆各县市都有分布。甘肃、内蒙古、宁夏、青海、陕西、西藏有分布。阿富汗、蒙古国、巴基斯坦、俄罗斯、中亚地区、亚洲西南部、欧洲也有分布。

【生活习性】

生于南北疆平原荒漠、盐碱地、盐化沙地、河湖沿岸、干河床或路旁。

【保护价值】

该物种为优良的水土保持灌木；果实含有机酸、维生素和糖类，是健胃、滋补和通经药；茎叶是荒漠不可多得的饲料，骆驼、绵羊、山羊均喜食。

186. 柱筒枸杞 *Lycium cylindricum*

[中 文 名] 柱筒枸杞
[科　　名] 茄科
[属　　名] 枸杞属
[别　　名] 无
[保护级别] 无
[受威胁度] 中国生物多样性红色名录列为极危物种（CR）

柱筒枸杞：① 花枝；② 花冠纵剖（示雄蕊）；③ 花；④ 果实
（绘图　张枫苑）

【生物学特征】

灌木。分枝多“之”字形折曲，白色或带淡黄色；棘刺长 1 ～ 3 厘米。叶单生或在短枝上 2 ～ 3 枚簇生，披针形。花单生或有时 2 朵同叶簇生；花萼钟状，3 中裂或有时 2 中裂；花冠筒部圆柱状，筒部长于檐部裂片但不达到 2 倍，或者稍长或稍短于裂片，裂片阔卵形，顶端圆钝，边缘有缘毛；雄蕊插生于花冠筒的中部稍上处，花丝基部稍上处生一圈密绒毛且交织成卵球状的毛丛；子房卵状，柱头 2 裂。果实卵形，仅具少数种子。

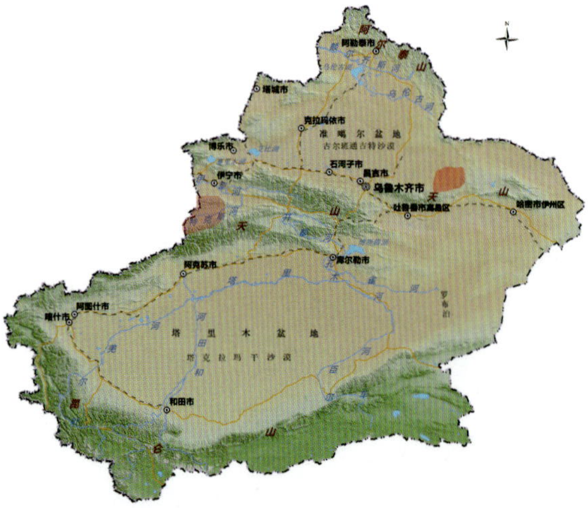

■ 柱筒枸杞分布区——产奇台、昭苏。

【生活习性】

生于北疆荒漠地区。

【保护价值】

该物种为重要的种质资源，果实（中药称枸杞子）药用，有滋肾、润肺、益肝、明目的功能。

● 新疆特有种。

187. 新疆枸杞 *Lycium dasystemum*

[中 文 名] 新疆枸杞
[科　　名] 茄科
[属　　名] 枸杞属
[别　　名] 无
[保护级别] 新疆二级
[受威胁度] 中国生物多样性红色名录列为无危物种（LC）

【生物学特征】

灌木。多坚硬分枝，淡黄色或淡灰色；棘刺长 0.6 ～ 6 厘米。单叶互生或 2 ～ 5 枚簇生，倒披针形、椭圆状倒披针形或椭圆形，具短柄。花单生或 2 ～ 3 朵同叶簇生；花萼钟状，2 ～ 3 裂；花冠漏斗状，筒部长约为檐部裂片的 2 倍，边缘具疏缘毛；花丝基部稍上处被极稀疏的绒毛。浆果卵形或卵状球形，红色；种子 10 ～ 20 粒，肾形或近圆形。花果期 6 ～ 7 月。

新疆枸杞：① 花枝；② 花；③ 果实
（绘图　张枫苑）

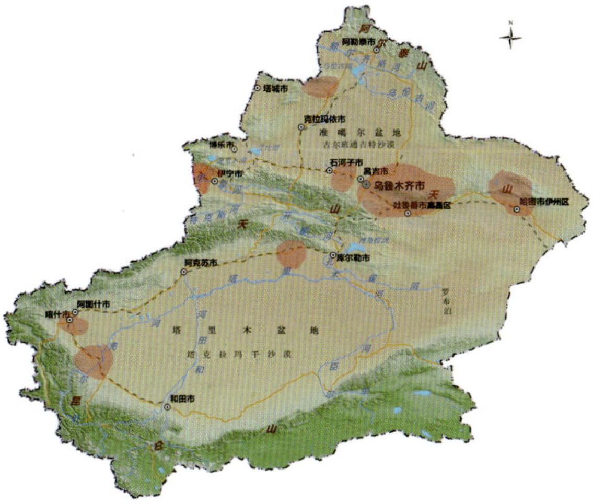

■ 新疆枸杞分布区——产霍城、巴里坤、哈密、吐鲁番、奇台、吉木萨尔、阜康、乌鲁木齐、呼图壁、玛纳斯、轮台、和布克赛尔、喀什、莎车等地。甘肃、青海等省区有分布。阿富汗、巴基斯坦及中亚地区也有分布。

【生活习性】

生于天山伊犁地区山前荒漠、河谷、山地草原、干山坡，海拔 1200 ～ 2700 米。

【保护价值】

该物种为重要的种质资源，果实（中药称枸杞子）药用，有滋肾、润肺、益肝、明目的功能。

（四十一）玄参科 Scrophulariaceae

草本，稀木本，单叶常对生。花两性，通常两侧对称；花萼常宿存，花冠合瓣，常二唇形；雄蕊 4，2 强；子房上位有 2 室，中轴胎座，蒴果。约 9 属 510 种，广布全球各地。中国有 8 属约 68 种；新疆有 3 属 10 种。

188. 东方毛蕊花
Verbascum chaixii subsp

［中 文 名］ 东方毛蕊花
［科　　名］ 玄参科
［属　　名］ 毛蕊花属
［别　　名］ 无
［保护级别］ 无
［受威胁度］ 中国生物多样性红色名录列为近危物种（NT）

【生物学特征】

多年生草本，高达 120 厘米。植株被星状毛。茎生叶较少；下部的矩圆状披针形，下面毛较密，上面毛甚稀疏或近无毛，边具不规则钝齿，叶柄长达 7 厘米。上面茎生叶卵状矩圆形至椭圆形，近无柄。圆锥花序，花 2 ～ 7 朵簇生；花萼与花梗密生星状毛；花冠黄色，外面生星状毛。蒴果卵形，稍长于宿存花萼，密生星状毛。花果期 6 ～ 8 月。

【生活习性】

生于天山、塔尔巴哈台山的山地草原、河谷、林间空地，海拔 1500 ～ 2000 米。

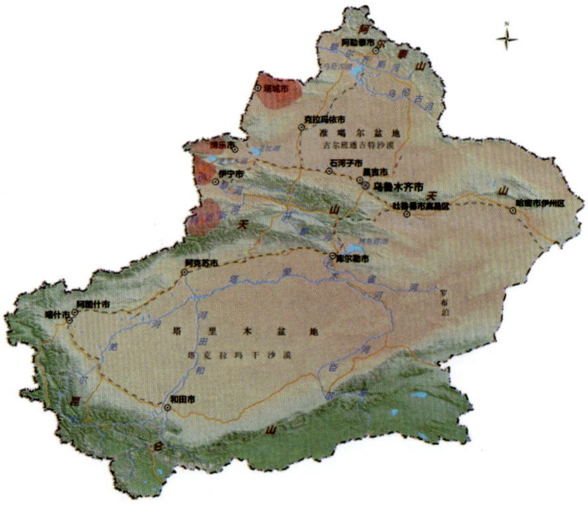

■ 东方毛蕊花分布区——产塔城、霍城、温泉、昭苏、额敏等地。哈萨克斯坦、吉尔吉斯斯坦、俄罗斯也有分布。

⑥

⑤

④

③

东方毛蕊花：① 花枝；② 花萼；③ 花；④ 示花瓣黄色，花蕊具毛；⑤ 下部的叶，示下面毛较密；⑥ 部分枝条带未成熟的果实（示被星状毛）　　（绘图　张枫苑）

【保护价值】

该物种花鲜艳且多，可引种栽培观赏。

● 中国仅在新疆分布。

（四十二）列当科 Orobanchaceae

草本，极少数灌木。半寄生至全寄生，具吸器。叶螺旋状互生或对生、单叶。花冠二唇形，2 强雄蕊。心皮 2，合生；子房上位，中轴到侧膜胎座。蒴果 2 裂。约 99 属 2060 种，主要分布于北温带，少数种分布到非洲、大洋洲、亚洲和美洲。中国有 35 属约 500 种；新疆有 7 属 46 种。

189. 管花肉苁蓉 *Cistanche tubulosa*

［中 文 名］管花肉苁蓉
［科　　名］列当科
［属　　名］肉苁蓉属
［别　　名］无
［保护级别］国家二级
［受威胁度］中国生物多样性红色名录列为易危物种（VU）

管花肉苁蓉：① 植株；② 苞片；③ 雌蕊；④ 花萼纵剖；⑤ 花冠纵剖（示雄蕊）；⑥ 管状花　（绘图　张枫苑）

【生物学特征】

多年生寄生草本，高 60 ～ 75 厘米。茎不分枝。叶三角状披针形。穗状花序；苞片三角状披针形；花萼筒状，长卵形或长椭圆形；花冠筒状漏斗形，裂片在花蕾时带紫色，干后变棕褐色，无毛；花药卵圆形，基部钝圆，不具小尖头。蒴果长圆形；种子多数，近圆形，黑褐色，外面网状，有光泽。花期 5 ～ 6 月，果期 7 ～ 8 月。

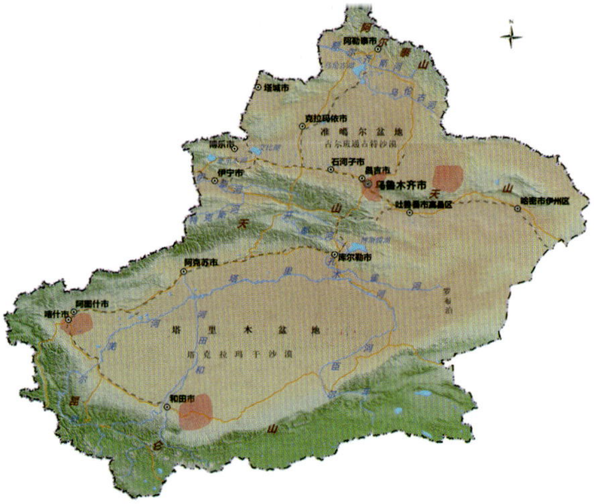

■ 管花肉苁蓉分布区——产乌鲁木齐、奇台、喀什策勒、民丰等县市。阿富汗、印度、巴基斯坦、中亚地区及亚洲西南部也有分布。

【生活习性】

生于准噶尔盆地、塔里木盆地沙漠边缘，海拔 600 ～ 900 米。寄生于柽柳属植物的根上。

【保护价值】

该物种为中药肉苁蓉的原植物之一，《中华人民共和国药典》尚未收入。在民间实际应用中，该物种大量采收代肉苁蓉供药用，已实现人工培植。

● 中国仅在新疆分布。

190. 肉苁蓉 *Cistanche deserticola*

[中 文 名] 肉苁蓉
[科　　名] 列当科
[属　　名] 肉苁蓉属
[别　　名] 无
[保护级别] 国家二级
[受威胁度] 中国生物多样性红色名录列为濒危物种（EN）

肉苁蓉

【生物学特征】

多年生寄生草本，高 30 ～ 60 厘米。茎不分枝或自基部分 2 枝。叶卵状三角形或宽卵形，披针形或狭披针形，无毛。花序穗状；花序下半部或全部苞片较长，与花冠等长或稍长，线状披针形；花冠筒状钟形，淡黄色、紫色，干后变褐色；花药长卵形，基部有小尖头。蒴果卵球形；种子椭圆形，黑褐色，外面网状，有光泽。花期 4 ～ 6 月，果期 6 ～ 8 月。

肉苁蓉：① 植株；② 花冠纵剖（示雄蕊）；③ 花；④ 花萼纵剖；⑤ 苞片；⑥ 雌蕊　（绘图　张枫苑）

【生活习性】

生于准噶尔盆地北部盐渍化的荒漠、沙丘，海拔 600 ～ 750 米。主要寄生于梭梭属植物的根上。

■ 肉苁蓉分布区——产富蕴、福海、和布克赛尔、沙湾、精河、博乐、霍城、伊宁、察布查尔、巴里坤、乌鲁木齐、呼图壁、布尔津、克拉玛依等地。内蒙古、宁夏、甘肃有分布。蒙古国也有分布。

【保护价值】

该物种茎入药，采后晾干为生大芸，盐渍为盐大芸，在西北地区有“沙漠人参”之称，有补精血、益肾壮阳、润肠通便之功效。

191. 盐生肉苁蓉 *Cistanche salsa*

［中 文 名］盐生肉苁蓉
［科　　名］列当科
［属　　名］肉苁蓉属
［别　　名］无
［保护级别］新疆一级
［受威胁度］IUCN 濒危红色名录列为无危物种（LC）

盐生肉苁蓉：① 植株；② 穗状花序；③ 花萼展开及小苞片；④ 花萼钟状　　　　（绘图　谷连福）

【生物学特征】

多年生草本，高 10 ～ 45 厘米。茎不分枝。叶片卵状长圆形或卵状长三角形，两面无毛。穗状花序长；苞片卵形或长圆状披针形，外面被柔毛，里面毛较少；小苞片 2 枚，披针形，与花萼等长或稍长，外面及边缘被疏柔毛；花萼钟状，顶端 5 浅裂，裂片近圆形或卵形；花冠筒状钟形，筒淡黄色，顶端 5 浅裂，裂片淡紫色，近圆形；花药长卵形，基部具小尖头，连同花丝基部密被白色皱曲长柔毛。蒴果卵形或椭圆形。种子近球形，黑褐色，外面有网纹，有光泽。花期 5 ～ 6 月，果期 7 ～ 8 月。

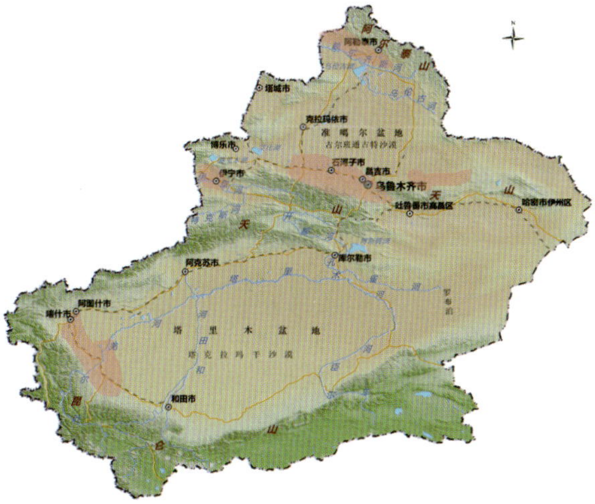

■ 盐生肉苁蓉分布区——产阿勒泰、乌鲁木齐、玛纳斯、石河子、奇台、和布克赛尔、伊宁、阿克陶、乌恰、喀什等地。内蒙古、甘肃有分布。伊朗和俄罗斯高加索地区及中亚地区也有分布。

【生活习性】

生于准噶尔盆地、塔里木盆地沙漠边缘，海拔 700 ～ 2650 米。常寄生于盐爪爪属、假木贼属、猪毛菜属、白刺属、琵琶柴属等植物上。

【保护价值】

该物种盗采严重，有重要的药用价值。

192. 绵毛小苞列当

Phelipanche lanuginosa

[中 文 名] 绵毛小苞列当

[科 名] 列当科

[属 名] 小苞列当属

[别 名] 毛列当

[保护级别] 无

[受威胁度] 中国生物多样性红色名录列为近危物种（NT）

绵毛小苞列当

【生物学特征】

多年生或二年生寄生草本，高 11 ～ 20 厘米。植株密被白色蛛丝状长柔毛，并混生短腺毛。花序穗状；有小苞片；花萼钟状筒形；花冠蓝紫色，上唇二裂，裂片近三角形，下唇稍长于上唇，3 裂，裂片椭圆形或长圆形；花丝状生于距筒基部约 5 毫米处，基部无毛，花药卵形，无毛。蒴果长椭圆形；种子长卵形，种皮具纹饰。花期 4 ～ 6 月，果期 6 ～ 9 月。

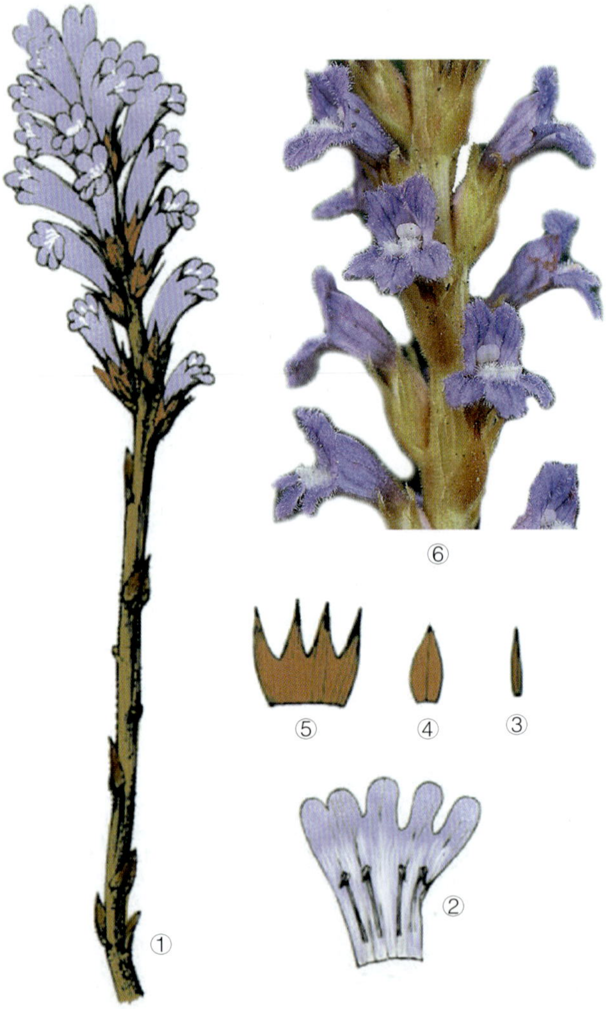

绵毛小苞列当：① 花枝；② 花冠纵剖（示雄蕊）；③ 小苞片；④ 苞片；⑤ 花萼纵剖；⑥ 花序

（绘图 张枫苑）

【生活习性】

生于准噶尔盆地沙地及山前丘陵、山地草原及灌丛中，海拔 800 ～ 1500 米。寄生于蒿属及小檗属植物根上。

■ 绵毛小苞列当分布区——产阿勒泰、奇台、阜康、乌鲁木齐、沙湾等地。西藏有分布。阿富汗、巴基斯坦、伊朗、中亚地区及欧洲也有分布。

【保护价值】

该物种全草入药，为强壮剂。

193. 淡黄列当 *Orobanche sordida*

［中 文 名］淡黄列当
［科　　名］列当科
［属　　名］列当属
［别　　名］无
［保护级别］无
［受威胁度］中国生物多样性红色名录列为近危物种（NT）

【生物学特征】

植株高 25 ～ 30 厘米。茎圆柱状，被极短的腺毛，基部稍增粗。叶卵状长圆形，外面近无毛。花序穗状，短圆柱形；苞片长圆状披针形，疏被短腺毛；花萼 2 裂达基部；花冠淡黄色，上唇 2 浅裂，裂片半圆形，花冠下唇稍长于上唇，裂片长圆形；花药椭圆形，疏被短柔毛。蒴果倒卵状长圆形。花期 5 ～ 7 月，果期 7 ～ 9 月。

【生活习性】

生于山坡，海拔 600 ～ 800 米。寄生在刺芹属植物根上。

■ 淡黄列当分布区——产塔城、哈巴河。哈萨克斯坦、俄罗斯、阿富汗、巴基斯坦、伊朗也有分布。

淡黄列当：① 花枝；② 花冠纵剖（示雄蕊）；③ 苞片、小苞片；④ 花萼纵剖　（绘图　张枫苑）

【保护价值】

该物种全草入药，为强壮剂。

● 中国仅在新疆分布。

194. 缢筒列当 *Orobanche kotschyi*

［中 文 名］缢筒列当

［科　　名］列当科

［属　　名］列当属

［别　　名］无

［保护级别］无

［受威胁度］中国生物多样性红色名录列为近危物种（NT）

【生物学特征】

二年生或多年生草本，高 25 ～ 40 厘米。全株密被白色蛛丝状长绵毛。花序穗状；苞片披针形，密被白色蛛丝状长绵毛；花萼 2 深裂达基部；花冠蓝紫色，向上渐扩大并强裂弓状弯曲，上唇全缘或微凹，下唇 3 裂，裂片椭圆形，筒中部缢缩；花药长圆形，沿缝线被白色柔毛。蒴果长圆形；种子卵状椭圆形，种皮网状。花期 5 ～ 6 月，果期 6 ～ 8 月。

缢筒列当：① 植株；② 花冠纵剖（示雄蕊）；③ 花萼；④ 雌蕊；⑤ 苞片；⑥ 花序　　（绘图　张枫苑）

【生活习性】

生于阿尔泰山低山丘陵，海拔 700 ～ 1000 米。寄生于刺芹属植物根上。

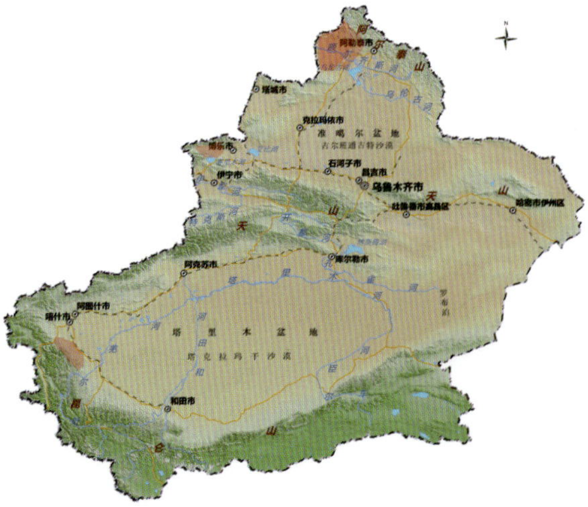

■ 缢筒列当分布区——产哈巴河、布尔津、温泉、塔什库尔干。阿富汗、巴基斯坦、中亚地区及亚洲西南部也有分布。

【保护价值】

该物种全草入药，为强壮剂。

● 中国仅在新疆分布。

195. 丝毛列当 *Orobanche caryophyllacea*

[中 文 名] 丝毛列当
[科　　名] 列当科
[属　　名] 列当属
[别　　名] 无
[保护级别] 无
[受威胁度] 中国生物多样性红色名录列为近危物种（NT）

【生物学特征】

植株高 33 ～ 50 厘米，被腺毛。茎坚挺。花序穗状；苞片卵形或卵状披针形，密被腺毛，并混生少数长柔毛；花萼不整齐 2 深裂；花冠黄色，钟状，上唇顶端微凹，筒中部不缢缩，下唇 3 裂，裂片近圆形，全部裂片及边缘被短腺毛；花药长圆形，基部具小尖头，沿缝线被白色短柔毛。蒴果长圆形，种子长圆形，种皮网状。花期 5 ～ 7 月，果期 7 ～ 9 月。

【生活习性】

生于天山北坡山地草原、亚高山草甸、灌丛、疏林，常寄生于拉拉藤属植物的根部，海拔 1500 ～ 2300 米。

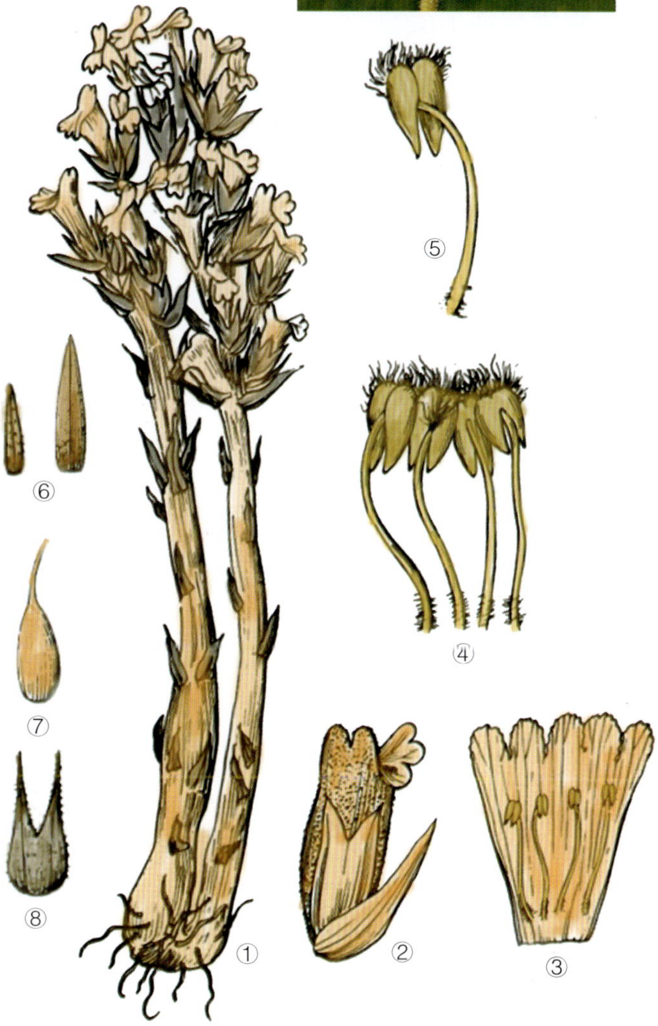

丝毛列当：① 植株；② 花侧面观；③ 花冠纵剖示雄蕊；④ 合生的雄蕊；⑤ 雄蕊；⑥ 苞片；⑦ 雌蕊；⑧ 萼片
（绘图　谷连福）

■ 丝毛列当分布区——产木垒、奇台、察布查尔、伊宁、新源、哈巴河、塔什库尔干。俄罗斯、中亚地区、亚洲西南部及欧洲也有分布。

【保护价值】

该物种全草入药，为强壮剂。

● 中国仅在新疆分布。

196. 美丽列当 *Orobanche amoena*

[中 文 名] 美丽列当
[科　　名] 列当科
[属　　名] 列当属
[别　　名] 无
[保护级别] 无
[受威胁度] 中国生物多样性红色名录列为近危物种（NT）

【生物学特征】

二年生或多年生草本，高 15 ～ 40 厘米。茎近无毛或疏被腺毛。花序穗状；花冠近直立或向下稍弯曲，裂片常为蓝紫色，筒部淡黄色，上唇 2 裂，裂片半圆形或近圆形，下唇长于上唇，3 裂，裂片近圆形；花丝着生于距筒基部，中上部被短腺毛，基部稍膨大，密被白色长柔毛，花药卵形，顶端及缝线密被绵毛状长柔毛。花期 5 ～ 6 月，果期 6 ～ 8 月。

美丽列当：①～② 植株；③ 花冠纵剖；④ 萼片；⑤ 苞片　　（绘图　张枫苑）

【生活习性】

生于准噶尔盆地、塔里木盆地沙漠边缘，天山、帕米尔高原的低山丘陵、山坡草原，海拔 700 ～ 2000 米。常寄生于蒿属植物的根上。

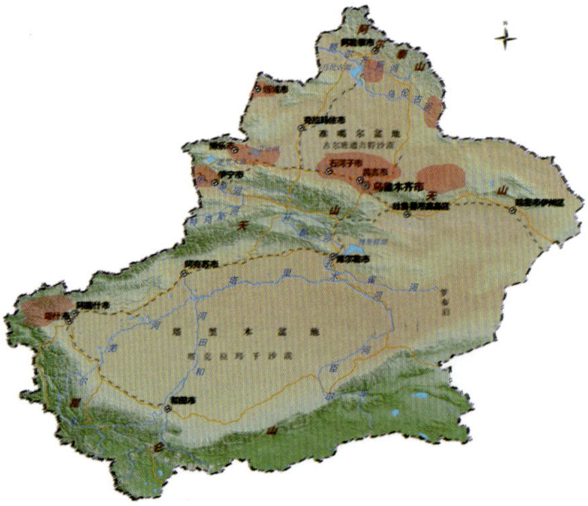

■ 美丽列当分布区——产奇台、木垒、阜康、乌鲁木齐、昌吉、玛纳斯、石河子、精河、青河、福海、塔城、博乐、伊宁、霍城、乌恰等地。河北、辽宁、内蒙古、陕西、山西有分布。蒙古国及中亚地区也有分布。

【保护价值】

该物种全草入药，为强壮剂。

（四十三）车前科 Plantaginaceae

草本，稀灌木。叶螺旋状互生，或对生。花序多样，花常两性；花瓣常 5，合生，花冠 2 唇形，雄蕊 4，2 强雄蕊。心皮 2，合生，子房上位，中轴胎座，胎座膨大，柱头 2 裂。蒴果，常室间开裂。种子有角或具翅。全世界有 90 属约 1900 种；中国有 21 属 165 种；新疆 7 属 51 种。

197. 线叶水马齿

Callitriche hermaphroditica

［中 文 名］ 线叶水马齿
［科　　名］ 车前科
［属　　名］ 水马齿属
［别　　名］ 无
［保护级别］ 无
［受威胁度］ IUCN 濒危红色名录列为无危物种（LC）
中国生物多样性红色名录列为近危物种（NT）

线叶水马齿：① 植株；② 茎的一部分（示花的着生）；③ 叶片；④ 果实；⑤ 种子　　（绘图　张枫苑）

【生物学特征】

一年生草本，鲜绿色，茎高达 30 厘米。叶对生，在茎上部稍接近，但无莲座状叶，线形，半透明，基部稍宽，顶端具 2 齿，具 1 条隆起中脉。花无花被。果圆形，径约 1.5 毫米，具宽翅，柱头早落，近无果梗。

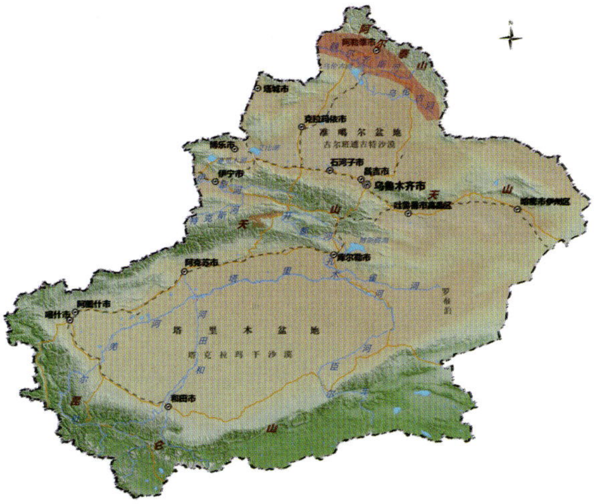

■ 线叶水马齿分布区——产青河、富蕴、阿勒泰、哈巴河、布尔津。内蒙古、西藏有分布。世界泛北也有分布。

【生活习性】

生于静水中或溪流缓水中。

【保护价值】

该物种为重要的种质资源，狭域分布。

198. 巨车前 *Plantago maxima*

[中 文 名] 巨车前
[科 名] 车前科
[属 名] 车前属
[别 名] 无
[保护级别] 无
[受威胁度] 中国生物多样性红色名录列为易危物种(VU)

巨车前

【生物学特征】

多年生草本,植株粗壮,高达 80 厘米。直根粗壮、圆柱形,具有多数侧根及纤维根。叶少,基生,莲座状,直立或斜展;叶片厚纸质,宽椭圆形或宽卵形,疏被短柔毛;叶柄 5 ~ 20 厘米。穗状花序,花着生紧密,棒状;苞片长卵形;萼片椭圆形;花冠裂片 4,卵形。蒴果椭圆形,暗棕色,种子 2 ~ 4,卵形。花期 7 ~ 8 月,果期 8 ~ 9 月。

【生活习性】

生于阿尔泰山、天山伊犁地区山地草原及平原盐生草甸,海拔 600 ~ 1000 米。

巨车前 (绘图 张枫苑)

■ 巨车前分布区——产阿尔泰、布尔津、哈巴河、伊宁、乌鲁木齐、阿克苏、塔什库尔干等地。蒙古国、俄罗斯、中亚地区及欧洲也有分布。

【保护价值】

该物种为重要的种质资源。全草入药,有清热、利尿、凉血、祛痰的功效。

● 中国仅在新疆分布。

199. 帕米尔柳穿鱼 *Linaria kulabensis*

[中文名] 帕米尔柳穿鱼
[科　名] 车前科
[属　名] 柳穿鱼属
[别　名] 无
[保护级别] 无
[受威胁度] 中国生物多样性红色名录列为近危物种（NT）

【生物学特征】

多年生草本，15～20 厘米。全株无毛。高叶互生，条状椭圆形。花序在花期长达 7 厘米，花多达 10 朵；苞片卵状披针形；花萼下部疏生粗状腺毛，裂片长矩圆形，顶端钝或圆钝；花冠紫红色，长（除距）达 14 毫米。花期 5～6 月。

【生活习性】

生于帕米尔高原的砾石山坡，海拔 2000～3000 米。

帕米尔柳穿鱼：① 花枝；② 花；③ 叶；④ 植株
（绘图　张枫苑）

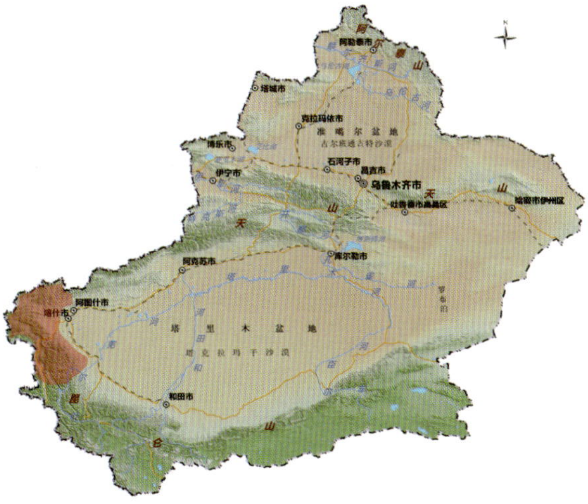

■ 帕米尔柳穿鱼分布区——产阿克陶、乌恰、塔什库尔干、阿图什、阿合奇。俄罗斯、塔吉克斯坦也有分布。

【保护价值】

该物种为重要的种质资源，可引种栽培观赏。

- 中国仅在新疆分布。

200. 长梗婆婆纳 *Veronica lanosa*

［中 文 名］长梗婆婆纳
［科　　名］车前科
［属　　名］婆婆纳属
［别　　名］无
［保护级别］无
［受威胁度］中国生物多样性红色名录列为近危物种（NT）

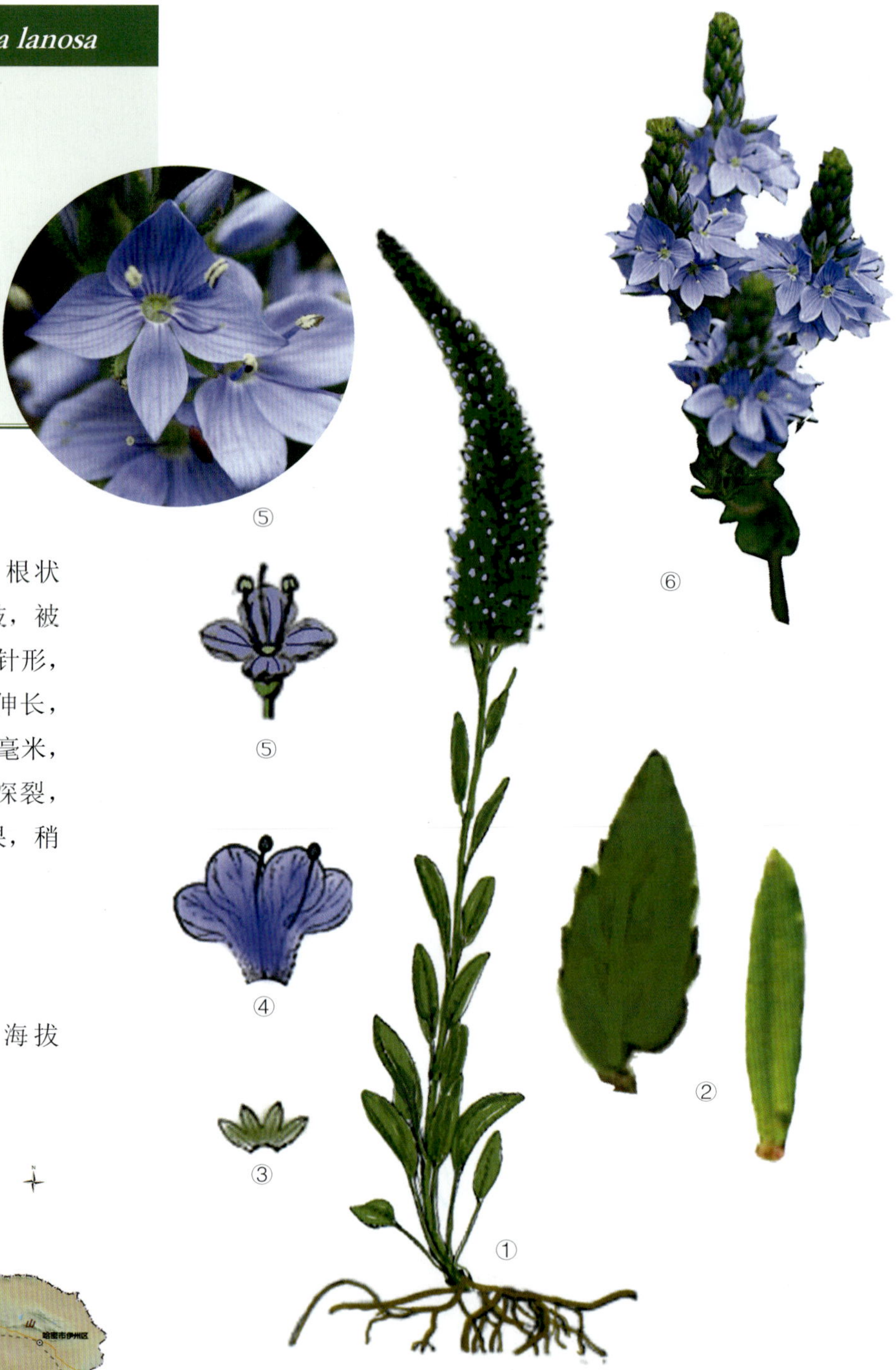

长梗婆婆纳：① 植株；② 叶的两种形态；③ 花萼纵剖；④ 花冠纵剖；⑤ 花；⑥ 花序　　　（绘图　张枫苑）

【生物学特征】

多年生草本，高 20 ～ 35 厘米。根状茎木质化；茎上升，不分枝或上部分枝，被白色长柔毛。叶对生，卵状披针形至披针形，边缘具深刻的尖齿。总状花序疏花而伸长，果期长达 20 厘米；花梗在花期长约 3 毫米，果期长达 1.5 厘米，稍弯曲；花萼 5 深裂，少 4 深裂；花冠蓝色，筒部极短。蒴果，稍尖而略有凹缺。花期 7 ～ 8 月。

【生活习性】

生于帕米尔高原的高山草原，海拔 2800 ～ 3500 米。

■ 长梗婆婆纳分布区——产喀什。西藏有分布。阿富汗、印度、巴基斯坦也有分布。

【保护价值】

该物种为重要的种质资源，可引种栽培观赏。

（四十四）忍冬科 Caprifoliaceae

草本、灌木、小乔木或藤本。单叶对生，稀羽状分裂或复叶。花序多样，花两性，两侧对称。花 5 基数，花萼和花冠合生；雄蕊 3 ～ 5；心皮 2 ～ 5，合生；子房下位，中轴胎座。瘦果、浆果、核果或蒴果。该科有 36 属约 810 种，主要分布于北温带。中国有 20 属 143 种；新疆有 7 属 29 种。

201. 北极花 *Linnaea borealis*

［中 文 名］北极花
［科　　名］忍冬科
［属　　名］北极花属
［别　　名］林奈木、林奈花、北极林奈草
［保护级别］无
［受威胁度］中国生物多样性红色名录列为近危物种（NT）

北极花：① 花枝；② 花；③ 花纵剖面；④ 叶
（绘图　刘婷）

【生物学特征】

常绿匍匐小灌木，高 3 ～ 12 厘米。茎红色至红褐色，细长，具稀疏短柔毛。叶近圆形至倒卵形，边疏具浅圆齿，上面疏生柔毛，下面灰白色，无毛。花序生于小枝顶端，每个花序生 2 朵小花；花冠钟状，白色或淡红色。果实球形，黄色，内具 1 核。花期 6 ～ 7 月，果期 7 ～ 8 月。

■ 北极花分布区——产青河、富蕴、福海、阿勒泰、布尔津、哈巴河。黑龙江、吉林、辽宁、内蒙古、河北有分布。世界北温带地区广布。

【生活习性】

生于阿尔泰山针叶林下，海拔 1400 ～ 2100 米。

【保护价值】

该物种作为高纬度寒冷地区的一个常绿、匍匐小灌木，具克隆生长习性的一个珍稀物种，具有重要的生态学和进化学意义。可引种栽培观赏。

202. 棘枝忍冬 *Lonicera spinosa*

[中 文 名] 棘枝忍冬
[科　　名] 忍冬科
[属　　名] 忍冬属
[别　　名] 沼生忍冬
[保护级别] 无
[受威胁度] 中国生物多样性红色名录列为近危物种（NT）

棘枝忍冬

【生物学特征】

落叶矮灌木，高 1 ～ 1.5 米。小枝纤细，外倾或平卧。常具坚硬、刺状、无叶的小枝；叶对生，条形至条状矩圆形，叶长可达 3 厘米，粉绿色或蓝绿色。花生于短枝上叶腋，总花梗极短；花冠淡蔷薇红色，长约 1.6 厘米；雄蕊长与花冠几相等，花药明显比花丝短。花期 6 月，果期 8 月。

【生活习性】

生于天山西部山地草原、山地草甸的沼地灌丛中、河边，海拔 1600 ～ 1800 米。

棘枝忍冬：① 植株；② 花蕾；③ 雄蕊；④ 雌蕊；⑤ 果枝　　（绘图　谷连福）

■ 棘枝忍冬分布区——产昭苏、特克斯。印度、阿富汗、塔吉克斯坦、吉尔吉斯斯坦、哈萨克斯坦也有分布。

【保护价值】

该物种为重要的种质资源，可引种栽培观赏。

● 新疆特有分布。

203. 芥叶缬草 *Valeriana ficariifolia*

［中 文 名］芥叶缬草
［科　　名］忍冬科
［属　　名］缬草属
［别　　名］毛茛叶缬草
［保护级别］无
［受威胁度］中国生物多样性红色名录列为近危物种（NT）

芥叶缬草

【生物学特征】

多年生草本，高 30 ～ 40 厘米。根茎不明显，带状根簇生。茎单生，直立或斜上，光滑。基生叶宽卵形，近全缘；茎生叶 2 ～ 3 对，靠下部的叶片为大头羽状全裂；叶轴向下延伸为对生的宽而膜质的叶柄连合而成长筒状叶鞘，抱茎。聚伞花序顶生；花淡红色；子房狭卵形，光秃。花期 7 月，果期 7 ～ 8 月。

芥叶缬草：① 植株；② 苞片；③ 花　（绘图　刘婷）

【生活习性】

生于塔尔巴哈台山、天山北坡山地草原、林带阳坡、灌丛，海拔 1500 ～ 2100 米。

■ 芥叶缬草分布区——产乌鲁木齐、昌吉、沙湾、富蕴、塔城、和布克赛尔、特克斯、昭苏。俄罗斯、中亚也有分布。

【保护价值】

该物种根及根茎入药，治心神不安、胃弱、腰痛、月经不调、跌打损伤。

● 中国仅在新疆分布。

（四十五）菊科 Asteraceae

多草本，头状花序，具总苞，花冠筒状、舌状，聚药雄蕊，子房下位，冠毛宿存，瘦果。该科有1600～1700属，24000～30000种，广布于全世界，热带较少。中国有253余属2350余种；新疆有115属538种1亚种39变种。

204. 雪莲 *Saussurea involucrata*

［中 文 名］雪莲
［科　　名］菊科
［属　　名］石莲花属
［别　　名］雪莲花、荷莲、天山雪莲、新疆雪莲
［保护级别］国家二级
［受威胁度］中国生物多样性红色名录列为濒危物种（EN）

【生物学特征】

多年生草本，高15～35厘米。根状茎粗，颈部被多数褐色的叶残迹。叶密集，基生叶和茎生叶无柄，叶片卵圆形，两面无毛，先端钝；最上部叶苞叶状，膜质，淡黄色，包围总花序，边缘有尖齿。头状花序10～20个，在茎顶密集成球形的总花序；总苞半球形；总苞片3～4层，卵圆形，先端急尖，边缘或全部紫褐色，外层被稀疏的长柔毛；小花紫色。瘦果长圆形；冠毛污白色。花果期7～9月。

雪莲：① 植株；② 叶；③ 放大的管状花
（绘图　刘婷）

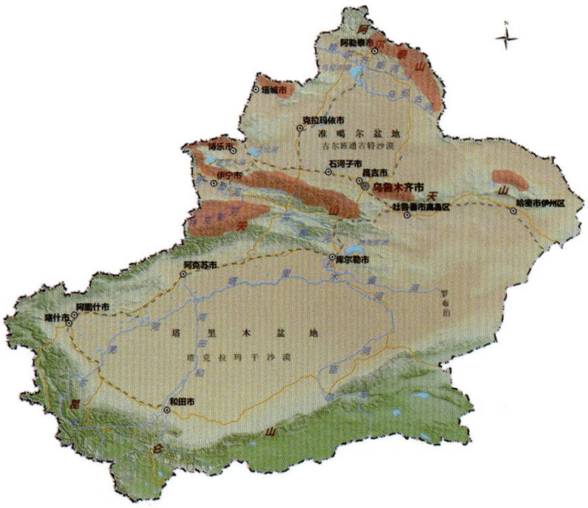

■ 雪莲分布区——产乌鲁木齐、玛纳斯、塔城、沙湾、博乐、特克斯、昭苏、巴里坤等县市。蒙古国、吉尔吉斯斯坦、哈萨克斯坦也有分布。

【生活习性】

生于高山冰碛石和流石滩石隙、高山草甸悬岩峭壁石缝，海拔2400～4100米。

【保护价值】

该物种全草入药；芳香油用于化妆品中。野生雪莲花靠种子繁育，生长期需6～8年，繁殖困难，生长缓慢。

● 近年由于药品开发原料需求增加，高山冰缘区旅游业兴旺发展，雪莲生长的原生境遭到破坏等原因，自然储量急剧减少，高山植被遭到严重破坏。国家林业和草原局、自治区林业厅以及地方林业和草原局加大了对雪莲科研项目的扶持力度，与科研单位开展了雪莲的组织培养以及引种培育，并对部分野生雪莲分布区进行了封育。该物种组培技术以及引种栽培苗已经部分开花，有待推广应用。

中国仅在新疆分布。

205. 阿尔泰雪莲 *Saussurea orgaadayi*

［中 文 名］阿尔泰雪莲
［科　　名］菊科
［属　　名］风毛菊属
［别　　名］雪莲、荷莲、天山雪莲、新疆雪莲
［保护级别］国家二级
［受威胁度］中国生物多样性红色名录列为濒危物种（EN）

【生物学特征】

多年生或二年生草本，高 40 ～ 65 厘米。茎单生，直立，中空，基部被多数褐色的叶残迹。叶密集，基生叶和茎生叶具叶柄；茎生叶披针形，长渐尖，被腺毛和疏生柔毛；中部和上部茎叶无梗，狭卵形，基部耳状；上部茎叶卵形到狭三角形卵形，膜质，淡黄色，包围总花序，边缘具齿。头状花序 20 ～ 30 个，在茎顶密集成球形的总花序；总苞钟状；总苞片 3 ～ 5 层，线形或钻形，先端渐尖，边缘或全部棕色，外层被绢毛或长柔毛；小花紫色。瘦果圆筒状。花果期 7 ～ 9 月。

阿尔泰雪莲　（绘图　刘婷）

■ 阿尔泰雪莲分布区——产青河、富蕴、阿勒泰、布尔津、哈巴河、福海等地。蒙古国、哈萨克斯坦、俄罗斯也有分布。

【生活习性】

生于阿尔泰山高山冰碛石和流石滩石隙、高山草甸悬岩峭壁石缝，海拔 2800 ～ 3200 米。

【保护价值】

该物种全草入药，能祛寒、壮阳、调经、止血、治阳痿、腰膝软弱、妇女崩带、月经不调、风湿性关节炎、外伤出血。

- 受人工采挖严重，生存状况堪忧。

中国仅在新疆分布。

206. 博格达雪莲 *Saussurea bogedaensis*

［中 文 名］博格达雪莲
［科　　名］菊科
［属　　名］风毛菊属
［别　　名］西域雪莲
［保护级别］无
［受威胁度］未予评估（NE）

博格达雪莲

博格达雪莲：① 植株；②～③ 花蕊　（绘图　刘婷）

【生物学特征】

多年生草本，高 15 ～ 50 厘米。根状茎粗，不分枝，颈部被多数纤维状叶残迹。叶茎单生，直立；莲座叶和茎生叶具叶柄；叶片狭卵形，椭圆形，被腺毛，先端钝；最上部叶苞叶状，膜质，淡黄色，星状包围总花序。头状花序 15 ～ 30 个，在茎顶密集成球形的总花序；总苞宽钟状；总苞片 4 ～ 5 层，钻形，边缘或全部浅棕色，在中上部密被蛛丝状毛；小花紫色。瘦果长圆形；冠毛污白色。花果期 7 ～ 9 月。

【生活习性】

生于高山冰碛石和流石滩石隙、高山草甸悬岩峭壁石缝，海拔 2800 ～ 3200 米。

■ 博格达雪莲分布区——产博格达山、奇台、木垒、哈密等地。

【保护价值】

该物种全草入药，能祛寒、壮阳、调经、止血、治阳痿、腰膝软弱、妇女崩带、月经不调、风湿性关节炎、外伤出血。

● 近年来，随着高山冰缘攀登和户外穿越受到越来越多游客的喜爱，该物种常常成为游客的采摘对象，生存状况堪忧。

新疆特有种。

207. 膜苞雪莲 *Saussurea bracteata*

［中 文 名］ 膜苞雪莲
［科　　名］ 菊科
［属　　名］ 风毛菊属
［别　　名］ 膜苞雪兔子、苞叶风毛菊、膜苞风毛菊
［保护级别］ 新疆二级
［受威胁度］ 中国生物多样性红色名录列为易危物种（VU）

膜苞雪莲　（绘图　刘婷）

【生物学特征】

矮小草本，高 3 ～ 8 厘米。茎基部密被残存的褐色叶柄。茎生叶有柄；柄长 1 ～ 3 厘米，通常紫红色；叶片狭长圆形，两面密生腺毛或下面几无毛；最上部茎叶苞叶状，膜质，紫红色，包围头状花序，边缘有锯齿，两面被腺毛。头状花序单生茎顶；总苞狭钟状；总苞片 4 层，紫红色或边缘紫红色，外层、中层和内层均被白色长柔毛；小花紫红色。瘦果长圆形；冠毛淡褐色。花果期 7 ～ 9 月。

【生活习性】

生于高山草甸、高山流石滩，海拔 4000 ～ 5400 米。

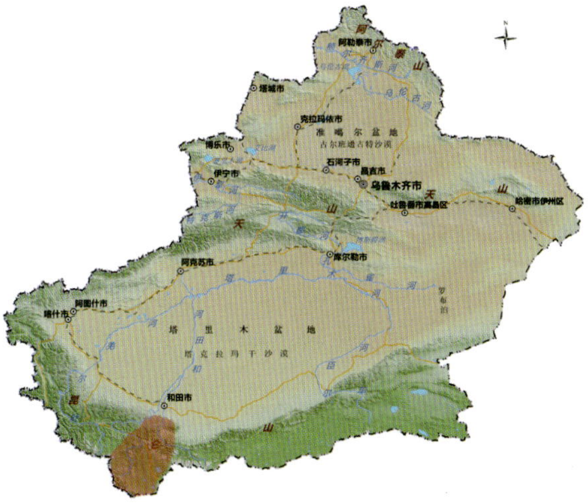

■ 膜苞雪莲分布区——产和田。青海、西藏有分布。巴基斯坦、印度西北部地区也有分布。

【保护价值】

该物种狭域分布，生命力极强，耐寒、耐风蚀，是抗逆基因挖掘的宝贵材料。全草入药，主治风湿性关节炎。

● 因其生境脆弱，加之人为采挖严重，导致该物种数量的减少。

208. 克什米尔雪莲 *Saussurea schultzii*

[中 文 名] 克什米尔雪莲
[科　　名] 菊科
[属　　名] 风毛菊属
[别　　名] 西域雪莲
[保护级别] 新疆二级
[受威胁度] 中国生物多样性红色名录列为濒危物种（EN）

克什米尔雪莲　（绘图　刘婷）

【生物学特征】

多年生草本，高 12 ～ 37 厘米。茎基部有褐色枯存叶柄。基生叶线状长圆形，两面被粗毛和腺毛；茎生叶小；最上部叶苞叶状，紫红色，膜质，长达 5 厘米。头状花序 4 ～ 8，密集茎端呈伞房状，具短梗；总苞倒圆锥形，3 ～ 5 层，稻草色，边缘和上部色深，具长柔毛；花冠紫色。瘦果棕色；冠毛污白色。花果期 7 ～ 9 月。

【生活习性】

生于高山冰碛石和流石滩石隙、高山草甸悬岩峭壁石缝，海拔 5200 米。

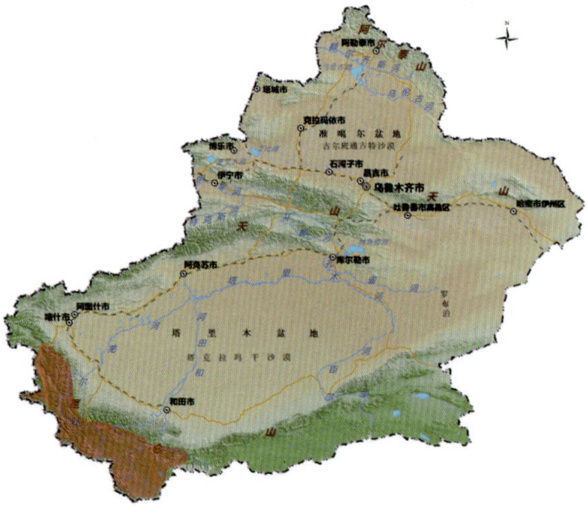

■ 克什米尔雪莲分布区——产喀喇昆仑山脉。西藏有分布。印度、巴基斯坦、尼泊尔也有分布。

【保护价值】

该物种生命力极强，耐寒、耐风蚀，是抗逆基因挖掘的宝贵材料；全草入药，主治风湿性关节炎。

● 因其生境脆弱，加之人为采挖严重，导致该物种数量的减少。

中国仅在新疆分布。

209. 小果雪兔子 *Saussurea simpsoniana*

[中 文 名] 小果雪兔子
[科　　名] 菊科
[属　　名] 风毛菊属
[别　　名] 西域雪莲
[保护级别] 新疆二级
[受威胁度] 中国生物多样性红色名录列为无危物种（LC）

小果雪兔子

【生物学特征】

多年生一次结实草本，高 11 ～ 25 厘米，茎密被白色绵毛，基部被残存的叶柄。基部叶与下部茎叶线形，两面密被白色绵毛；最上部茎叶小，常向下反折，边缘、全缘或有稀疏锯齿。头状花序多数，密集于膨大的茎端排成半球状的总花序；总苞片长圆形或披针形，顶端渐尖，紫红色；小花紫红色，长 1.5 厘米。瘦果褐色，长 0.2 ～ 0.3 厘米；冠毛褐色，2 层，外层白色，内层污白色。花果期 8 ～ 9 月。

小果雪兔子（绘图　刘婷）

【生活习性】

生于高山流石滩，海拔 4700 ～ 5750 米。

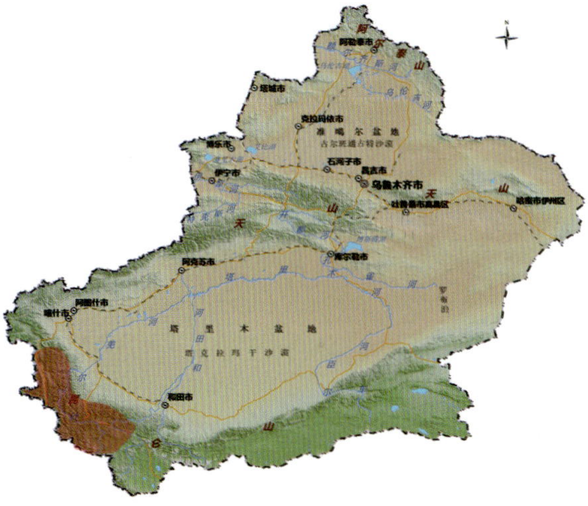

■ 小果雪兔子分布区——产塔什库尔干县。西藏有分布。巴基斯坦、尼泊尔、印度也有分布。

【保护价值】

该物种生命力极强，耐寒、耐风蚀，是抗逆基因挖掘的宝贵材料；全草入药，在国外用其根以牛奶煎煮，用来治疗蛇咬伤、传染病、妇女病等症。

210. 草甸雪兔子 *Saussurea thoroldii*

［中 文 名］草甸雪兔子
［科　　名］菊科
［属　　名］风毛菊属
［别　　名］草甸雪兔子、青藏风毛菊
［保护级别］新疆二级
［受威胁度］中国生物多样性红色名录列为无危物种（LC）

草甸雪兔子

【生物学特征】

多年生草本。全株莲座状，无毛。根状茎密被纤维状撕裂的叶柄残迹。叶多数，莲座状，狭披针形，两面绿色，无毛，羽状深裂。头状花序有小花梗，花梗无毛，多数，在莲座状叶丛中排成直径 3 ～ 4 厘米的半球形总花序；总苞片 4 层，外层椭圆形，中内层近等长，长圆形；全部苞片外面无毛，但上部边缘具睫毛；小花蓝紫色。瘦果圆柱状，褐色。冠毛 2 层，褐色；花果期 7 ～ 9 月。

草甸雪兔子　（绘图　刘婷）

■ 草甸雪兔子分布区——产若羌、且末、民丰、和田等县市。青海、西藏等省区有分布。巴基斯坦也有分布。

【生活习性】

生于高山河滩、河边土堆、盐碱地，海拔 3650 ～ 5200 米。

【保护价值】

该物种全草入药，有除湿、壮阳、调经、止血之效等。

211. 肉叶雪兔子 *Saussurea thomsonii*

[中文名] 肉叶雪兔子
[科　名] 菊科
[属　名] 风毛菊属
[别　名] 肉叶雪兔子、肉叶风毛菊
[保护级别] 新疆二级
[受威胁度] 中国生物多样性红色名录列为无危物种（LC）

肉叶雪兔子　（绘图　刘婷）

【生物学特征】

多年生草本。植株莲座状，全株无毛。根状茎短，有褐色的叶柄残迹。叶莲座状，长 1.5 ～ 2.3 厘米、宽 0.7 ～ 1.5 厘米，椭圆形、卵形或匙形，两面绿色，几肉质，常紫红色，无毛，干时革质，坚硬。头状花序 2 ～ 6 个，在莲座状叶丛中密集排列成半球状的总花序；总苞片 3 ～ 4 层，外层椭圆形，中层倒卵形，内层长倒卵形或长椭圆形，全部苞片常紫红色，外面无毛；小花蓝紫色。瘦果褐色，圆柱状，有横褶；冠毛褐色，2 层，褐色或灰褐色。花果期 6 ～ 8 月。

■ 肉叶雪兔子分布区——产若羌、且末、和田、叶城、皮山、于田、民丰等县市。青海、西藏等省区有分布。印度、巴基斯坦也有分布。

【生活习性】

生于高山河滩，海拔 4000 ～ 5200 米。

【保护价值】

该物种生命力极强，耐寒、耐风蚀，是抗逆基因挖掘的宝贵材料。

212. 羌塘雪兔子 *Saussurea wellbyi*

[中 文 名] 羌塘雪兔子
[科　　名] 菊科
[属　　名] 风毛菊属
[别　　名] 羌塘雪兔子
[保护级别] 新疆二级
[受威胁度] 中国生物多样性红色名录列为数据缺乏物种（DD）

羌塘雪兔子

【生物学特征】

多年生草本；植株莲座状，无茎；根状茎被褐色残存的叶。叶莲座状，无柄，叶片线状披针形，长 2 ～ 5 厘米，上面中部以上无毛，中部以下被白色绒毛，下面密被白色绒毛。头状花序无小花梗，多数在莲座状叶丛中密集成半球形的直径为 4 厘米的总花序；总苞片 5 层，外层长椭圆形，紫红色，外面密被白色长柔毛，中层长圆形，内层长披针形，外面无毛；小花紫红色。瘦果圆柱状，黑褐色；冠毛淡褐色，2 层。花果期 8 ～ 9 月。

羌塘雪兔子 （绘图　刘婷）

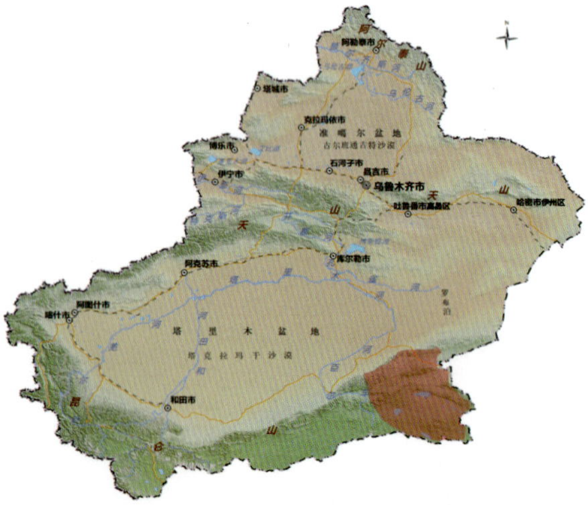

■ 羌塘雪兔子分布区——产若羌县。青海、四川、西藏也有分布。

【生活习性】

生于高山流石滩，靠近冰河的沙砾地、高山草甸砾石质山坡，海拔 4500 ～ 5500 米。

【保护价值】

该物种生命力极强，耐寒、耐风蚀，是抗逆基因挖掘的宝贵材料。

● 中国特有种。

213. 昆仑雪兔子 *Saussurea depsangensis*

［中 文 名］ 昆仑雪兔子
［科　　名］ 菊科
［属　　名］ 风毛菊属
［别　　名］ 昆仑风毛菊
［保护级别］ 新疆二级
［受威胁度］ 中国生物多样性红色名录列为无危物种（LC）

昆仑雪兔子

【生物学特征】

多年生草本。植株莲座状，无茎或有短茎；根细，垂直直伸，肉质。叶莲座状，长圆形，长 1 ～ 2.4 厘米，两面被黄褐色少白色绒毛。头状花序无小花梗，多数，在茎端或莲座状叶丛中密集成半球形的直径为 4 厘米的总花序；总苞钟状；总苞片 3 ～ 5 层，近等长，披针形，外面密被黄褐色或白色绒毛；小花紫红色。冠毛黄褐色，1 层，羽毛状。花期 8 月。

昆仑雪兔子：① 植株；② 花 （绘图 刘婷）

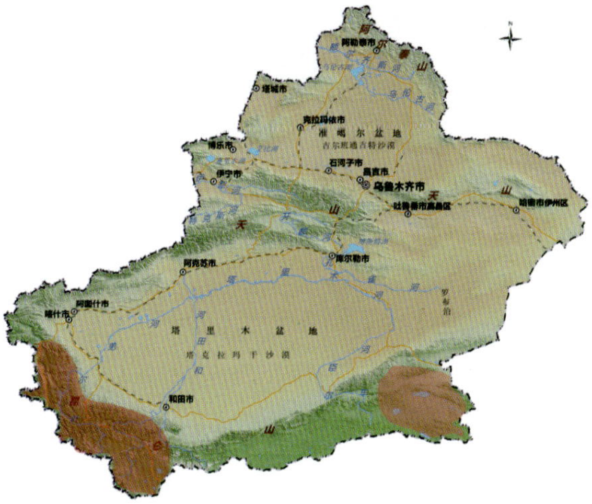

■ 昆仑雪兔子分布区——产若羌、阿克陶、叶城、皮山、和田、塔什库尔干。青海、四川、西藏有分布。

【生活习性】

生于高山流石滩，海拔 4800 ～ 5400 米。

【保护价值】

该物种生命力极强，耐寒、耐风蚀，是抗逆基因挖掘的宝贵材料。

214. 冰河雪兔子 *Saussurea glacialis*

[中 文 名] 冰河雪兔子

[科　　名] 菊科

[属　　名] 风毛菊属

[别　　名] 冰川雪兔子、冰河风毛菊、雪生风毛菊

[保护级别] 新疆二级

[受威胁度] 中国生物多样性红色名录列为无危物种（LC）

冰河雪兔子

【生物学特征】

多年生草本。全株灰绿色，被稠密的绵毛；茎直立，高 15 厘米，被稠密的叶，顶端冠以莲座状叶丛。全部叶上面被密厚的绵毛，下面的较少。头状花序多数（10 ～ 20 或更多）在茎顶集密地排列成头状伞房花序；总苞钟状；总苞片等长，外层长椭圆状卵形或长椭圆形，外面被长绵毛，红褐色，内层披针形，肉红色；小花紫色。瘦果长椭圆状圆柱形；冠毛 2 层，白色或污白色。花果期 7 ～ 8 月。

冰河雪兔子（绘图　谷连福）

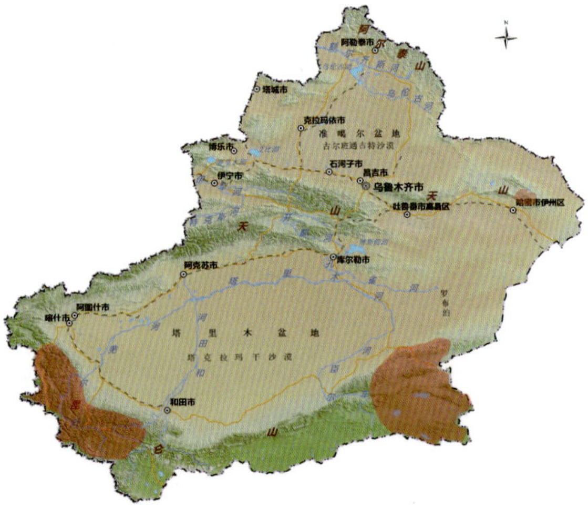

■ 冰河雪兔子分布区——产哈密、若羌、阿克陶、叶城、塔什库尔干、乌苏、和静等县市。青海、西藏有分布。俄罗斯、蒙古国、哈萨克斯坦、吉尔吉斯斯坦、塔吉克斯坦也有分布。

【生活习性】

生于高山草甸砾石山坡、河滩沙砾地，海拔 4300 ～ 4800 米。

【保护价值】

该物种生命力极强，耐寒、耐风蚀，是抗逆基因挖掘的宝贵材料。

215. 鼠麴雪兔子
Saussurea gnaphalodes

［中 文 名］ 鼠麴雪兔子
［科 名］ 菊科
［属 名］ 风毛菊属
［别 名］ 鼠麴风毛菊、鼠曲雪兔子
［保护级别］ 新疆二级
［受威胁度］ 未予评估（NE）

鼠麴雪兔子

【生物学特征】

多年生草本，高 1 ～ 6 厘米。根状茎细长，通常有数个莲座状叶丛。叶密集，长圆形或匙形；全部叶质地稍厚，两面同色，灰白色，被稠密的灰白色或黄褐色绒毛。头状花序无小花梗，多数在茎端密集成直径为 2 ～ 3 厘米的半球形总花序；总苞片 3 ～ 4 层，外层被白色或褐色长绵毛，中内层椭圆形，上部边缘紫红色，上部在外面被白色长柔毛；小花紫红色。瘦果倒圆锥状，褐色；冠毛鼠灰色，2 层。花果期 6 ～ 8 月。

鼠麴雪兔子：① 植株；② 小花；③～④ 总苞片
（绘图 刘婷）

■ 鼠麴雪兔子分布区——产乌鲁木齐、沙湾、昭苏、和硕、和静、若羌、库车、阿克陶、叶城、塔什库尔干等县市。青海、甘肃、四川、西藏有分布。尼泊尔、印度、巴基斯坦、阿富汗、塔吉克斯坦、吉尔吉斯斯坦、哈萨克斯坦也有分布。

【生活习性】

生于高山流石滩、山坡石隙、河滩沙砾地，海拔 3200 ～ 5000 米。

【保护价值】

该物种生命力极强，耐寒、耐风蚀，是抗逆基因挖掘的宝贵材料。

216. 黑毛雪兔子 *Saussurea inversa*

[中 文 名] 黑毛雪兔子
[科　　名] 菊科
[属　　名] 风毛菊属
[别　　名] 无
[保护级别] 新疆二级
[受威胁度] 中国生物多样性红色名录列为无危物种（LC）

黑毛雪兔子

【生物学特征】

多年生草本，高 5 ～ 13 厘米。植株丛生；根状茎细长，被稠密的黑色的叶柄残迹，有数个莲座状叶丛。茎直立，被淡褐色的绒毛。全部叶两面被稠密或稀疏白色或淡黄褐色的绒毛或最上部茎叶两面被黑色绒毛。头状花序无小花序梗，多数，密集于稍膨大的茎端成半球形的总花序，总花序直径 4 厘米；总苞片 3 层，外层线形，外面近顶端被白色长绵毛，中层长披针形，外面被长绵毛，内层椭圆形或长椭圆形，外面近顶端被白色长绵毛，边缘白色膜质；全部总苞片外面紫色；小花紫红色。瘦果褐色；冠毛黑色，2 层。花果期 7 ～ 9 月。

黑毛雪兔子：① 植株；② 叶
（绘图　刘婷）

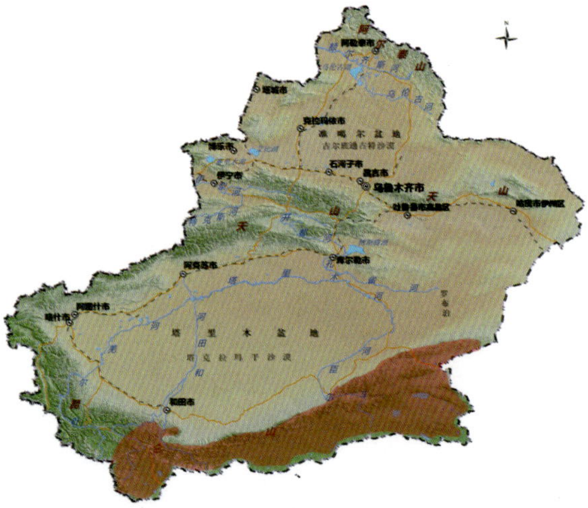

■ 黑毛雪兔子分布区——产若羌、且末、和田等县市。四川、云南、青海、西藏有分布。

【生活习性】

生于高山流石滩，海拔 4000 ～ 5400 米。

【保护价值】

该物种生命力极强，耐寒、耐风蚀，是抗逆基因挖掘的宝贵材料。

217. 寡头风毛菊 *Saussurea popovii*

[中 文 名] 寡头风毛菊
[科　　名] 菊科
[属　　名] 风毛菊属
[别　　名] 乌鲁木齐风毛菊
[保护级别] 无
[受威胁度] 中国生物多样性红色名录列为易危物种（VU）

寡头风毛菊

【生物学特征】

多年生草本。根木质，粗厚。茎细，多数，簇生，高 40 ～ 100 厘米，近无毛。叶线状长圆形，灰绿色或蓝绿色，两面被短柔毛或上面近无毛下面较密，通常全缘；基生叶和茎下部叶长达 5.5 厘米，沿缘具稀疏的齿；基中部叶长达 3 厘米；茎顶部叶小，长 5 ～ 10 毫米。头状花序单生茎端或茎生 2 个头状花序；总苞片 4 ～ 6 层，覆瓦状排列，外层宽卵形，顶端钝或有短尖头，外面被短柔毛或后变无毛，内层长圆形，顶端钝或短渐尖，中部边缘有缘毛；小花红色。瘦果黑褐色，4 棱形；冠毛 2 层，外层短，糙毛状，脱落，内层羽毛状，基部连合成环。花果期 9 月。

寡头风毛菊 （绘图 刘婷）

■ 寡头风毛菊分布区——产吉木萨尔、乌鲁木齐、呼图壁等县市。蒙古国西部也有分布。

【生活习性】

生于砾石戈壁滩，海拔 600 米左右。

【保护价值】

该物种狭域分布，是重要的种质资源。

● 中国仅在新疆分布。

218. 鹿草 *Rhaponticum carthamoides*

[中 文 名] 鹿草
[科　　名] 菊科
[属　　名] 漏芦属
[别　　名] 无
[保护级别] 新疆一级
[受威胁度] 中国生物多样性红色名录列为易危物种（VU）

【生物学特征】

多年生草本，高 60 ～ 80 厘米。根状茎粗厚。茎直立，不分枝，被稀疏的蛛丝毛。中下部茎叶较大，长椭圆形，羽状深裂或几全裂；侧裂片 5 ～ 8 对；全部叶质地薄，两面绿色，两面仅沿脉有极稀疏的蛛丝毛。头状花序单生茎顶；总苞半球形；总苞片通常 12 层，上部红紫色，顶端有宽大的褐色膜质附属物；小花全部为两性，紫红色。瘦果长椭圆形，褐色，有 4 棱，棱间有明显的间肋，顶端有果喙，果喙边缘有细尖齿，侧生着生面；冠毛多层，刚毛短羽毛状。基部连合成环，整体脱落。花果期 7 月。

【生活习性】

生于高山和亚高山草甸，以及林下草甸，海拔 1950 ～ 2700 米。

■ 鹿草分布区——产富蕴、布尔津、哈巴河、额敏、塔城等县市。蒙古国、哈萨克斯坦和俄罗斯也有分布。

鹿草

鹿草：① 植株上部；② 茎生叶；③ 根茎处；④～⑥ 总苞片；⑦ 冠毛的基部；⑧ 瘦果；⑨ 管状花花冠及冠毛（绘图　刘婷）

【保护价值】

该物种狭域分布，数量少。鹿草的根状茎供药用，有健脑、补气之效，也可用作气力衰竭时提气之药。

● 中国仅在新疆分布。

（四十六）泽泻科 Alismataceae

水生或沼生草本。单叶基生，基部具鞘。花在花序轴上轮生，花被 6 片，多花被萼片状，宿存，聚合瘦果。该科 16 属约 100 种，世界广布。中国有 6 属 18 种；新疆有 2 属 8 种。

219. 浮叶慈姑 *Sagittaria natans*

［中 文 名］浮叶慈姑
［科　　名］泽泻科
［属　　名］慈姑属
［别　　名］无
［保护级别］国家二级
［受威胁度］中国生物多样性红色名录列为近危物种（NT）

浮叶慈姑：① 花序枝；② 各种形态的浮水叶；③ 花；④ 根示分枝末端膨大呈球形　　（绘图　谷连福）

【生物学特征】

多年生水生草本。根状茎短，分枝末端膨大成球形。沉水叶披针形至条形，渐尖；浮水叶条状披针形，有柄，叶基圆形、宽楔形、心形或箭形，而基部具 2 个很小的侧裂片。花莛高 30 ～ 50 厘米，粗壮，直立而挺水；花序总状；花单性、稀两性；花药黄色。瘦果斜倒卵形，两侧压扁。花期 6 ～ 7 月，果期 8 ～ 9 月。

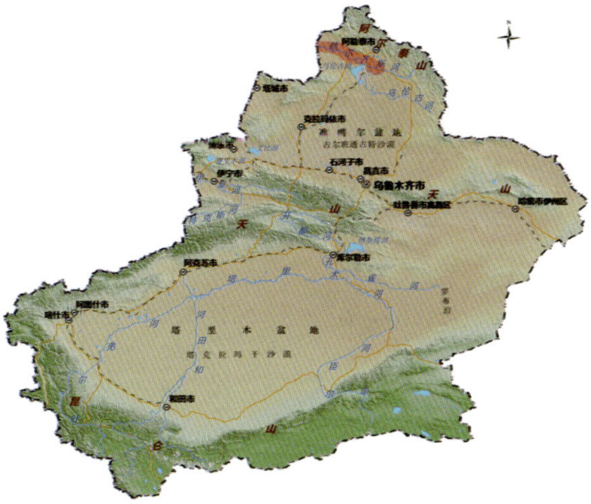

■ 浮叶慈姑分布区——产阿勒泰、北屯。黑龙江、吉林、辽宁、内蒙古等省区有分布。日本、朝鲜、蒙古国、俄罗斯、哈萨克斯坦及欧洲也有分布。

【生活习性】

生于池塘、河湾、小溪及沟渠等静水或缓流水体中。

【保护价值】

该物种植物的块茎可食；为泳禽类和鱼的饲料及隐匿处。

220. 小泽泻 *Alisma nanum*

[中 文 名] 小泽泻

[科　　名] 泽泻科

[属　　名] 泽泻属

[别　　名] 无

[保护级别] 新疆二级

[受威胁度] 中国生物多样性红色名录列为濒危物种（EN）

【生物学特征】

多年生沼生或湿生细弱草本。具短的块状根头。叶 3 ～ 7 枚，叶宽披针形、椭圆形至卵形。圆锥状复伞形花序，顶生，分枝轮生；花两性，辐射对称；雄蕊 6 枚，花药宽大于长。瘦果侧扁、倒卵形，背部有 1 条浅沟，沟处果皮膜质，透明，果喙自上部伸出，宿存；种子矩圆形，紫黑色，有光泽。花期 8 ～ 9 月，果期 9 ～ 10 月。

【生活习性】

生于河边潮湿地或沼泽地，海拔 600 米左右。

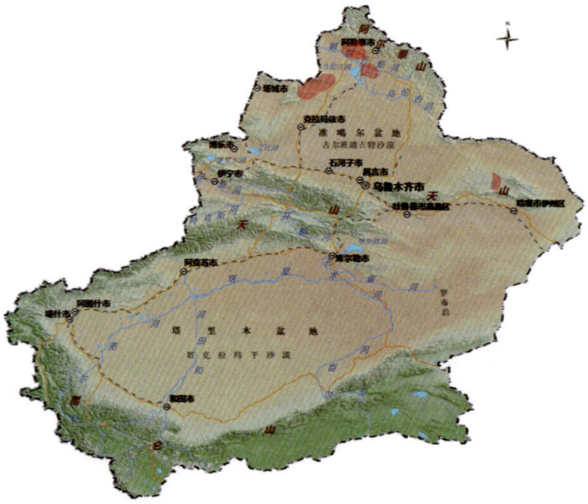

■ 小泽泻分布区——产布尔津、巴里坤、北屯、和布克赛尔。

小泽泻：① 植株；② 叶；③ 花蕊；④ 花；⑤ 果实

（绘图　刘婷）

【保护价值】

该物种狭域分布，是我国宝贵的种质资源。

● 新疆特有种。

（四十七）眼子菜科 Potamogetonaceae

沉水或浮水草本。叶基生或互生茎上，有托叶。花两性或单性，组成腋生的穗状花序；花被片合生成鞘状，或 4 枚离生；雄蕊 1 ～ 4 枚；雌蕊 4 至多数，离生心皮，子房 1 室，含 1 胚珠；小坚果。该科有 4 属约 102 种，广布于全球温暖地区。中国有 3 属约 25 种；新疆有 3 属 17 种 1 变种。

221. 浮叶眼子菜 *Potamogeton natans*

［中 文 名］浮叶眼子菜
［科　　名］眼子菜科
［属　　名］眼子菜属
［别　　名］浮萍眼子菜、漂浮眼子菜、水菹草
［保护级别］无
［受威胁度］IUCN 濒危物种红色名录列为无危物种（LC）
中国生物多样性红色名录列为近危物种（NT）

【生物学特征】

多年生水生草本。根状茎短，分枝末端膨大成球形。沉水叶披针形至条形，渐尖；浮水叶条状披针形，有柄，叶基圆形、宽楔形、心形或箭形，而基部具 2 个很小的侧裂片。花莛高 30 ～ 50 厘米，粗壮，直立而挺水；花序总状；花单性、稀两性；花药黄色。瘦果斜倒卵形，两侧压扁。花期 6 ～ 7 月，果期 8 ～ 9 月。

■ 浮叶眼子菜分布区——产布尔津、塔城、焉耆、库尔勒。黑龙江、吉林、辽宁、西藏有分布。日本、朝鲜、尼泊尔、缅甸、阿富汗、蒙古国、俄罗斯、哈萨克斯坦、塔吉克斯坦、乌兹别克斯坦、欧洲及北美洲也有分布。

浮叶眼子菜：① 植株上部；② 叶；③ 果实；④ 花序；⑤ 浮水及沉水枝叶　（绘图　刘婷）

【生活习性】

生于池塘、河湾、小溪及沟渠等静水或缓流水体中。

【保护价值】

该物种的块茎可食，为泳禽类和鱼的饲料及隐匿处。

（四十八）禾本科 Poaceae

多草本；秆圆柱形，中空，有节；叶 2 列，叶鞘开裂；小穗组成各式花序；颖果。该科有约 700 属近 11000 种；中国有 227 属 1797 种；新疆有 71 属 322 种 54 亚（变）种。

222. 蓉草 *Leersia oryzoides*

[中 文 名] 蓉草
[科　　名] 禾本科
[属　　名] 假稻属
[别　　名] 新源假稻
[保护级别] 新疆一级
[受威胁度] IUCN 濒危物种红色名录列为近危物种（NT）
中国生物多样性红色名录列为近危物种（NT）

蓉草

蓉草：① 植株下部及根状茎；② 根；③ 小穗；④ 植株上部及花序；⑤ 示叶鞘；⑥ 示节生鬓毛　　（绘图　刘婷）

【生物学特征】

多年生草本，具根状茎。秆下部倾卧，节着土生根，具分枝，节生鬓毛，花序以下部分粗糙。叶鞘被倒生刺毛；叶片线状披针形，渐尖，两面与边缘具小刺状粗糙。圆锥花序疏展；小穗长椭圆形，先端具短喙，基部具短柄；外稃压扁，散生糙毛，脊具刺状纤毛，5 脉；内稃与外稃相似，较窄而具 3 脉，脊上生刺毛；雄蕊 3 枚。颖果白色。花果期 6 ～ 9 月。

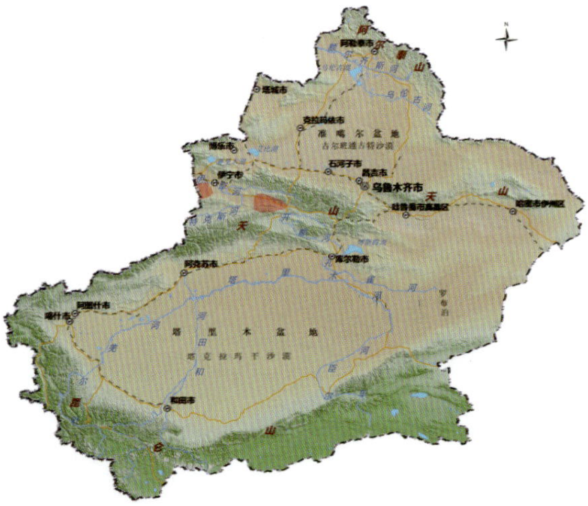

■ 蓉草分布区——产新源、察布查尔县。湖南、福建有分布。俄罗斯、高加索地区、中亚地区、欧洲、非洲、美洲温带与亚热带地区也有分布。

【生活习性】

生于特克斯河两岸河漫滩之小块积水及溪水边。

【保护价值】

该物种狭域分布，是水稻近缘种，也是宝贵的种质资源，还是优良的牧草。

223. 天山山燕麦

Helictotrichon tianschanicum

[中 文 名] 天山山燕麦
[科　　名] 禾本科
[属　　名] 异燕麦属
[别　　名] 天山异燕麦
[保护级别] 无
[受威胁度] 中国生物多样性红色名录列为近危物种（NT）

天山山燕麦

【生物学特征】

多年生草本，高 14 ～ 50 厘米。须根稍粗短。秆较细，直立，密丛生，光滑无毛。叶舌长不及 1 毫米；叶片纵卷如针，长达茎的 1/8 ～ 1/2，宽 1.5 ～ 3 毫米。圆锥花序紧缩；小穗黄褐色（凋谢时呈黄色），长 9 ～ 11 毫米，含 2 ～ 3 花；第一颖具 1 ～ 3 脉，第二颖具 3 ～ 5 脉。花果期 7 ～ 9 月。

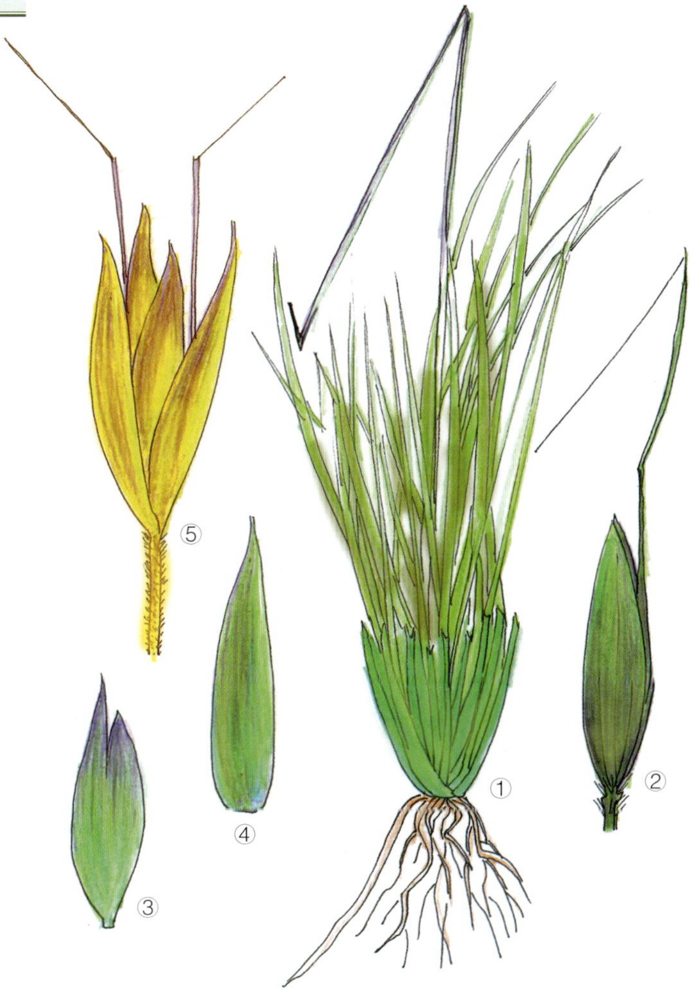

天山山燕麦：① 植株；② 小花；③ 第一颖；④ 第二颖；⑤ 小穗　　（绘图　刘婷）

【生活习性】

生于天山、海拔 200 ～ 2580 米的林缘草甸及亚高山草甸。

■ 天山山燕麦分布区——产乌苏和昭苏等县市。甘肃和内蒙古有分布。俄罗斯、塔吉克斯坦、哈萨克斯坦也有分布。

【保护价值】

该物种为宝贵的种质资源，可作优良的牧草。

224. 花丽早熟禾 *Poa calliopsis*

［中 文 名］ 花丽早熟禾
［科　　名］ 禾本科
［属　　名］ 早熟禾属
［别　　名］ 美丽早熟禾
［保护级别］ 无
［受威胁度］ 中国生物多样性红色名录列为近危物种（NT）

【生物学特征】

多年生草本。具匍匐茎；秆直立，细弱，高 5 ～ 15 厘米。 叶舌锐尖，长达 3 毫米；叶片对折或扁平，顶端骤缩成钝头，边缘微粗糙。圆锥花序长 2 ～ 5 厘米；分枝水平开展；小穗簇生于分枝先端，含 2 ～ 3 小花，金黄色或紫色；两颖近相等，第一颖具 1（-3）脉，第二颖较宽，具 3 脉；外稃脊与边脉下部具长柔毛，基盘具多量绵毛；内稃稍短于外稃，脊下部平滑，上部具少数钝锯齿。花果期 7 ～ 8 月。

花丽早熟禾：① 植株；② 小穗；③ 小花；④ 叶舌
（绘图　刘婷）

■ 花丽早熟禾分布区——产乌鲁木齐、塔城、新源、特克斯、昭苏、和硕、和静、阿克苏、和田、策勒等地。甘肃、青海、四川、云南、西藏有分布。不丹、尼泊尔、印度、哈萨克斯坦、俄罗斯、澳大利亚、太平洋岛屿、亚洲西南部、欧洲、非洲、美洲也有分布。

【生活习性】

生于天山、塔尔巴哈台山和昆仑山的山地草原及高山草甸，海拔 1800 ～ 5400 米。

【保护价值】

该物种不仅是重要的种质资源，而且是优良的牧草。

225. 沙芦草 *Agropyron mongolicum*

[中 文 名] 沙芦草
[科　　名] 禾本科
[属　　名] 冰草属
[别　　名] 蒙古冰草、沙芦苇、麦秧子草
[保护级别] 国家二级
[受威胁度] 中国生物多样性红色名录列为无危物种（LC）

【生物学特征】

多年生草本。根须状，外被沙套；具根状茎；秆呈疏丛高 20 ～ 60 厘米，直立。叶鞘短于节间，紧密裹茎；叶舌截平；叶片平滑无毛，边缘常收缩或内卷成针状。穗状花序；穗轴节间长 3 ～ 5 毫米；小穗长 8 ～ 14 毫米，含 3 ～ 8 花；颖具 3 脉；外稃具 5 脉。颖果椭圆形。花果期 5 ～ 7 月。

【生活习性】

生于阿尔泰山和准噶尔西部山地的低山、丘陵及山麓地带的草原和草原化荒漠上的沙壤土或沙地。集中分布于阿尔泰山南麓和准噶尔西部山地，在乌伦古河以南、海拔 600 米的覆沙地，它是组成草原化荒漠的建群种。

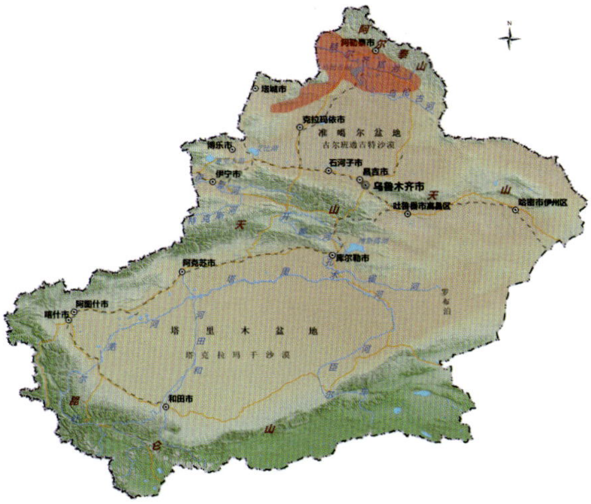

■ 沙芦草分布区——产富蕴、福海、阿勒泰、布尔津、哈巴河、吉木乃、额敏、托里等县市。内蒙古、山西、陕西、甘肃等省区有分布。

沙芦草：① 植株；② 穗枝；③ 小穗；④ 小花
（绘图　刘婷）

【保护价值】

该物种春季返青早，秋季枯黄晚，营养价值高，各类家畜喜食，属优等牧草。在新疆已有引种栽培，是沙壤土退化草场和沙地草场进行补播的良好牧草，亦是防风固沙、防止水土流失的固沙植物。

● 中国特有种。

226. 黑紫披碱草 *Elymus atratus*

［中 文 名］黑紫披碱草
［科　　名］禾本科
［属　　名］披碱草属
［别　　名］紫黑披碱草
［保护级别］国家二级
［受威胁度］中国生物多样性红色名录列为无危物种（LC）

【生物学特征】

多年生草本，高 40～60 厘米。秆直立，疏丛生，基部呈膝曲状。叶鞘平滑无毛；叶通常内卷。穗状花序紧密，曲折而下垂，长 5～8 厘米；小穗多少偏于 1 侧，成熟后变成黑紫色，含 2～3 小花；颖长 2～4 毫米，先端渐尖；外稃披针形，先端的芒长于 5 毫米至较稃体为长，全部密生微小短毛，具 5 脉；内稃与外稃等长，脊上具纤毛。

【生活习性】

生于草原上。

■ 黑紫披碱草分布区——产乌恰县。甘肃、青海、四川、西藏有分布。

黑紫披碱草：① 植株；② 小穗；③ 第一颖；④ 第二颖　　（绘图　刘婷）

【保护价值】

该物种不仅是重要的种质资源，而且是优良的牧草。

● 中国特有种。

227. 短柄披碱草 *Elymus brevipes*

［中 文 名］ 短柄披碱草
［科　　名］ 禾本科
［属　　名］ 披碱草属
［别　　名］ 鹅观草
［保护级别］ 国家二级
［受威胁度］ 中国生物多样性红色名录列为无危物种（LC）

【生物学特征】

多年生草本。高 30 ～ 60 厘米。秆直立，单生或丛生。叶质地较硬，干后内卷，上面微粗糙，下面光滑。穗状花序长 7 ～ 11 厘米（除芒外），弯曲或稍下垂；小穗有时偏于 1 侧，含 4 ～ 7 疏松排列的小花，绿而微带紫色；颖披针形，先端尖，微粗糙；外稃披针形，上部具明显的 5 脉，第一外稃长 9 ～ 10 毫米，顶端芒长 2.5 ～ 3 厘米，粗糙，反曲；内稃背部被微毛，平头，脊上部 1/3 疏生纤毛；花药黄色。

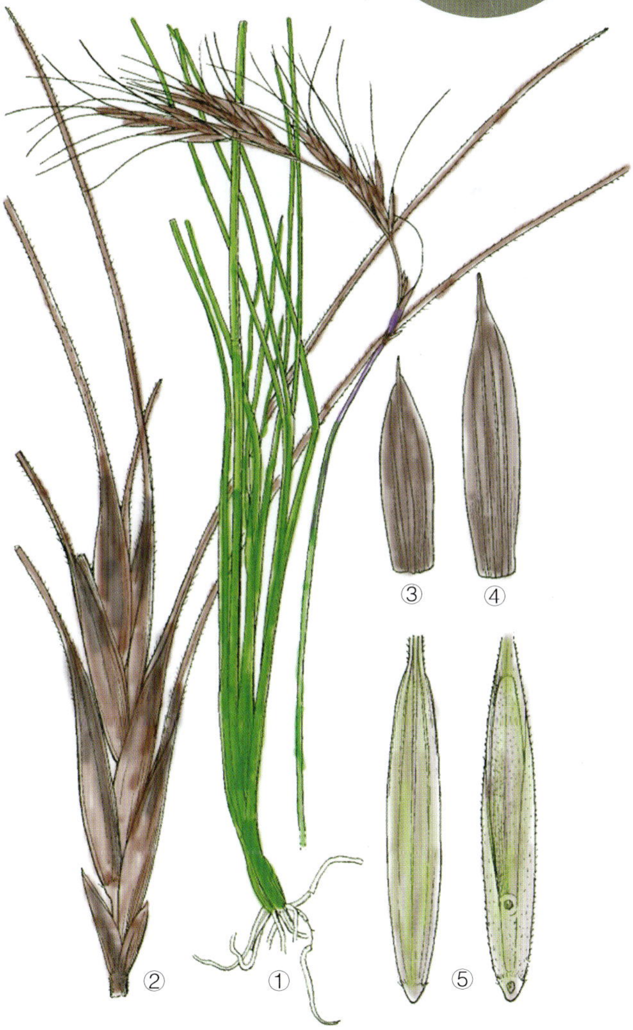

短柄披碱草：① 植株；② 小穗；③ 第一颖；④ 第二颖；⑤ 小花的背面与正面　　（绘图　谷连福）

【生活习性】

生于天山岩石山地、亚高山草甸，海拔 2500 ～ 2700 米。

■ 短柄披碱草分布区——产奇台、乌鲁木齐、特克斯、温宿等县市。青海、四川、西藏、云南等省区有分布。

【保护价值】

该物种不仅是重要的种质资源，而且是优良的牧草。

- 中国特有种。

228. 阿拉善披碱草 *Elymus alashanicus*

[中 文 名] 阿拉善披碱草
[科　　名] 禾本科
[属　　名] 披碱草属
[别　　名] 阿拉善鹅观草
[保护级别] 国家二级
[受威胁度] 中国生物多样性红色名录列为无危物种（LC）

【生物学特征】

多年生草本，高 30 ～ 60 厘米。秆疏丛，直立或基部常斜升，质刚硬。叶片坚韧，内卷成针状，两面均被微毛或下面平滑无毛。穗状花序劲直，瘦细，具贴生小穗 3 ～ 7 枚；小穗淡黄色，全部无毛，含 3 ～ 6 小花；小穗轴光滑无毛；颖通常 3 脉，边缘膜质，两颖不等长，第一颖长不超过下方小花之半；外稃无芒；内稃与外稃等长，先端凹陷，脊微糙涩，或下部近于平滑。

【生活习性】

生于山地荒漠草原和草原的石质化阳坡，海拔 1300 ～ 3100 米。

■ 阿拉善披碱草分布区——产青河、福海、木垒、裕民、博乐、温泉、巴里坤等县市。内蒙古、宁夏、甘肃等省区有分布。

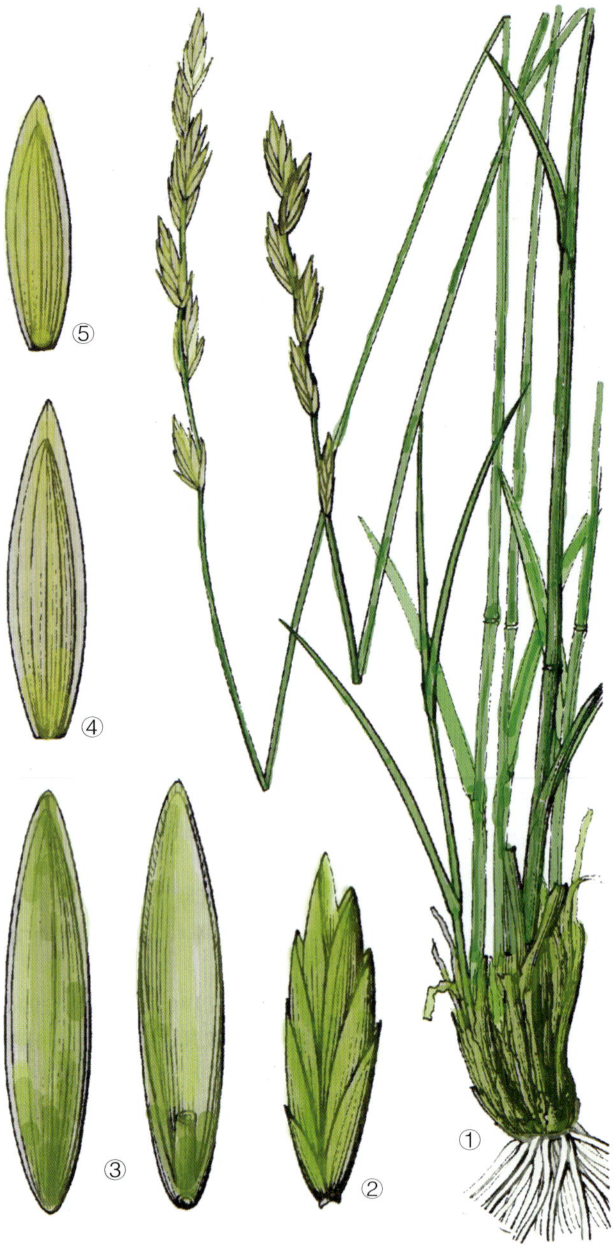

阿拉善披碱草：① 植株；② 小穗；③ 小花的背腹面；④ 第二颖；⑤ 第一颖　（绘图　谷连福）

【保护价值】

该物种是山地荒漠草原和草原的建群种或亚建群种，叶量丰富，马、牛、羊、驼均喜食，是冬季牧场上的主要牧草之一。

● 中国特有种。

229. 新疆披碱草 *Elymus sinkiangensis*

[中 文 名] 新疆披碱草
[科　　名] 禾本科
[属　　名] 披碱草属
[别　　名] 新疆鹅观草
[保护级别] 国家二级
[受威胁度] 未予评估（NE）

【生物学特征】

多年生草本。秆丛生。叶片通常扁平，下面平滑无毛，上面被稀疏的长柔毛，边缘具纤毛。穗状花序直立；小穗通常偏于穗轴一侧，含 4 ～ 5（6）花；颖披针形，先宽 1.8 ～ 2 毫米，边缘窄膜质，脉上具短刺毛；外稃仅上部和边缘被短硬毛；芒长 20 ～ 35 毫米；内稃与外稃近等长，脊上具纤毛；花药黄色。花果期 7 ～ 9 月。

【生活习性】

生于天山，海拔 1800 ～ 2700 米的山地草甸草原和林缘草甸。

新疆披碱草：① 植株；② 小穗；③ 第一颖；④ 第二颖；⑤ 第一小花的背腹面　　（绘图　谷连福）

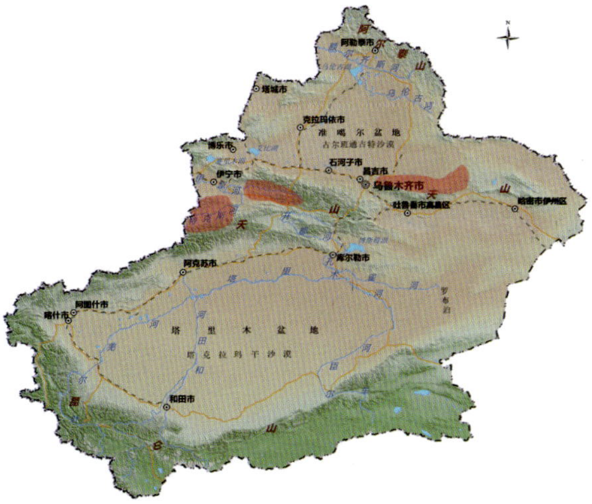

■ 新疆披碱草分布区——产奇台、乌鲁木齐、尼勒克、新源、昭苏等县市。

【保护价值】

该物种是山地草甸的建群种，是重要的种质资源，也是优良的牧草。

● 新疆特有种。

230. 青海以礼草 *Kengyilia kokonorica*

[中 文 名] 青海以礼草
[科　　名] 禾本科
[属　　名] 仲彬草属
[别　　名] 青海仲彬草、青海鹅观草
[保护级别] 国家二级
[受威胁度] 中国生物多样性红色名录列为无危物种（LC）

【生物学特征】

多年生草本。秆高 30 ～ 50 厘米，单生，基部常具分蘖，在花序以下被柔毛。叶鞘短于节间；叶片内卷，无毛。穗状花序直立，紧密；小穗呈覆瓦状排列，含 3 ～ 4（6）小花，绿色或带紫色；颖密生硬毛，先端具短芒，具 1 ～ 3 脉；外稃密生硬毛，具 5 脉，第一外稃长约 6 毫米，先端芒粗糙，长 4 ～ 6 毫米，劲直或绿稍曲折；内稃与外稃等长，脊上部具纤毛。花果期 7 ～ 9 月。

青海以礼草：① 植株；② 小穗；③ 第一颖；④ 第二颖；⑤小花的背腹面　　（绘图　谷连福）

【生活习性】

生于干燥草原、砾石坡地。

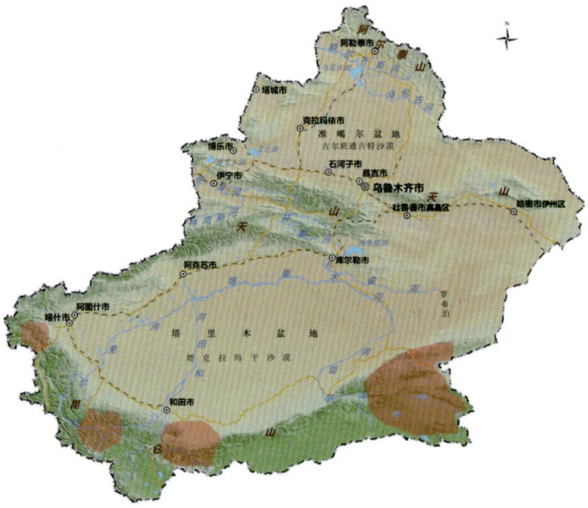

■ 青海以礼草分布区——产若羌、策勒、叶城、阿克陶等县。甘肃、宁夏、青海和西藏有分布。

【保护价值】

该物种抗逆性强，是宝贵的种质资源，也是优良的牧草。

● 中国特有种。

231. 大赖草 *Leymus racemosus*

[中 文 名] 大赖草
[科　　名] 禾本科
[属　　名] 赖草属
[别　　名] 无
[保护级别] 新疆二级
[受威胁度] 中国生物多样性红色名录列为无危物种（LC）

大赖草

【生物学特征】

多年生草本。具长的横走根茎；秆粗壮，直立，高 40 ～ 100 厘米，直径约 1 厘米，具 6 ～ 7 节，基部被黄褐色叶鞘，全株微糙涩。叶鞘松弛包茎，具膜质边缘；叶舌膜质，截平；叶片浅绿色，质硬。穗状花序直立，穗轴坚硬，扁圆形，两棱具细毛，通常约有 50 节，每节具 4 ～ 7 枚小穗（顶部可具 2 ～ 3 小穗）；小穗含 3 ～ 5 花；颖披针形，向上渐尖，平滑，与小穗近等长，中间具粗壮的脉纹，边缘渐薄；第一外稃背部被白色细毛；内稃比外稃短，两脊平滑无毛。花果期 6 ～ 9 月。

④

大赖草：① 植株；② 小穗；③ 颖片；④ 小花的背腹面
（绘图　谷连福）

【生活习性】

生于额尔齐斯河低阶地的沙地与沙丘上。

■ 大赖草分布区——产阿勒泰、布尔津、哈巴河、吉木乃等地。保加利亚、俄罗斯、哈萨克斯坦、吉尔吉斯斯坦、蒙古国、格鲁吉亚、阿塞拜疆、罗马尼亚、亚美尼亚、土耳其、土库曼斯坦、乌克兰、乌兹别克斯坦有分布。

【保护价值】

该物种是重要的农作物近缘种，在小麦育种上发挥着重要的作用，具有耐旱、耐盐碱、耐瘠薄、抗病虫害等特性，已引起育种学家的重视，并用于和小麦进行杂交。

● 中国仅在新疆分布。

232. 皮山蔗茅 *Saccharum ravennae*

[中 文 名] 皮山蔗茅
[科　　名] 禾本科
[属　　名] 蔗茅属
[别　　名] 沙生蔗茅、下可、库姆西
[保护级别] 新疆二级
[受威胁度] IUCN 濒危红色名录列为无危物种（LC）

皮山蔗茅

【生物学特征】

高大而粗壮的多年生草本。秆高 1.5 ～ 3 米，丛生如苇，具多数节，实心，光滑无毛；具粗壮的根状茎，下部茎节上密被黄色毛。叶鞘圆筒形，紧密包秆；叶舌长毛状；叶片扁平，长约 60 厘米，基部叶几无叶片，而仅呈短小的半圆柱状。大型圆锥花序顶生，稠密，多分枝，直立，长 30 ～ 60 厘米；小穗含 1 两性花，孪生，有的带紫色；颖革质；外稃膜质，第一外稃具 2 脊，脊上具纤毛，第二外稃具 1 脉，先端具芒，内稃钝，无芒；雄蕊 3 枚，花药黄色；柱头羽毛状。花果期 6 ～ 8 月。

皮山蔗茅：① 植株的下部；② 植株的上部；③ 叶舌；④ 叶缘放大（示细齿）；⑤ 小穗；⑥ 第一颖；⑦ 第二颖；⑧ 第一稃；⑨ 第二稃　　（绘图　谷连福）

【生活习性】

生于固定沙丘上、戈壁滩、沙质土渠道、农田沙地，海拔 1200 ～ 3000 米。

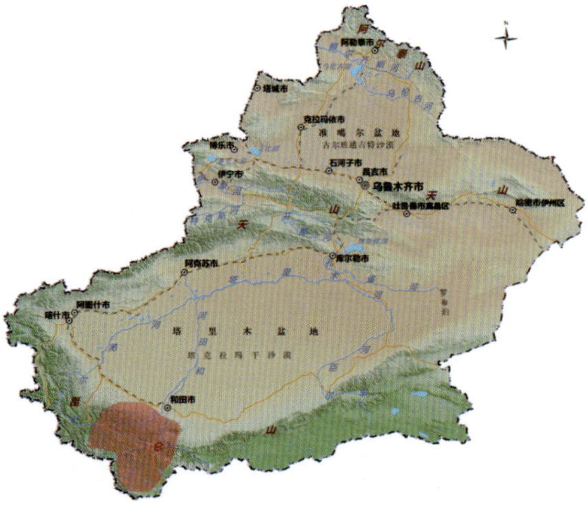
■ 皮山蔗茅分布区——产皮山、和田。印度西北部、巴基斯坦、伊朗、中亚地区至欧洲地中海区域也有分布。

【保护价值】

该物种植物体高大如芦苇，是很好的防风固沙植物。

● 中国仅在新疆分布。

233. 新疆小麦

Triticum petropavlooskyi

[中 文 名] 新疆小麦
[科　　名] 禾本科
[属　　名] 小麦属
[别　　名] 无
[保护级别] 新疆一级
[受威胁度] 未予评估（NE）

新疆小麦

【生物学特征】

多年生草本。秆直立，光滑无毛，高100～130厘米。穗状花序短粗而密聚；小穗含5～7小花；颖革质，宽卵形，长2～3厘米，背部具2条向内折的膜质边，顶端仅具长约1毫米的尖齿。

【生活习性】

混生于南北疆海拔1000～1140米的普通小麦田中。

新疆小麦：① 植株；② 穗状花序；③ 小穗；④ 颖片
（绘图　谷连福）

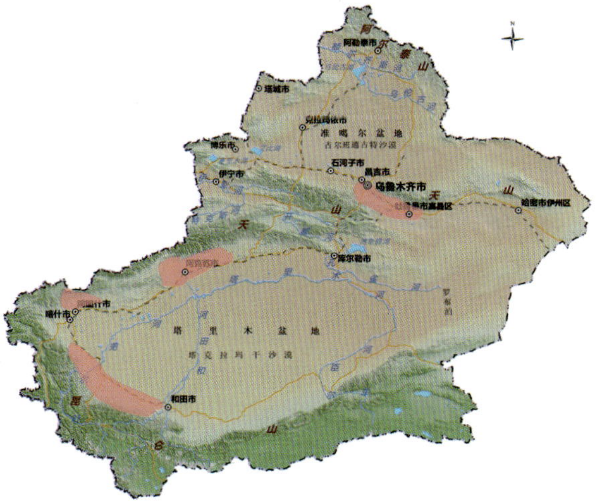

■ 新疆小麦分布区——产乌鲁木齐、吐鲁番、库车、阿克苏、乌什、洛浦、莎车、墨玉、和田等地。

【保护价值】

该物种属稀有种。

● 我国特有种，中国仅在新疆分布。

（四十九）百合科 Liliaceae

多年草本，具鳞茎或根状茎。叶基生或茎生。辐射对称花两性，6 枚花被两轮生，与雄蕊对生；子房 3 室，中轴胎座；蒴果或浆果。该科 15 ～ 17 属 635 种，广布于全世界，特别是温带和亚热带地区。中国有 13 属约 148 种；新疆有 4 属 24 种 2 变种。

234. 叉梗顶冰花 *Gegea divaricata*

［中 文 名］叉梗顶冰花
［科　　名］百合科
［属　　名］顶冰花属
［别　　名］分枝顶冰花、毛顶冰花
［保护级别］无
［受威胁度］中国生物多样性红色名录列为近危物种（NT）

叉梗顶冰花　（绘图　谷连福）

【生物学特征】

多年生草本，植株高约 5 厘米。地下鳞茎近卵形，皮褐色，干膜质，无附属小鳞茎。基生叶 1 枚，丝状，丝状或近刚毛状，长 5 ～ 8 厘米，宽约 1 毫米，无毛。总苞片披针条形，长于花序；花被片先端渐尖，具短尖头，内面黄色，背面沿中脉具宽的绿色带，边缘黄色。蒴果圆形。花果期 4 ～ 5 月。

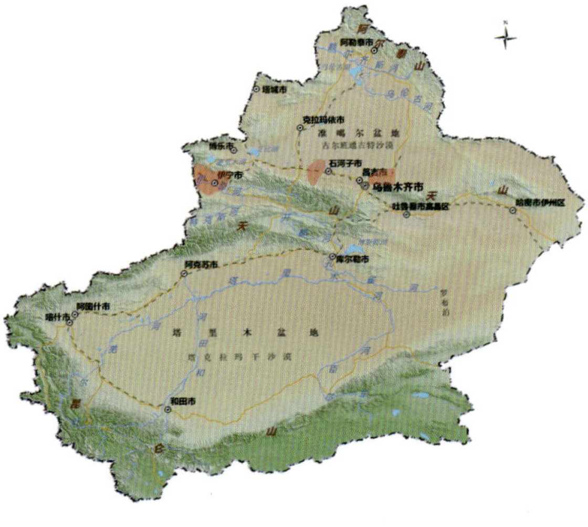

■ 叉梗顶冰花分布区——产霍城、伊宁、阜康、沙湾等县市。哈萨克斯坦、乌兹别克斯坦也有分布。

【生活习性】

生于固定及半固定沙丘上，海拔 900 ～ 1100 米。

【保护价值】

该物种是重要的种质资源。

● 中国仅在新疆分布。

235. 新疆猪牙花 *Erythronium sibiricum*

［中 文 名］新疆猪牙花
［科　　名］百合科
［属　　名］猪牙花属
［别　　名］西伯利亚猪牙花、白克、鸡腿参
［保护级别］新疆二级
［受威胁度］中国生物多样性红色名录列为无危物种（LC）

新疆猪牙花

【生物学特征】

多年生草本，植株高 15～25 厘米。鳞茎长 3.5～4.5 厘米，近基部一侧有几个扁球形鳞茎。叶 2 枚，对生于植株中部，披针形或近矩圆形。花单于生茎顶端，下垂；花被片披针形，长约 3 厘米、宽 5 厘米，下部白色，上部紫红色，反折；内花被片里面基部有 4 个胼胝体，两侧各有 1 个披针形的耳；花丝在中部加宽，加宽部分扁平，卵形；花柱向上增粗，具 3 裂柱头。花期 5～6 月。

【生活习性】

抗逆性强，生于海拔 1500～2000 米的山地林下、灌木丛中以及业高山阜甸中，成片分布。

■ 新疆猪牙花分布区——产布尔津、哈巴河、阿勒泰、富蕴、青河、裕民等县市。哈萨克斯坦、俄罗斯也有分布。

新疆猪牙花：① 植株；② 幼株；③ 内花被片；④ 雄蕊；⑤ 雌蕊；⑥ 果实　（绘图　黄瑞）

【保护价值】

该物种为重要的食用、药用和观赏植物资源。花期早，常成片分布，构成早春山地草甸及针叶林下淡紫色的地毯，观赏价值高；地下茎可食用，具有较高的营养价值，具有治肠虫、绞痛和癫痫的药用价值。

● 该物种是一种野生蔬菜，受人为采挖以及放牧的影响，其生境常受到破坏，应该引种扩大种植满足市场上的需要。

中国仅在新疆分布。

236. 准噶尔郁金香 *Tulipa suaveolens*

[中 文 名] 准噶尔郁金香
[科　　名] 百合科
[属　　名] 郁金香属
[别　　名] 无
[保护级别] 国家二级
[受威胁度] 中国生物多样性红色名录列为无危物种（LC）

准噶尔郁金香

【生物学特征】

鳞茎皮薄革质，内面上部有伏毛，少数基部也有毛。茎长 25 ～ 35 厘米，通常一半埋于地下，常无毛。叶 3 ～ 4 枚，彼此疏离，常伸展，披针形或条状披针形，下部一枚较宽，上部的较窄。花单朵顶生；花被片黄色，内、外花被片均无其他色彩，先端常突尖或渐尖；6 枚雄蕊等长，花丝无毛，从基部向上逐渐变窄；几无花柱。花期 5 月。

【生活习性】

生于平原荒漠地区。少量生长。常在成片的伊犁郁金香中零星出现。

准噶尔郁金香：① 植株；② 花；③ 雄蕊；④ 外花被皮；⑤ 内花被皮　（绘图　黄瑞）

■ 准噶尔郁金香分布区——产托里、裕民、额敏、温泉、伊宁、新源、阿勒泰等县市。高加索地区及中亚地区也有分布。

【保护价值】

该物种的野生种抗逆性强，是重要的绿化和育种材料。

- 中国仅在新疆分布。

237. 伊犁郁金香 *Tulipa iliensis*

［中 文 名］伊犁郁金香
［科　　名］百合科
［属　　名］郁金香属
［别　　名］山慈姑、伊犁光慈菇、光慈菇、克尔克孜、老鸦瓣
［保护级别］国家二级
［受威胁度］IUCN 濒危物种红色名录列为近危物种（NT）
中国生物多样性红色名录列为无危物种（LC）

伊犁郁金香：①～② 植株；③ 鳞茎皮（内面观）；④ 内花被皮；⑤ 外花被皮；⑥ 雌蕊；⑦ 雄蕊　（绘图　黄瑞）

【生物学特征】

鳞茎皮黑褐色，薄革质，内面上部和基部有伏毛。花莛高 10 ～ 20 厘米；茎上部通常有密柔毛或疏毛，极少无毛。叶 3 ～ 4 枚，条形，彼此疏离或紧靠而似轮生，伸展或反曲，边缘平展或呈波状。花常单朵顶生，黄色；外花被片背面有绿紫红色、紫绿色或黄绿色色彩，内花被片黄色；6 枚雄蕊等长，花丝无毛，中部稍扩大，向两端逐渐变窄；几无花柱。蒴果卵圆形。花期 3 ～ 5 月，果期 5 月。

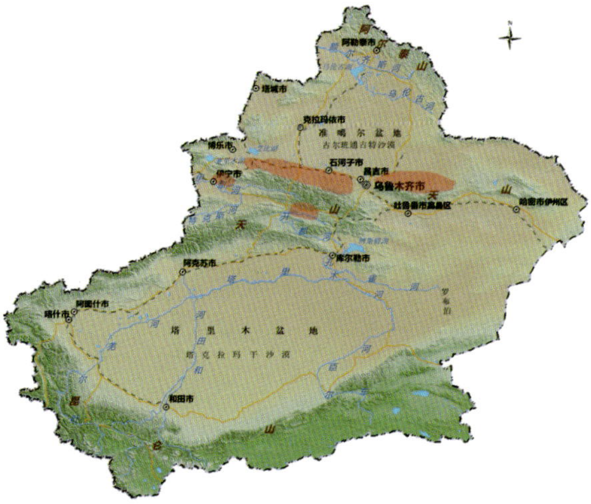

■ 伊犁郁金香分布区——产奇台、阜康、乌鲁木齐、呼图壁、玛纳斯、沙湾、奎屯、精河、伊宁、新源等县市，沿天山北坡普遍分布。俄罗斯、中亚地区也有分布。

【生活习性】

生于海拔 400 ～ 1100 米的广大山前平原荒漠及低山的荒漠及干草原，常常呈大面积生长，为早春植被的优势种。

【保护价值】

该物种是重要的绿化和育种材料。鳞茎有甜味，儿童喜欢采食。

- 中国仅在新疆分布。

238. 迟花郁金香 *Tulipa kolpakowskiana*

［中 文 名］迟花郁金香
［科　　名］百合科
［属　　名］郁金香属
［别　　名］单叶郁金香
［保护级别］国家二级
［受威胁度］IUCN 濒危物种红色名录列为近危物种（NT）
中国生物多样性红色名录列为近危物种（NT）

迟花郁金香

【生物学特征】

该物种与伊犁郁金香相近，区别是该物种花丝从基部向上逐渐变窄（后者花丝中部稍扩大，向两端变窄）；茎无毛；开花较晚，花期短。

【生活习性】

生于山前平原荒漠及低山的荒漠干草原。

迟花郁金香：① 植株；② 雄蕊；③ 雌蕊；④ 花瓣；⑤ 果实
（绘图　谷连福）

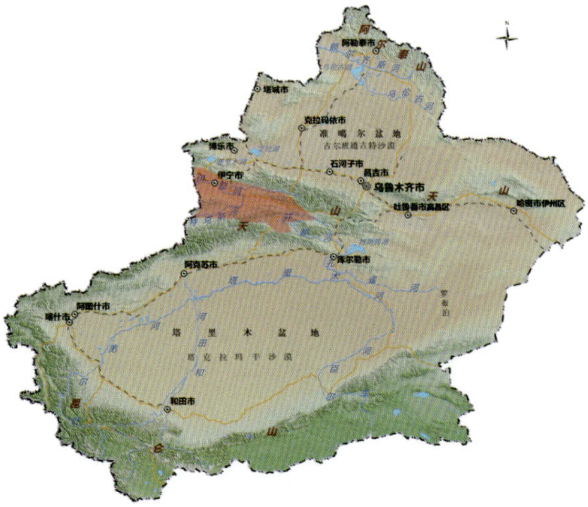

■ 迟花郁金香分布区——产伊犁地区。吉尔吉斯斯坦、哈萨克斯坦也有分布。

【保护价值】

该物种是重要的绿化和育种材料。
● 中国仅在新疆分布。

239. 天山郁金香 *Tulipa thianschanica*

［中 文 名］天山郁金香
［科　　名］百合科
［属　　名］郁金香属
［别　　名］无
［保护级别］国家二级
［受威胁度］中国生物多样性红色名录列为无危物种（LC）

天山郁金香

【生物学特征】

植株通常矮小。茎长 10 ～ 15 厘米，无毛。鳞茎卵形，直径 1 ～ 2 厘米；鳞茎皮为黑褐色，薄革质，内面上部有伏毛。叶 3 枚，排列较紧密，叶片反曲，线形或线状披针形，长超过花梗，边缘皱波状。苞片无；花单生，直径 3 ～ 4 厘米；花被片黄色，近长圆形，长 1.5 ～ 2.5 厘米、宽 0.5 ～ 1.5 厘米；6 枚雄蕊等长，花丝无毛，中上部近于突然扩大，向基部逐渐变窄。蒴果长 3 ～ 4 厘米、宽 2 ～ 3 厘米；花柱极短。花期 5 ～ 6 月。

天山郁金香：① 植株；② 花；③ 雄蕊；④ 花被片
（绘图　张枫苑）

【生活习性】

生于海拔 1000 ～ 1800 米的山地草原地带。

■ 天山郁金香分布区——产察布查尔、霍城、伊宁、巩留、特克斯、昭苏、新源、乌鲁木齐、木垒、精河。哈萨克斯坦也有分布。

【保护价值】

该物种狭域分布，是重要的绿化和育种材料。

● 中国仅在新疆分布。

240. 赛里木湖郁金香

Tulipa thianschanica

[中 文 名] 赛里木湖郁金香
[科　　名] 百合科
[属　　名] 郁金香属
[别　　名] 无
[保护级别] 国家二级
[受威胁度] 中国生物多样性红色名录列为易危物种（VU）

赛里木湖郁金香

【生物学特征】

该物种变种与原变种天山郁金香主要不同在于：该物种变种植株高大，高 15 ～ 25 厘米；鳞茎大，直径 2 ～ 4 厘米；叶排列疏离，长不超过花梗；花朵大，直径 6 ～ 8 厘米；蒴果较小，长 1.5 ～ 2.5 厘米、宽 1.5 ～ 2.5 厘米。

【生活习性】

生于山前平原荒漠。

赛里木湖郁金香：① 植株；② 鳞茎皮（内面观）；③ 外花被皮；④ 内花被皮；⑤ 雌蕊；⑥ 雄蕊；⑦ 果实　　（绘图　谷连福）

■ 赛里木湖郁金香分布区——产赛里木湖、精河。

【保护价值】

该物种是重要的绿化和育种材料。

● 新疆特有种。

241. 阿尔泰郁金香 *Tulipa altaica*

[中 文 名] 阿尔泰郁金香
[科　　名] 百合科
[属　　名] 郁金香属
[别　　名] 无
[保护级别] 国家二级
[受威胁度] IUCN 濒危物种红色名录列为无危物种（LC）
中国生物多样性红色名录列为无危物种（LC）

阿尔泰郁金香

【生物学特征】

鳞茎较大，直径 2 ～ 3.5 厘米；鳞茎皮纸质，上端上延，内面全部有伏毛或中部无毛。茎高 10 ～ 35 厘米，上部有柔毛。叶常 3 ～ 4 枚，灰绿色，边缘平展或呈皱波状，各叶片极不等宽。花单朵顶生，较大黄色；外花被片背面绿紫红色，内花被片有时也带淡红色彩，萎凋时花色变深；6 枚雄蕊等长，花丝无毛，从基部向上逐渐变窄；几无花柱。蒴果宽椭圆形。花期 5 月，果期 6 ～ 7 月。

阿尔泰郁金香：① 植株上部；② 鳞茎；③ 雄蕊；④ 雌蕊
（绘图　黄瑞）

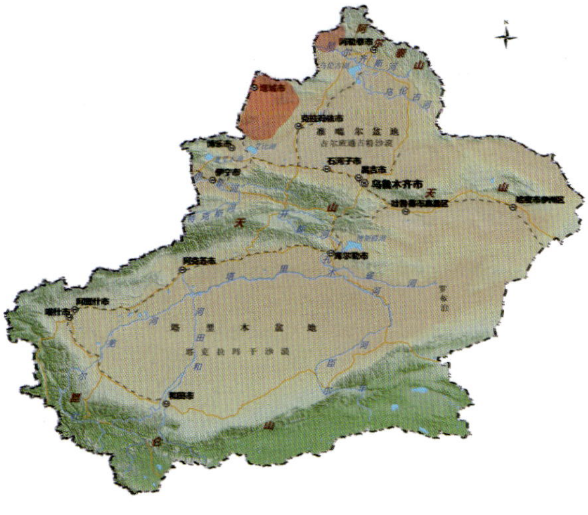

■ 阿尔泰郁金香分布区——产塔城、额敏、裕民、托里、哈巴河等县市。哈萨克斯坦、俄罗斯也有分布。

【生活习性】

生于海拔 1300 ～ 2600 米的山地阳坡或灌丛下。

【保护价值】

该物种是重要的绿化和育种材料。

● 中国仅在新疆分布。

242. 塔城郁金香 *Tulipa tarbagataica*

［中 文 名］塔城郁金香
［科　　名］百合科
［属　　名］郁金香属
［别　　名］无
［保护级别］国家二级
［受威胁度］中国生物多样性红色名录列为数据缺乏物种（DD）

塔城郁金香：① 植株；② 鳞茎皮（内面观）；③ 外花被片；④ 内花被片；⑤ 雌蕊；⑥ 雄蕊；⑦ 果实（成熟）；⑧ 果实（未成熟）　（绘图　谷连福）

【生物学特征】

鳞茎宽卵圆形，直径 2 ～ 3 厘米；鳞茎皮褐色，革质，上端不上延，内侧基部和顶部有伏毛。茎高 10 ～ 15 厘米，有毛。叶 3 枚，边缘呈皱波状，无毛，最下面的叶宽披针形，最下面的叶的宽度超过上面叶宽的 2 倍，上面的叶线状披针形。花单朵顶生，钟形；外花被片椭圆状卵形，略锐尖，深黄色，背面青绿色或淡红色；内花被片椭圆形，深黄色；雄蕊 6 枚，等长；花丝无毛，从基部向上逐渐变窄；花药比花丝长 2 ～ 3 倍；花柱退化，不明显。蒴果矩圆状，顶端稍钝且有喙，喙粗壮。

■ 塔城郁金香分布区——产塔城。

【生活习性】

生于海拔 1200 ～ 1600 米的山地或草原。

【保护价值】

该物种是重要的绿化和育种材料。

● 新疆特有种。

243. 新疆郁金香 *Tulipa sinkiangensis*

[中 文 名] 新疆郁金香
[科　　名] 百合科
[属　　名] 郁金香属
[别　　名] 皱叶郁金香
[保护级别] 国家二级
[受威胁度] 中国生物多样性红色名录列为濒危物种（EN）

新疆郁金香

【生物学特征】

株高 10 ～ 15 厘米。鳞茎皮纸质，褐色，上端抱茎，内面有较密的伏生毛。茎通常单生，偶尔 2 分枝。叶 3 枚，常靠紧着生，边缘多少呈皱波状。花单朵顶生，黄色或暗红色，较少红黄色；雄蕊等长，花丝无毛，从基部向上逐渐变宽，到中上部突然变窄，至顶端几呈针状。蒴果卵形。花期 4 ～ 5 月，果期 5 月。

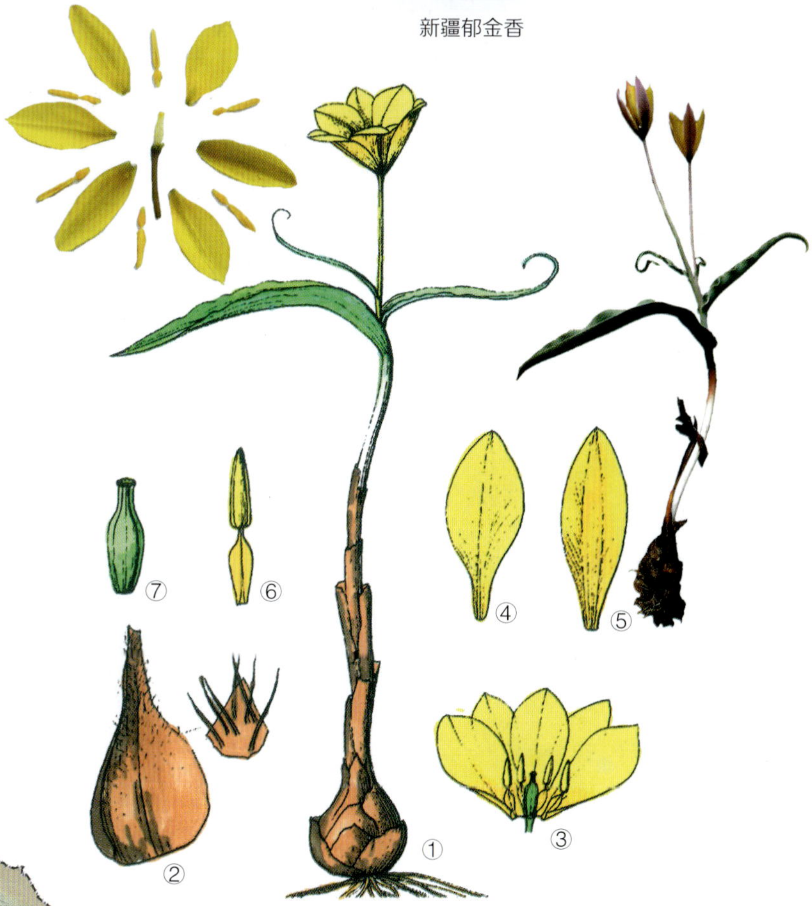

新疆郁金香：① 植株；② 鳞茎皮；③花剖面；④ 外花被片；⑤ 内花被片；⑥ 雄蕊；⑦ 雌蕊　　（绘图　黄瑞）

【生活习性】

生于海拔 1000 ～ 1300 米的石质低山阳坡及山前平原荒漠。

■ 新疆郁金香分布区——产富蕴、乌鲁木齐、昌吉、呼图壁、玛纳斯、沙湾、奎屯、伊宁等县市。

【保护价值】

该物种是重要的绿化和育种材料。

● 新疆特有种。

244. 单花郁金香 *Tulipa uniflora*

［中 文 名］ 单花郁金香
［科　　名］ 百合科
［属　　名］ 郁金香属
［别　　名］ 无
［保护级别］ 国家二级
［受威胁度］ IUCN 濒危物种红色名录列为近危物种（NT）
中国生物多样性红色名录列为无危物种（LC）

【生物学特征】

株高 10 ～ 20 厘米。鳞茎皮上延，褐色，内面上部有伏生毛。茎无毛。叶 2 枚，互生，紧靠，反曲，窄披针形，下部叶较宽。花单朵顶生，黄色，花被片长 1.5 ～ 3 厘米，外花被片背面带绿色，内花被片倒卵形；花丝无毛，从基部向上逐渐变窄；花柱长约 4 毫米。蒴果具长喙。花期 5 月，果期 6 月。

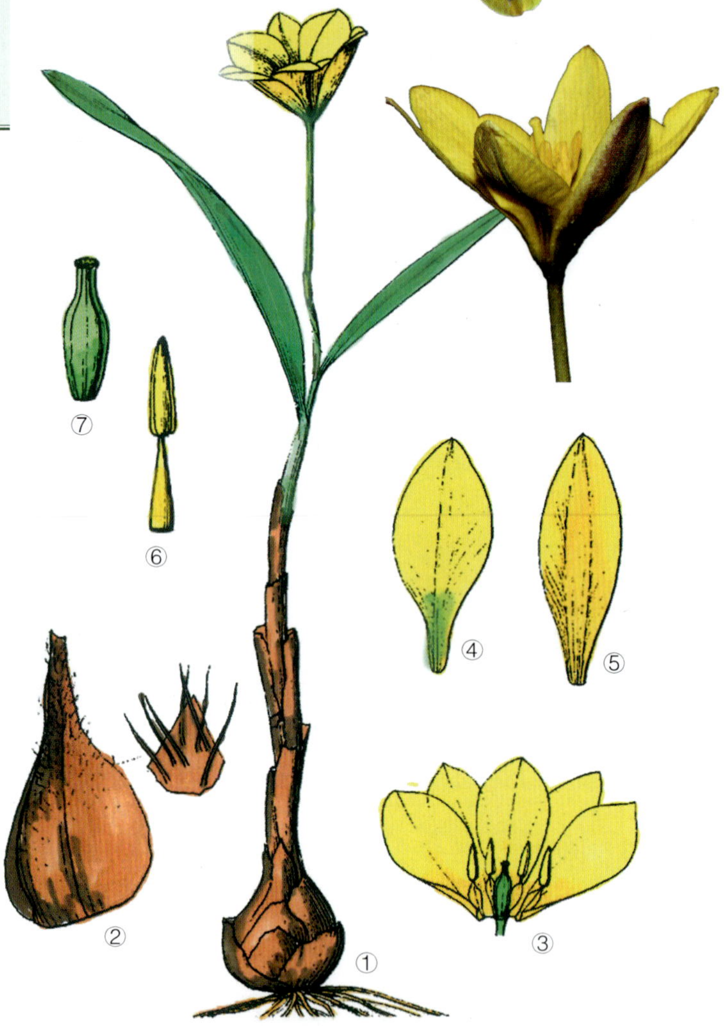

单花郁金香：① 植株；② 鳞茎皮；③花剖面；④ 外花被片；⑤ 内花被片；⑥ 雄蕊；⑦ 雌蕊　（绘图　黄瑞）

【生活习性】

生于低山丘陵砾石荒漠及荒漠草原，海拔 1200 ～ 2400 米。

■ 单花郁金香分布区——产博乐、阜康等地。内蒙古有分布。哈萨克斯坦、西伯利亚地区和蒙古国也有分布。

【保护价值】

该物种是重要的绿化和育种材料。

245. 垂蕾郁金香 *Tulipa patens*

［中 文 名］垂蕾郁金香
［科　　名］百合科
［属　　名］郁金香属
［别　　名］光慈菇
［保护级别］国家二级
［受威胁度］中国生物多样性红色名录列为易危物种（VU）

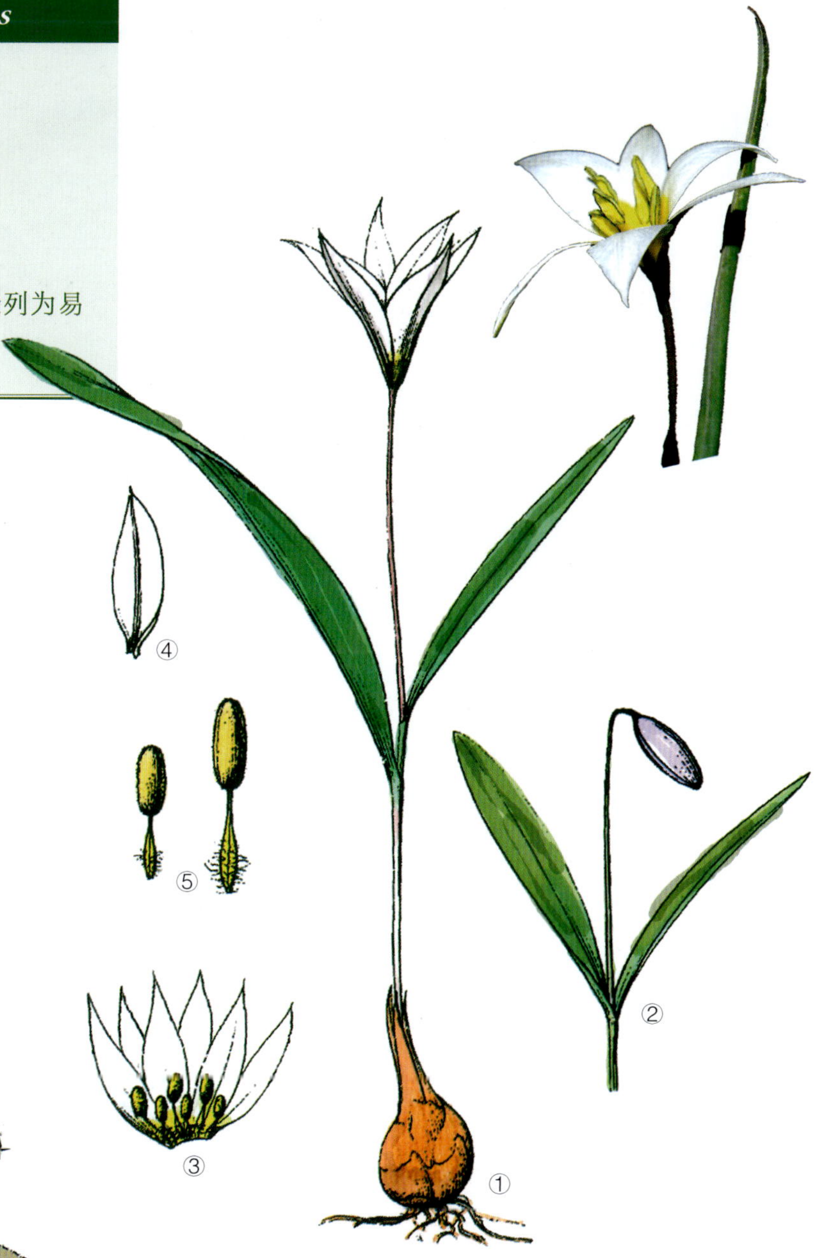

垂蕾郁金香：① 植株；② 下垂花蕾；③ 花纵剖面；④ 内花被片；⑤ 雄蕊　　　　　（绘图　黄瑞）

【生物学特征】

株高 10 ～ 25 厘米。鳞茎皮纸质，内面上部有伏生毛，基部无毛或有疏毛，上端常上延。茎无毛。叶 2 ～ 3 枚，稀疏排列，条状披针形，下部叶宽，上部叶窄。花单朵顶生，在花蕾期及凋萎时均下垂；花被片白色，基部有黄色斑，外花被片背面紫绿色或淡紫色，内花被片基部有柔毛，背面中央有紫绿色或淡紫色纵条纹；雄蕊 3 长 3 短，花丝基部扩大，被毛。蒴果矩圆形。花期 4 ～ 5 月，果期 5 月。

■ 垂蕾郁金香分布区——产塔城、温泉、霍城、伊宁、新源、昭苏等县市。哈萨克斯坦、俄罗斯也有分布。

【生活习性】

生于海拔 1400 ～ 2000 米的山地阴坡或阳坡灌丛下。

【保护价值】

该物种是重要的绿化和育种材料。

● 中国仅在新疆分布。

246. 柔毛郁金香 *Tulipa biflora*

[中 文 名] 柔毛郁金香
[科　　名] 百合科
[属　　名] 郁金香属
[别　　名] 双花郁金香
[保护级别] 国家二级
[受威胁度] 中国生物多样性红色名录列为无危物种（LC）

【生物学特征】

株高 10 ~ 15 厘米。鳞茎皮纸质，上端稍上延，内面中上部有柔毛。茎通常无毛，叶 2 枚，条形，边缘呈皱波状。花常单朵，少数 2 朵顶生；花被片长 2 ~ 2.5 厘米，乳白色，基部有黄色斑，外花被片背面紫绿色或黄绿色，内花被片基部有毛，背部中央有紫绿色或黄绿色纵条纹；雄蕊 3 长 3 短，花丝下部扩大，基部有毛。蒴果近球形。花期 4 ~ 5 月，果期 5 ~ 6 月。

【生活习性】

生于平原、蒿属荒漠或低山草坡。

■ 柔毛郁金香分布区——产富蕴、伊宁、塔城、额敏等县市。巴基斯坦、阿富汗、哈萨克斯坦、乌兹别克斯坦、土库曼斯坦、俄罗斯、亚洲西南部、非洲及欧洲也有分布。

柔毛郁金香：① 植株；② 鳞茎皮（内面观）；③ 雄蕊；④ 果实　　（绘图　黄瑞）

【保护价值】

该物种是重要的绿化和育种材料。

● 中国仅在新疆分布。

247. 毛蕊郁金香 *Tulipa dasystemon*

[中 文 名] 毛蕊郁金香
[科　　名] 百合科
[属　　名] 郁金香属
[别　　名] 无
[保护级别] 国家二级
[受威胁度] IUCN 濒危物种红色名录列为无危物种（LC）
中国生物多样性红色名录列为无危物种（LC）

毛蕊郁金香

【生物学特征】

株高 10 ～ 15 厘米。鳞茎较小，鳞茎皮纸质，内面上部多少有伏毛，少数无毛。茎无毛。叶 2 枚，条形，疏离排列，伸展。花单朵顶生，乳白色或淡黄色，干后变黄色；花被片长约 2 厘米，外花被片背面紫绿色，内花被片背面中央有紫绿色纵条纹，基部有毛；雄蕊 3 长 3 短，花丝基部有毛或全部被毛。蒴果矩圆形，具较长的喙。花期 4 月，果期 4 ～ 5 月。

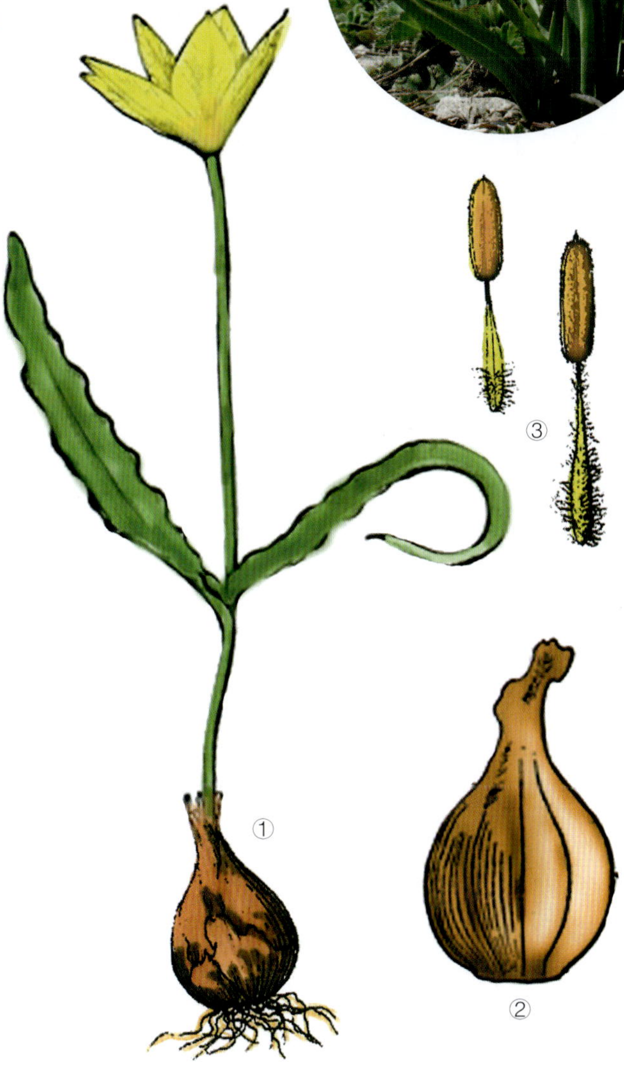

毛蕊郁金香：① 植株；② 鳞茎皮（内面观）；③ 雄蕊
（绘图　谷连福）

【生活习性】

生于海拔 1800 ～ 3200 米的山地阳坡。

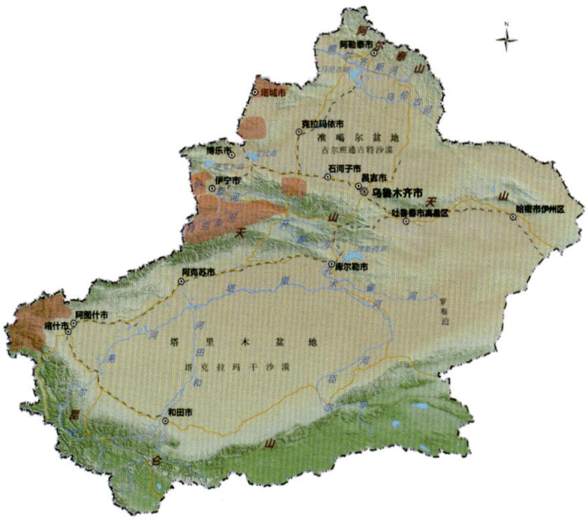

■ 毛蕊郁金香分布区——产察布查尔、霍城、巩留、特克斯、昭苏、新源、乌恰、奎屯、塔城、托里等县市。中亚地区也有分布。

【保护价值】

该物种是重要的绿化和育种材料。

● 中国仅在新疆分布。

248. 异瓣郁金香 *Tulipa heteropetala*

［中 文 名］ 异瓣郁金香
［科　　名］ 百合科
［属　　名］ 郁金香属
［别　　名］ 无
［保护级别］ 国家二级
［受威胁度］ IUCN 濒危物种红色名录列为无危物种（LC）
中国生物多样性红色名录列为无危物种（LC）

【生物学特征】

株高 10 ～ 20 厘米。鳞茎皮纸质，内面上部有伏生毛。茎无毛。叶互生，2 ～ 3 枚，条形。花单朵顶生，花被片长 2 ～ 2.5 厘米，黄色，外花被片背面绿紫色，内花被片背面有紫绿色纵条纹；雄蕊 3 长 3 短；花丝无毛，中下部扩大，向两端逐渐变窄；花柱较长。花期 5 月，果期 6 月。

【生活习性】

生于海拔 1200 ～ 2400 米的灌丛下。

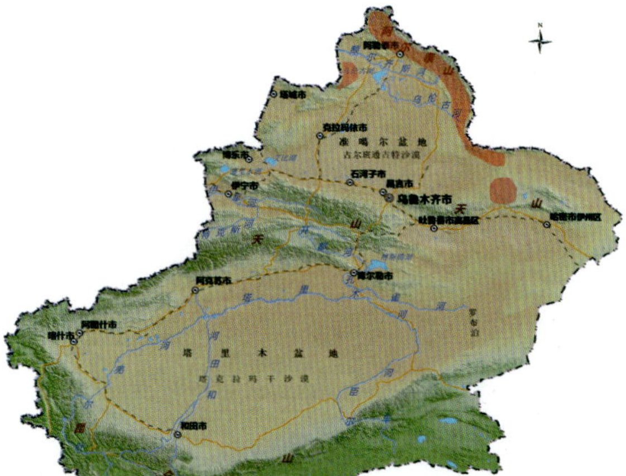

■ 异瓣郁金香分布区——产阿勒泰、哈巴河、布尔津、吉木乃、木垒等县市。哈萨克斯坦、俄罗斯也有分布。

异瓣郁金香：① 植株；② 果枝；③ 花纵剖；④ 雄蕊；⑤ 花　（绘图　黄瑞）

【保护价值】

该物种是重要的绿化和育种材料。

- 中国仅在新疆分布。

249. 异叶郁金香 *Tulipa heterophylla*

[中 文 名] 异叶郁金香
[科　　名] 百合科
[属　　名] 郁金香属
[别　　名] 对叶郁金香
[保护级别] 国家二级
[受威胁度] IUCN 濒危物种红色名录列为无危物种（LC）
中国生物多样性红色名录列为无危物种（LC）

异叶郁金香

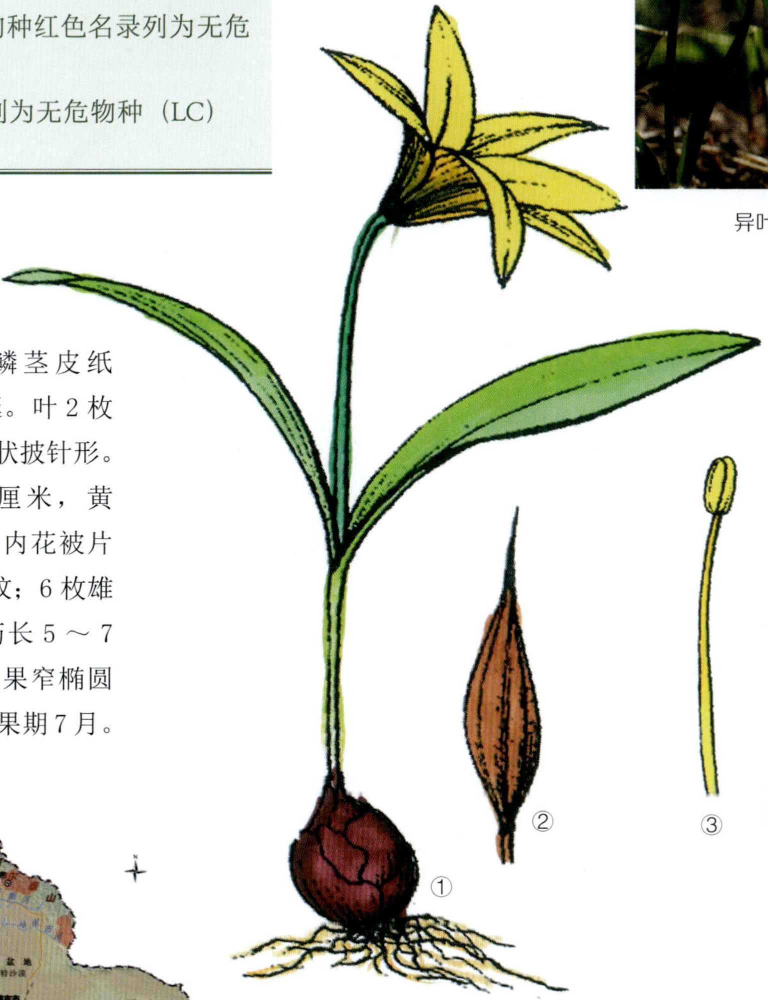

异叶郁金香：① 植株；② 果实；③ 雄蕊；④ 雌蕊
（绘图　黄瑞）

【生物学特征】

株高 10 ～ 15 厘米。鳞茎皮纸质，内面无毛，上端稍上延。叶 2 枚对生，两叶近等宽，条形或条状披针形。花单生，花被片长 2 ～ 3 厘米，黄色，外花被片背面紫绿色，内花被片背面中央有紫绿色的纵宽条纹；6 枚雄蕊等长，花丝无毛，比花药长 5 ～ 7 倍；花柱与子房近等长。蒴果窄椭圆形，顶端有长喙。花期 6 月，果期 7 月。

■ 异叶郁金香分布区——产昭苏、察布查尔、巴里坤、和静、精河、青河、阿勒泰、哈巴河等地。吉尔吉斯斯坦、哈萨克斯坦也有分布。

【生活习性】

生于海拔 2100 ～ 3100 米的山地多砾石的阳坡。

【保护价值】

该物种是重要的绿化和育种材料。

- 中国仅在新疆分布。

250. 伊贝母 *Fritillaria pallidiflora*

［中 文 名］伊贝母
［科 名］百合科
［属 名］贝母属
［别 名］贝母、伊犁贝母、伊力贝母
［保护级别］国家二级
［受威胁度］中国生物多样性红色名录列为易危物种（VU）

⑦

伊贝母

【生物学特征】

多年生草本，高 30 ～ 60 厘米。鳞茎由 2 枚鳞片组成，外被淡褐色薄膜。叶通常散生，有时近对生或近轮生，先端不卷曲。花冠钟状，1 ～ 4 朵，淡黄色，内有暗红色斑点；每花有 1 ～ 2（～ 3）枚叶状苞片，苞片先端不卷曲；花被片长 3.7 ～ 4.5 厘米、宽 1.2 ～ 1.6 厘米；花丝无乳突；柱头 3 裂。蒴果棱上有宽翅。花期 5 月。

伊贝母：① 植株；② 外花被片；③ 雄蕊；④ 雌蕊；⑤ 果实；⑥ 花瓣；⑦ 花　　（绘图　黄瑞）

【生活习性】

生于海拔 1200 ～ 2500 米的山地草甸草原上。

■ 伊贝母分布区——产阿勒泰、布尔津、哈巴河、富蕴、吉木乃、青河、托里、额敏、塔城、裕民、和布克赛尔、温泉、博乐、霍城、伊宁、察布查尔、昭苏、特克斯、尼勒克、巩留、新源等县市。哈萨克斯坦也有分布。

【保护价值】

该物种干燥鳞茎入药，能止咳、化痰、清肺、散结。已被大面积引种栽培。

● 中国仅在新疆分布。

251. 额敏贝母 *Fritillaria meleagroides*

［中 文 名］ 额敏贝母
［科 名］ 百合科
［属 名］ 贝母属
［别 名］ 小花贝母
［保护级别］ 国家二级
［受威胁度］ 中国生物多样性红色名录列为易危物种（VU）

额敏贝母

额敏贝母 （绘图 谷连福）

【生物学特征】

多年生草本，高 15 ～ 30 厘米。鳞茎球形，由 2 枚或 3 枚鳞片组成，白色。茎直立。叶 3 ～ 7 枚，互生，线形、条形或狭披针形，顶端不卷曲，平展。花冠钟状，单生，少有 2 朵，紫红色；花被片长 2.5 厘米、宽 0.5 ～ 1 厘米，外花被里面具黄绿色条纹；花丝具小乳突。柱头 3 裂。蒴果倒卵形，无翅。花期 5 月，果期 6 月。

【生活习性】

生于山地草原带及山地草甸中。

■ 额敏贝母分布区——产阿勒泰、额敏、塔城、和布克赛尔等县市。哈萨克斯坦、俄罗斯及欧洲也有分布。

【保护价值】

该物种干燥鳞茎入药。能止咳、化痰、清肺、散结。由于人为采挖做花卉贩卖，导致其生境退化或丧失。

● 中国仅在新疆分布。

252. 新疆贝母 *Fritillaria walujewii*

[中 文 名] 新疆贝母
[科　　名] 百合科
[属　　名] 贝母属
[别　　名] 天山贝母、贝母、紫花贝母
[保护级别] 国家二级
[受威胁度] 中国生物多样性红色名录列为濒危物种（EN）

【生物学特征】

多年生草本植物，高 20 ～ 50 厘米。鳞茎由 2 枚鳞片组成。叶扭转，呈麻花状，通常最下面的为对生，先端不卷曲；中部至上部对生或 3 ～ 5 枚轮生，先端稍卷曲。花单生或 2 ～ 5 个生于茎顶端，紫色具黄色方格斑；花丝无乳突。蒴果长柱形，具 6 个宽翅，顶端微凹。花期 5 月，果期 6 月。

【生活习性】

生于海拔 1200 ～ 2500 米的山地草原带及山地草甸草原以及云杉林下，呈片状分布。

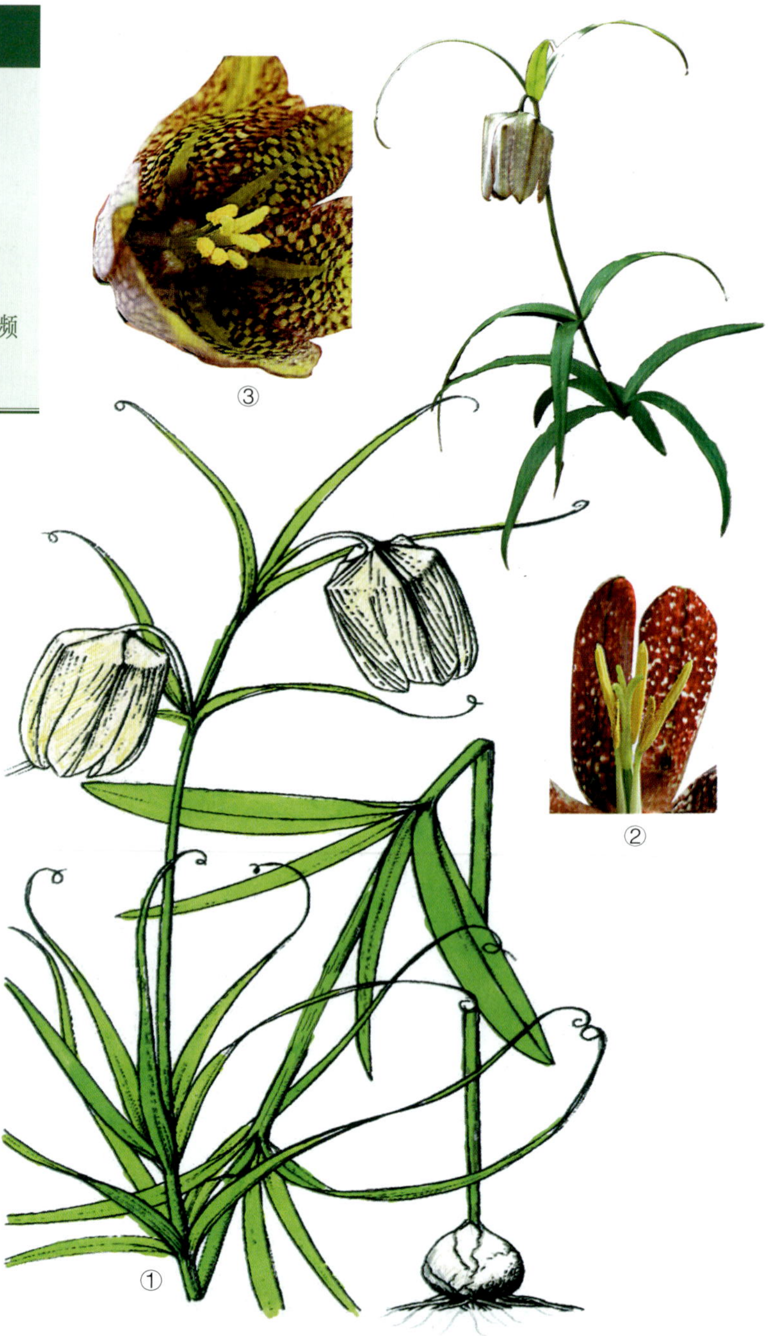

新疆贝母：① 植株；② 示花蕊；③ 花　（绘图　黄瑞）

■ 新疆贝母分布区——产阿勒泰、布尔津、哈巴河、青河、木垒、奇台、吉木萨尔、阜康、乌鲁木齐、昌吉、呼图壁、玛纳斯、石河子、沙湾、乌苏、托里、额敏、塔城、裕民、和布克赛尔、博乐、温泉、霍城、察布查尔、伊宁、巩留、特克斯、昭苏、新源、尼勒克、巴里坤、和静、库车等县市。哈萨克斯坦也有分布。

【保护价值】

该物种作为中药伊贝母的原植物之一，被收载在《中华人民共和国药典》中，与川贝母同等药效。生物碱含量为 0.23%。

● 因人工采挖其鳞茎致使其生境退化，种群更新困难。

中国仅在新疆分布。

253. 托里贝母 *Fritillaria tortifolia*

[中 文 名] 托里贝母
[科　　名] 百合科
[属　　名] 贝母属
[别　　名] 托星贝母、巴尔里克贝母、乌苏贝母、重瓣托里贝母
[保护级别] 国家二级
[受威胁度] 中国生物多样性红色名录列为易危物种（VU）

【生物学特征】

多年生草本，高 20 ～ 40（100）厘米。鳞茎卵球形，由 2 ～ 3 枚鳞片组成，白色，外被一层淡黄色薄膜。叶下部对生或 3 轮生，先端不卷；中部全部先端卷曲。花 1 ～ 2（～ 10）朵或更多，下垂，钟形，白色或乳白色及淡黄色（干后为黄色），里面具紫色方格斑点或黄色里面具褐色方格斑；外花被片长 3 厘米、宽约 1 厘米；花丝稍扩大，无乳突。蒴果具 6 翅。花期 5 月，果期 6 月。

托里贝母　（绘图　黄瑞）

【生活习性】

生于海拔 1500 ～ 2500 米的山地草原带及山地草原至草甸带中。

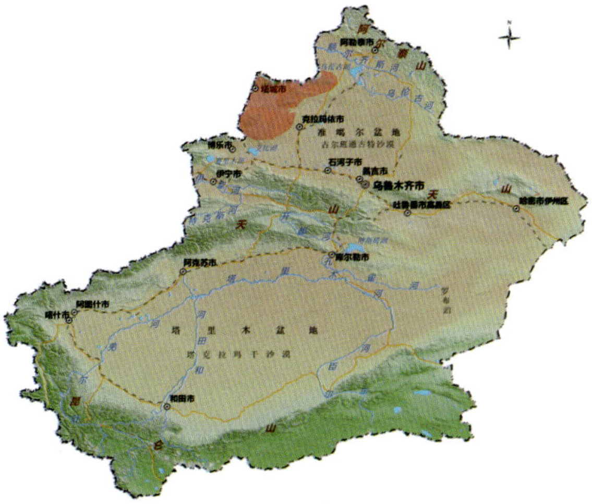

■ 托里贝母分布区——产塔城、额敏、托里、裕民及和布克赛尔等县市。

【保护价值】

该物种鳞茎入药，功效同新疆贝母。

● 新疆特有种。

254. 乌恰贝母 *Fritillaria ferganensis*

［中 文 名］乌恰贝母
［科　 名］百合科
［属　 名］贝母属
［别　 名］无
［保护级别］国家二级
［受威胁度］未予评估（NE）

【生物学特征】

多年生草本。鳞茎由2枚鳞片组成，外被多层薄膜。茎高15～35厘米，细弱，绿紫色。基部叶对生；中部叶3～4（～6）轮生，端卷曲或钩状，不扭转。花单生于茎顶，狭钟状，下垂，淡绿黄色，具紫色方格斑点；外花被片长约2.7厘米、宽6～7毫米；花丝无小乳突。蒴果具翅。花期4～5月，果期6月。

乌恰贝母：① 植株；② 花冠剖面；③ 雄蕊和雌蕊
（绘图　张枫苑）

【生活习性】

生于海拔2500～3000米的山地灌木丛中。

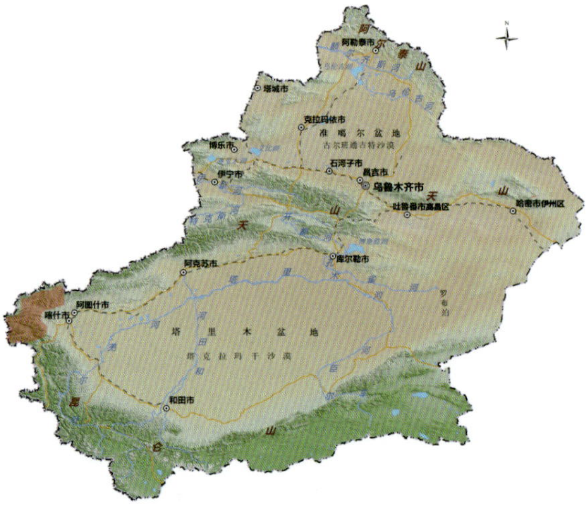

■ 乌恰贝母分布区——产乌恰。中亚地区也有分布。

【保护价值】

该物种狭域分布。鳞茎入药。

- 中国仅在新疆分布。

255. 黄花贝母 *Fritillaria verticillata*

[中 文 名] 黄花贝母
[科　　名] 百合科
[属　　名] 贝母属
[别　　名] 无
[保护级别] 国家二级
[受威胁度] 中国生物多样性红色名录列为近危物种（NT）

【生物学特征】

多年生草本，高 40 ～ 50 厘米。鳞茎由 2 个鳞瓣组成。叶在最下面的对生，较宽而短，其余的 3 ～ 7 枚轮生，先端强烈卷曲。花单生或数个（8 ～ 10）生于花轴顶端，下垂，钟状，淡黄色或橘黄色；花被片长 2 ～ 3 厘米、宽 1 ～ 1.5 厘米；花丝无小乳突。蒴果具 6 个果翅。花期 5 月，果期 6 月。

【生活习性】

生于海拔 1200 ～ 2000 米的山地草原带中。

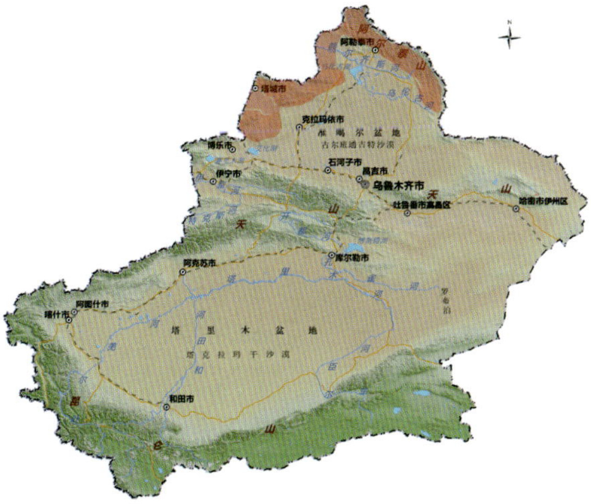

黄花贝母：① 植株；② 果　（绘图　张枫苑）

■ 黄花贝母分布区——产阿勒泰、布尔津、吉木乃、哈巴河、富蕴、青河、额敏、塔城、裕民、和布克赛尔等县市。哈萨克斯坦、俄罗斯也有分布。

【保护价值】

该物种鳞茎入药。

- 中国仅在新疆分布。

256. 裕民贝母 *Fritillaria yuminensis*

［中 文 名］裕民贝母
［科　　名］百合科
［属　　名］贝母属
［别　　名］塔城贝母
［保护级别］国家二级
［受威胁度］中国生物多样性红色名录列为易危物种（VU）

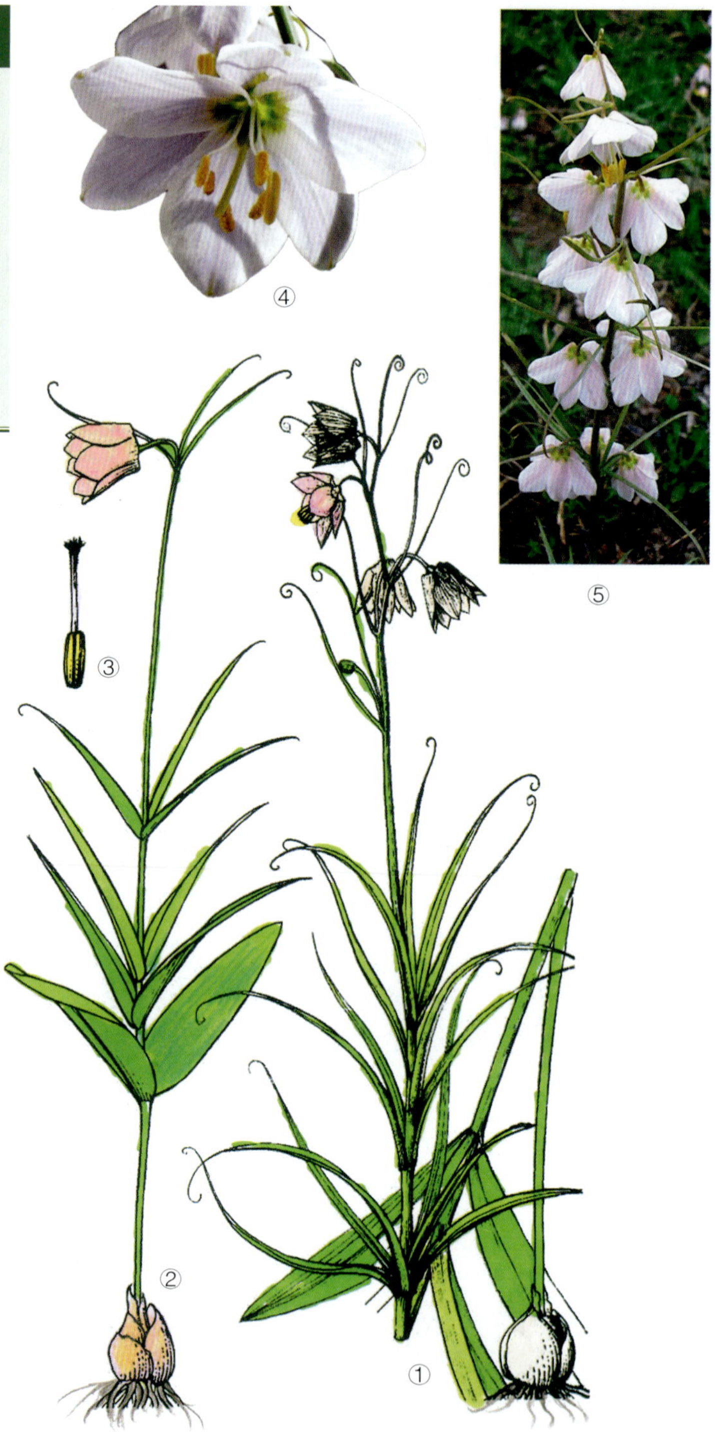

裕民贝母：① 多花植株；② 单花植株；③ 雄蕊；④ 花；⑤ 多花枝　（绘图　黄瑞）

【生物学特征】

多年生草本，高 20 ～ 40 厘米。鳞茎近球形由 2 ～ 3 个鳞瓣组成，外被黄色膜质片。基部叶对生；中部 3 ～ 4 枚轮生；上部对生或轮生；中部及上部叶顶端螺旋状卷曲或钩状。花 1 ～ 5（～ 20）朵顶生，花冠钟状，下垂，粉红或暗蓝色，辐射状；雌蕊柱头不分裂；单花的植株花中只有雄蕊，雌蕊退化；多花中顶端着生的最后一朵花，同样无雌蕊。蒴果具 6 个宽翅，顶端凹深。花期 4 月，果期 5 ～ 6 月。

【生活习性】

生于海拔 1200 ～ 2000 米的山地草原至草甸带中。

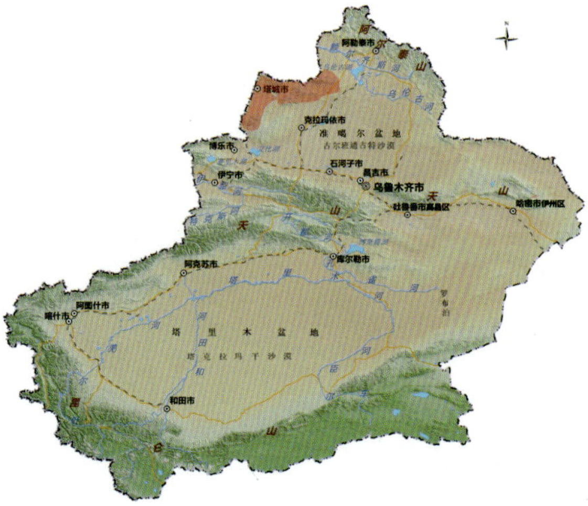

■ 裕民贝母分布区——产额敏、塔城、裕民、和布克赛尔等县市。

【保护价值】

该物种鳞茎药用。由于人为采挖做药或花卉贩卖，导致其生境退化或丧失。

● 新疆特有种。

257. 砂贝母 *Fritillaria karelinii*

[中 文 名] 砂贝母
[科　　名] 百合科
[属　　名] 贝母属
[别　　名] 戈壁贝母
[保护级别] 国家二级
[受威胁度] 未予评估（NE）

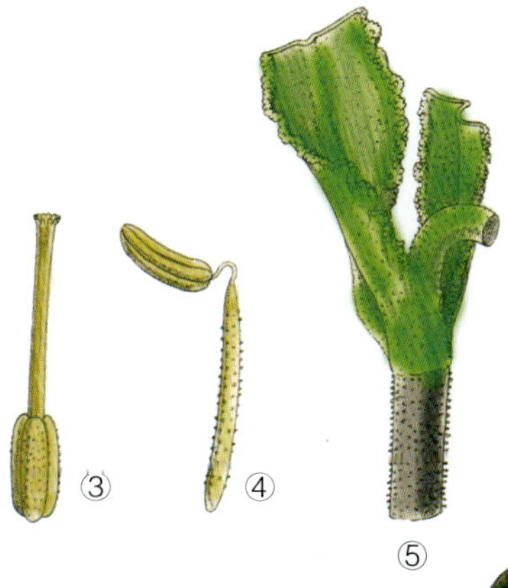

砂贝母：① 植株；② 花纵剖；③ 雌蕊；④ 雄蕊；
⑤ 示枝、叶具乳突　　　　（绘图　谷连福）

【生物学特征】

多年生草本，高 10 ～ 35 厘米。地下鳞茎由 2 枚鳞瓣组成。茎在地上部分连同花序轴、花梗、苞片和上部的叶都具乳突状毛。叶散生，最下面的 2 枚较大。花单生或数个（4 ～ 6）生于花轴顶端，下垂；花较小，多少两侧对称，近浅红紫色，有暗色斑点或小方格；花丝从中部至基部边缘具细缘毛。蒴果矩圆形，6 棱，棱上无翅。花期 4 月，果期 5 ～ 6 月。

【生活习性】

生于平原蒿属荒漠中或砾石质低山丘上。

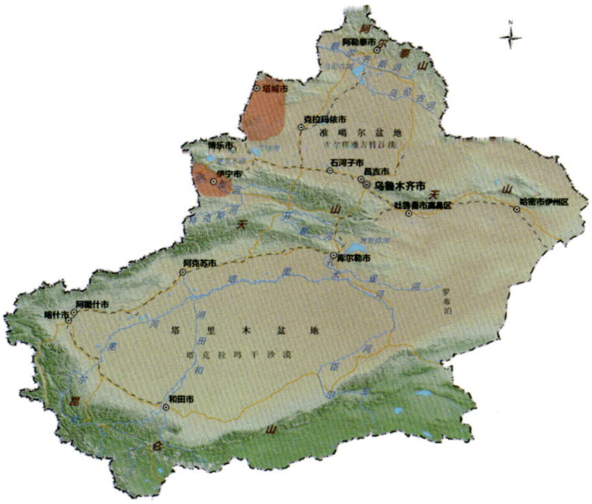

■ 砂贝母分布区——产托里、额敏、塔城、裕民、霍城、伊宁、察布查尔等县市。巴基斯坦、阿富汗、伊朗及中亚地区也有分布。

【保护价值】

该物种鳞茎药用。由于人为采挖做药或花卉贩卖，导致其生境退化或丧失。

- 中国仅在新疆分布。

258. 阿尔泰贝母 *Fritillaria meleagris*

[中文名] 阿尔泰贝母
[科　名] 百合科
[属　名] 贝母属
[别　名] 小花贝母
[保护级别] 国家二级
[受威胁度] 未予评估（NE）

阿尔泰贝母

【生物学特征】

多年生草本。叶对生或上部互生，先端不卷曲。花单生，具 1 ～ 3 枚叶状苞片；花紫红色，有明显的浅色小方格；柱头裂片较长，约占花柱全长的 1/3。蒴果棱上有宽翅。花期 5 月。

【生活习性】

生于灌丛下或草坡上。

【保护价值】

该物种鳞茎药用，功效同伊贝母；花期早，花大，可做花坛饰边和园林绿化带的观赏植物。植株既可药用又可观赏，常被居民采挖做中药和作为观赏植物在庭院栽培。

● 中国仅在新疆分布。

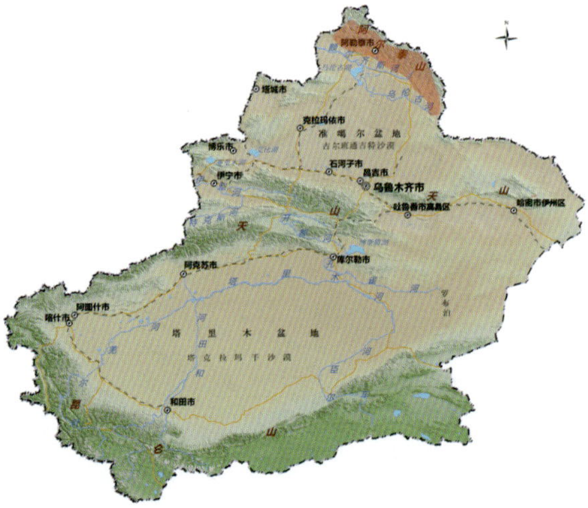

■ 阿尔泰贝母分布区——产新疆北部阿尔泰山。中亚地区、亚洲西南部、欧洲也有分布。

阿尔泰贝母：① 植株；② 花瓣；③ 雄蕊、雌蕊；④ 果

（绘图　谷连福）

259. 天山百合 *Lilium tianschanicum*

[中 文 名] 天山百合
[科　　名] 百合科
[属　　名] 百合属
[别　　名] 无
[保护级别] 国家二级
[受威胁度] 未予评估 (NE)

【生物学特征】

鳞茎白色，近球形，直径约 3 厘米；鳞片多数，肉质。茎直，约 25 厘米，下部疏生小乳突。叶线形，先端锐尖。花单生。花被片白色，长圆状披针形，先端加厚，正面被细小乳突；蜜腺两边具浓密小乳突；雄蕊和花被片近等长；花药黄色。花期 8 月。

天山百合：① 植株上部；② 植株中部；③ 鳞茎
（绘图　谷连福）

【生活习性】

生长在黏土砾石干草原。

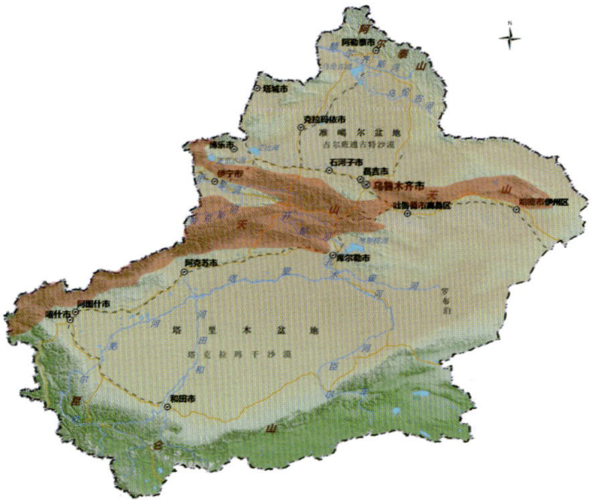

■ 天山百合分布区——产天山山脉。

【保护价值】

该物种地下鳞茎和枝叶药用，有润肺止咳、清热、安神、利尿等作用；地下鳞茎可食用，但风味不佳。该物种是家种百合的野生种。花大而鲜艳，被引种栽培作为观赏植物。植株既可药用又可观赏，常被居民采挖做中药和作为观赏花卉在庭院栽培。

● 新疆特有种。

260. 新疆百合 *Lilium martagon*

[中 文 名] 新疆百合
[科　　名] 百合科
[属　　名] 百合属
[别　　名] 新疆野百合
[保护级别] 新疆一级
[受威胁度] 中国生物多样性红色名录列为近危物种（NT）

新疆百合：① 植株上部；② 植株中部；③ 鳞茎
（绘图　黄瑞）

【生物学特征】

多年生草本植物。地下鳞茎由多数鳞瓣组成，鳞瓣宽卵形或矩圆形，先端急尖，淡黄色或乳白色。茎高 30 ~ 60 厘米，具紫色条纹，光滑无毛。叶轮生，披针形，两面光滑，无毛，具平行叶脉，顶端渐尖。苞片叶状，披针形，边缘下部及基部腋间均具白毛。花单生或数个排列成总状花序；花梗先端弯曲；花钟状，下垂，紫红色，有斑点。蒴果倒卵状矩圆形。花期 5 月，果期 6 ～ 7 月。

【生活习性】

生于海拔 1500 ～ 2000 米的山地草原带及云杉林下，成片生长。

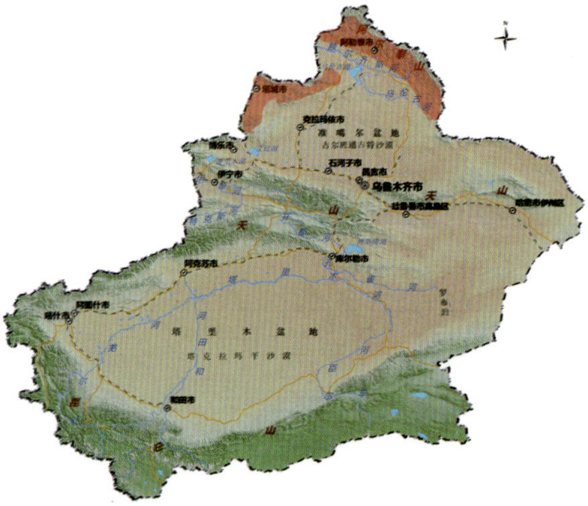

■ 新疆百合分布区——产青河、富蕴、阿勒泰、布尔津、哈巴河、和布克赛尔、额敏、塔城、裕民等县市。蒙古国、俄罗斯也有分布。

【保护价值】

该物种地下鳞茎可食用，具有滋补身体的功效。该物种是家种百合的野生种。花大而鲜艳，被引种栽培作为观赏植物。植株既可药用又可观赏，常被居民采挖做中药和在庭院栽培。

● 由于常年的滥挖乱掘，加上放牧的影响，其物种资源量减少。

中国仅在新疆分布。

（五十）藜芦科 Melanthiaceae

多年生或一年生（少）草本，自养或附生。具根状茎或球茎。叶互生或轮生，单叶。花两性或雌雄异株；花被片 6，离生，2 轮，辐射对称；雄蕊 1 ～ 4 轮，3 基数；子房 3 心皮，上位或半上位，单室，稀多室。蒴果。11 ～ 16 属 154 ～ 201 种，主要分布于北半球的温带和寒温带，少数到南美；中国有 7 属 49 种；新疆有 2 属 2 种。

261. 四叶重楼 *Paris quadrifolia*

［中 文 名］四叶重楼
［科　　名］藜芦科
［属　　名］重楼属
［别　　名］轮叶王孙、北重楼
［保护级别］国家二级
［受威胁度］中国生物多样性红色名录列为无危物种（LC）

四叶重楼：① 植株；② 果实；③ 果实横剖面；④ 雌蕊
（绘图　张枫苑）

【生物学特征】

多年生草本，高 25 ～ 40 厘米。根状茎细长，呈匍匐状。叶四枚轮生，多达 8 枚，极少 3 枚，卵形或倒卵形，先端短尖头，近无柄。花冠黄绿色，由 8 个花被片组成；外花被片 4 个，宽披针形，内轮花被片线形；雄蕊 8 枚，花丝较长，着生在花被片基部，花药长形，顶端尖锐，基着；子房圆球形，紫红色。浆果不开裂，具多数种子，圆形。花期 5 月，果期 6 月。

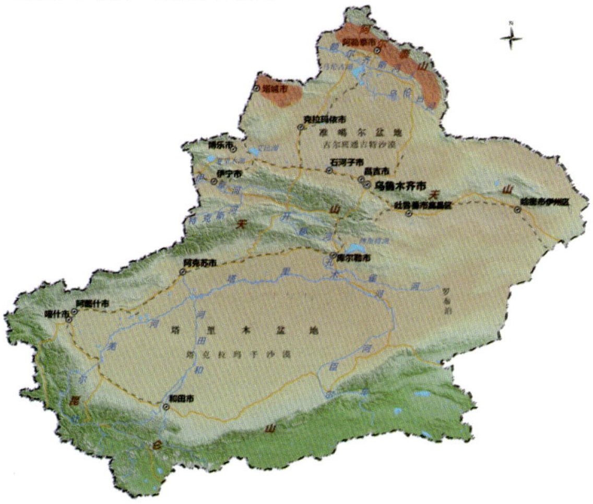

■ 四叶重楼分布区——产塔城、额敏、阿尔泰山区。黑龙江有分布。蒙古国、俄罗斯及欧洲也有分布。

【生活习性】

生于海拔 2000 米的山地林间空地及草原带。

【保护价值】

该物种根状茎药用，可代替重楼（七叶一枝花），有清热解毒、平喘止咳、息风定惊的功效。

（五十一）石蒜科 Amaryllidaceae

草本，具收缩根。多具鳞茎。叶互生，常 2 列。花被片 6，覆瓦状排列，花瓣状，无斑点，有时有副花冠；雄蕊 6，花丝有时贴生于花被，有时具附属物。子房下位 3 室，蒴果。68 属 1616 种，分布于温带地区；中国有 6 属 161 种；新疆有 2 属 47 种。

262. 阿尔泰葱 *Allium altaicum*

［中 文 名］ 阿尔泰葱
［科　　名］ 石蒜科
［属　　名］ 葱属
［别　　名］ 无
［保护级别］ 新疆二级
［受威胁度］ IUCN 濒危物种红色名录列为近危物种（NT）
中国生物多样性红色名录列为近危物种（NT）

阿尔泰葱：① 植株；② 部分花被片和花丝；③ 雌蕊；④ 茎横切面（示中空）　（绘图　黄瑞）

【生物学特征】

多年生草本。鳞茎卵状圆柱形，粗壮，外皮红褐色，薄革质，不破裂。叶为中空的圆筒状，长为花葶的 1/3 ～ 1/2。花葶粗壮，中空的圆筒状，高 40 ～ 100 厘米，1/4 ～ 1/2 被叶鞘；总苞膜质，2 裂；伞形花序球状，具多而密集的花；小花梗基部无小苞片；花白色带黄；花被片长 6 ～ 9 毫米，常具短尖头；花丝等长，为花被片长的 1.5 ～ 2 倍，锥形，基部合生并与花被片贴生；花柱伸出花被外。花果期 8 ～ 9 月。

■ 阿尔泰葱分布区——产阿勒泰、布尔津、福海、哈巴河、青河、巴里坤等县市。黑龙江、内蒙古有分布。蒙古国、哈萨克斯坦、俄罗斯也有分布。

【生活习性】

生于山地草原带或砾石质坡地。

【保护价值】

该物种与栽培的极为相似，鳞茎和叶可食用；鳞茎还可入药，能开胃、消食、杀虫。全株具辛辣味，因此常被采挖当蔬菜。

263. 高莛韭 *Allium obliquum*

[中 文 名] 高莛韭
[科　　名] 石蒜科
[属　　名] 葱属
[别　　名] 高葶韭、偏头葱
[保护级别] 新疆二级
[受威胁度] 未予评估（NE）

【生物学特征】

多年生草本，植株粗壮。鳞茎单生，卵状矩圆形，粗 2 ～ 3 厘米，外皮淡褐色，革质，不破裂。叶宽条形，比花莛短，向先端渐狭。花莛粗壮，高 60 ～ 100 厘米，中部以上被叶鞘；总苞 1 ～ 2 裂，宿存；伞形花序球状，具多而密集的花；小花梗近等长，比花被片长 2 ～ 4 倍，基部具小苞片；花淡黄色至黄绿色；花丝等长，约为花被片长的 1.5 倍，基部合生并与花被片贴生，单一，锥形；花柱伸出花被外。花果期 6 ～ 7 月。

【生活习性】

生于海拔 1200 ～ 2000 米的山地草原和草甸带中。

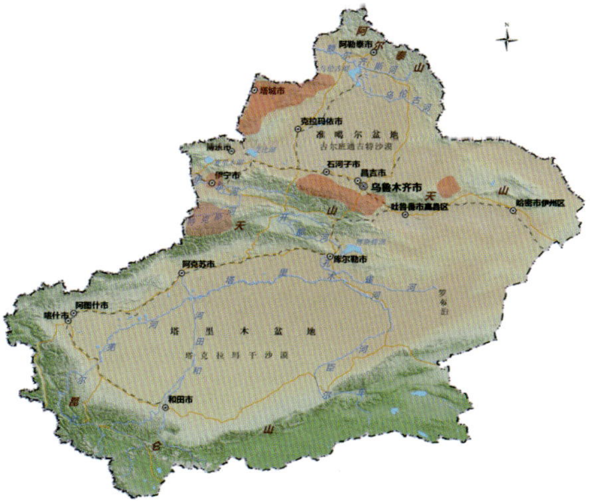

■ 高莛韭分布区——产奇台、乌鲁木齐、玛纳斯、沙湾、塔城、裕民、和布克赛尔、伊宁、昭苏等县市。蒙古国、吉尔吉斯斯坦、哈萨克斯坦、俄罗斯及欧洲也有分布。

高莛韭：① 植株上部；② 植株下部；③ 花
（绘图　谷连福）

【保护价值】

该物种含维生素、挥发油，由于其鳞茎可做成咸菜贮藏备用，因此常被采挖当蔬菜。该物种种子容易繁殖，居民可采收其种子引种栽培。

● 中国仅在新疆分布。

264. 实莛葱 *Allium galanthum*

［中 文 名］实莛葱
［科　　名］石蒜科
［属　　名］葱属
［别　　名］实葶葱、乳花葱
［保护级别］新疆二级
［受威胁度］IUCN 濒危物种红色名录列为数据缺乏物种（DD）
中国生物多样性红色名录列为无危物种（LC）

【生物学特征】

多年生草本，植株粗壮。鳞茎常数枚聚生，圆柱状，基部稍膨大；鳞茎外皮褐红色，薄革质，有光泽，不破裂。叶圆柱状，中空，长为花莛的 1/2 ～ 2/3。花莛粗壮，圆柱状，实心，高 30 ～ 60 厘米，下部被叶鞘；总苞比花序短；伞形花序球状，具多而密集的花；小花梗比花被片长 2 ～ 4 倍，基部具小苞片；花被星状开展，白色；花丝略比花被片长，内轮花丝的基部扩大，扩大部分每侧各具 1 浅齿，外轮锥形；花柱短于或长于子房。花果期 8 ～ 10 月。

实莛葱：① 植株；② 花被片；③ 雌蕊；④ 花序；⑤ 茎
（绘图　张枫苑）

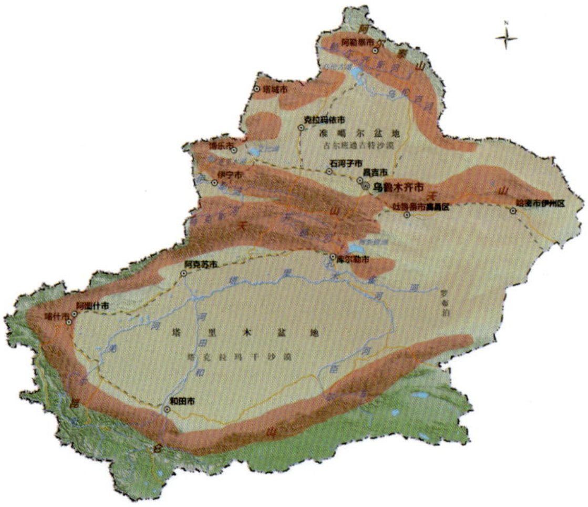

■ 实莛葱分布区——产新疆各县山区中，属于广布种。蒙古国、哈萨克斯坦、俄罗斯也有分布。

【生活习性】

生于海拔 500 ～ 1500 米的山坡或河谷。

【保护价值】

该植物含维生素 C，全株植物可食，并且味道很好，因此常被采挖当作蔬菜。

● 中国仅在新疆分布。

265. 新疆蒜 *Allium roborowskianum*

[中 文 名] 新疆蒜
[科　　名] 石蒜科
[属　　名] 葱属
[别　　名] 无
[保护级别] 新疆二级
[受威胁度] 中国生物多样性红色名录列为无危物种（LC）

新疆蒜：① 植株；② 部分花被片；③ 雌蕊；④ 花序
（绘图　黄瑞）

【生物学特征】

多年生草本，具直生根状茎。鳞茎单生，近球状，宽约 2 厘米；鳞茎外皮灰黑色，纸质，易脱落。叶宽条形，向两端渐狭，比花莛短，光滑。花莛圆柱状，高 40 ～ 50 厘米，下部被叶鞘；总苞 2 裂，与伞形花序近等长，宿存；伞形花序半球状，多而密集的花；小花梗近等长，比花被片长 1 ～ 1.5 倍，基部无小苞片；花白色，具绿色中脉；花丝等长，内轮花丝分离部分的基部扩大成狭长三角形，无齿；花柱长于或短于子房；柱头点状。花期 5 月。

【生活习性】

生于海拔 1300 米的阴坡林下。

■ 新疆蒜分布区——产温泉、霍城、察布查尔、伊宁、巩留、新源、尼勒克等县市。蒙古国也有分布。

【保护价值】

该物种分布区十分狭窄，因其分布区是牧民的夏牧场，牛羊啃食严重，加之可作蔬菜，故生存状态十分堪忧。

● 中国仅在新疆分布。

266. 多籽蒜 *Allium fetisowii*

[中 文 名] 多籽蒜
[科　　名] 石蒜科
[属　　名] 葱属
[别　　名] 无
[保护级别] 新疆二级
[受威胁度] 中国生物多样性红色名录列为无危物种（LC）

多籽蒜

【生物学特征】

多年生草本。鳞茎单生，球状；鳞茎外皮灰黑色，纸质，老时顶端破裂。叶宽条形，远比花莛短。花莛圆柱状，高 30 ～ 70 厘米，下部被叶鞘；总苞 2 裂，宿存；伞形花序半球状至球状，多花，紧密；小花梗近等长，比花被片长 2 ～ 3 倍，基部无小苞片；花星芒状开展，紫红色；花丝等长，比花被片短 1/4 ～ 1/5，内轮的基部扩大成方形，扩大部分每侧各具 1 ～ 2 齿；每室具 4 ～ 6 胚珠。花果期 4 ～ 6 月。

【生活习性】

生于山坡及山麓荒地。

多籽蒜：① 植株；② 部分花被片；③ 雌蕊；④ 花序
（绘图　张枫苑）

■ 多籽蒜分布区——产霍城、察布查尔、伊宁、新源、巩留等地。塔吉克斯坦、吉尔吉斯斯坦也有分布。

【保护价值】

该物种分布区十分狭窄，因其分布区是牧民的夏牧场，牛羊啃食严重，加之可作蔬菜，故生存状态十分堪忧。

● 中国仅在新疆分布。

267. 星花蒜 *Allium decipiens*

[中 文 名] 星花蒜
[科　　名] 石蒜科
[属　　名] 葱属
[别　　名] 无
[保护级别] 新疆二级
[受威胁度] 未予评估（NE）

【生物学特征】

多年生草本。鳞茎单生，卵球状至球状；鳞茎外皮带黑色，纸质，老时常顶端破裂。叶宽条形至条状披针形，远比花莛短。花莛圆柱状，高 20 ～ 70 厘米，下部被叶鞘；总苞 2 裂，宿存；伞形花序近半球状或近球状，多花，较松散；小花梗近等长，比花被片长 2 ～ 6 倍，基部无小苞片；花星芒状开展，淡红紫色至紫红色；花丝等长，近与花被片等长，内轮的基部扩大，外轮锥形；每室 4 胚珠。花果期 5 ～ 6 月。

【生活习性】

生于山地石质坡地及砾石质戈壁上。

星花蒜：① 植株；② 花被片和花丝；③ 雌蕊；④ 花序
（绘图　张枫苑）

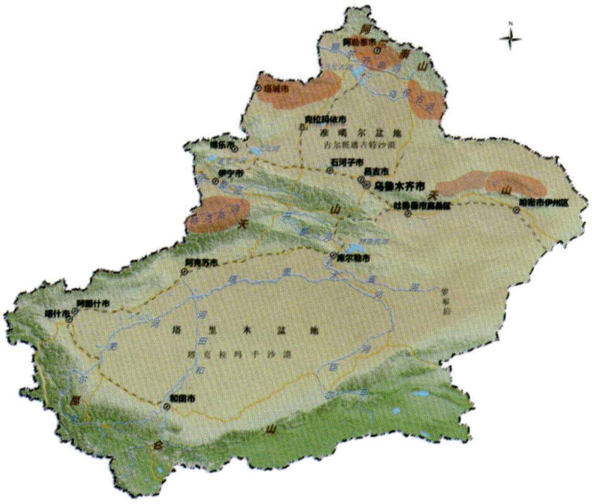

■ 星花蒜分布区——产阿勒泰、吉木乃、青河、木垒、奇台、塔城、额敏、和布克赛尔、特克斯、昭苏、巴里坤等县市。哈萨克斯坦及俄罗斯也有分布。

【保护价值】

该物种是食用大蒜的近缘种，因其分布区是牧民的夏牧场，牛羊啃食严重，加之可作蔬菜，故生存状态十分堪忧。

● 中国仅在新疆分布。

268. 疏生韭 *Allium caespitosum*

［中 文 名］疏生韭
［科　　名］石蒜科
［属　　名］葱属
［别　　名］无
［保护级别］无
［受威胁度］中国生物多样性红色名录列为近危物种（NT）

疏生韭　（绘图　张枫苑）

【生物学特征】

多年生草本。鳞茎疏散丛生状，圆柱形；外皮灰褐色，膜质，条状破裂。叶半圆柱状，短于茎。花莛圆柱状，高 9 ~ 20 厘米，下部被叶鞘；总苞单侧开裂，宿存；伞形花序半球状，少花，松散；小花梗基部无小苞片；花白色带桃红色；花被片椭圆形至卵形，先端钝圆；花丝近等长，为花被片长度的 2/3 ~ 3/4，基部合生并与花被片贴生，内轮的基部约 1/2 扩大成狭卵形，外轮的锥形；花柱不伸出花被。花果期 6 ~ 8 月。

【生活习性】

生于荒漠低地或沙丘附近。

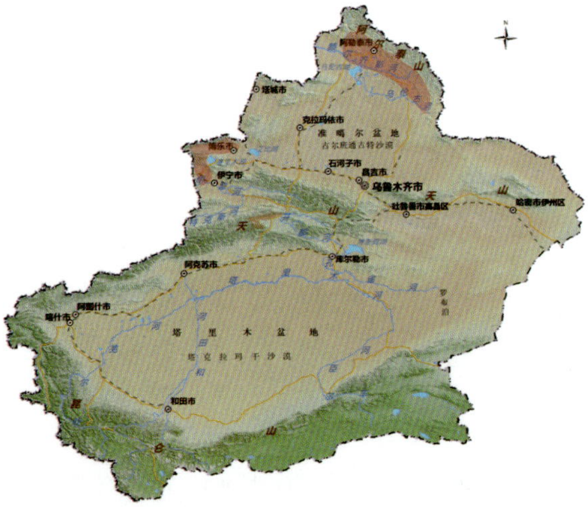

■ 疏生韭分布区——产青河、富蕴、福海、阿勒泰、布尔津、博乐、温泉、霍城等县市。哈萨克斯坦也有分布。

【保护价值】

该物种花颜色鲜艳，可作园艺观赏植物。由于常年放牧和近年旅游开发的影响，该物种生态环境遭到破坏。

- 中国仅在新疆分布。

269. 北疆韭 *Allium hymenorhizum*

［中 文 名］北疆韭
［科　　名］石蒜科
［属　　名］葱属
［别　　名］无
［保护级别］无
［受威胁度］中国生物多样性红色名录列为近危物种（NT）

北疆韭

【生物学特征】

多年生草本。鳞茎单生或数枚簇生，圆柱状；鳞茎外皮红褐色，革质，开裂。茎高 20 ～ 80 厘米，光滑。叶数枚、扁平、条状、光滑、短于茎，茎秆 1/2 被叶鞘包围。总苞单侧开裂，近与花序等长，具短喙，宿存；伞形花序球状，具密集的花，小花梗基部无小苞片；花淡红色至紫红色；花丝等长，长于花被片 1/4 ～ 1 倍，基部合生并与花被片贴生，分离部分锥形；花柱伸出花被外。花期 8 月。

【生活习性】

生于海拔 1200 ～ 2500 米的湿润低地、山地草甸带中。

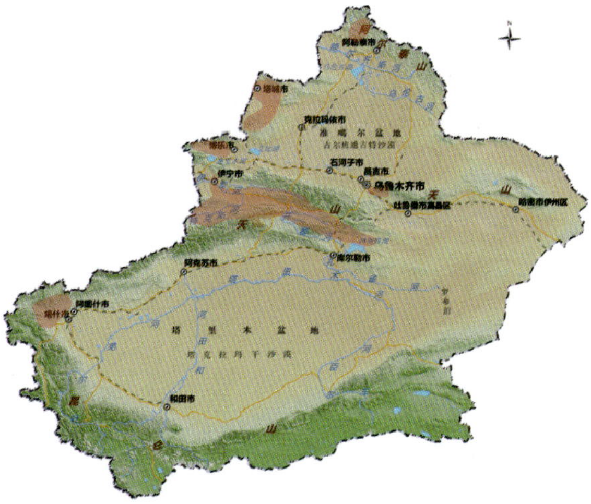

■ 北疆韭分布区——产布尔津、乌鲁木齐、托里、额敏、塔城、温泉、伊宁、特克斯、昭苏、新源、巩留、和静、和硕、乌恰等县市。蒙古国、俄罗斯及中亚地区也有分布。

北疆韭：① 植株；② 部分花被片和花丝；③ 雌蕊
（绘图　黄瑞）

【保护价值】

该物种花密集头状、颜色鲜艳，可作园艺观赏植物。

- 中国仅在新疆分布。

270. 旱生韭 *Allium hymenorhizum*

［中 文 名］旱生韭
［科　　名］石蒜科
［属　　名］葱属
［别　　名］无
［保护级别］无
［受威胁度］中国生物多样性红色名录列为近危物种（NT）

【生物学特征】

多年生草本。鳞茎单生或数枚簇生，圆柱状；鳞茎外皮红褐色，革质，开裂。茎高 20～80 厘米，光滑。叶数枚，扁平，条状，光滑，短于茎，茎秆 1/2 被叶鞘包围。总苞单侧开裂，近与花序等长，具短喙，宿存；伞形花序球状，具密集的花；小花梗基部无小苞片；花淡红色至紫红色；花丝等长，长于花被片 1/4～1 倍，基部合生并与花被片贴生，分离部分锥形；内轮花丝基部每侧各具 1 齿；花柱伸出花被外。花期 8 月。

【生活习性】

生于海拔 1100～1700 米的干旱草原上。

■ 旱生韭分布区——产青河、富蕴、福海、阿勒泰、布尔津、哈巴河、伊宁、巩留、新源、尼勒克、特克斯、昭苏等县市。

旱生韭：① 植株；② 部分花被片和花丝；③ 雌蕊
（绘图　谷连福）

【保护价值】

该物种花密集头状、颜色鲜艳，可作园艺观赏植物。其生境是新疆荒漠春、冬牧场的主要分布区，由于常年放牧的影响，该物种生态环境遭到破坏。

● 新疆特有种。

271. 北韭 *Allium lineare*

［中文名］北韭
［科　名］石蒜科
［属　名］葱属
［别　名］草原葱
［保护级别］无
［受威胁度］中国生物多样性红色名录列为近危物种（NT）

北韭：① 植株；② 花纵剖；③ 小花；④ 雌蕊　（绘图　谷连福）

【生物学特征】

多年生草本。鳞茎单生或2枚聚生，近圆柱状；外皮黄褐色至灰褐色，破裂成纤维状，呈网状。叶条形，比花莛短。花莛圆柱状，高30～60厘米，1/3～1/2被疏离的光滑叶鞘；总苞2裂，宿存；伞形花序球状或半球状，具多而密集的花；小花梗基部具小苞片；花紫红色；花丝等长，为花被片长的1.5～2倍，基部合生并与花被片贴生，内轮的基部扩大，每侧各具1长齿；花柱伸出花被外。花果期7～8月。

【生活习性】

生于平原荒漠或山地草原带中。

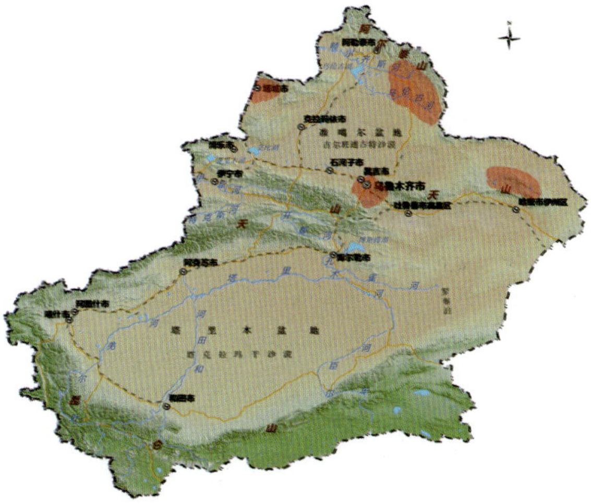

■ 北韭分布区——产青河、富蕴、乌鲁木齐、塔城、巴里坤等县市。蒙古国、哈萨克斯坦及俄罗斯也有分布。

【保护价值】

该物种植株可鲜食也可作调料烹食；可作饲料，绵羊、山羊大角牲畜喜食；花密集，是良好的蜜源植物。其分布区为新疆荒漠春、冬牧场的主要所在地，由于常年放牧和人们连根茎采挖做野菜的影响，该物种生态环境遭到破坏。

● 中国仅在新疆分布。

272. 丝叶韭 *Allium setifolium*

[中 文 名] 丝叶韭
[科　　名] 石蒜科
[属　　名] 葱属
[别　　名] 无
[保护级别] 无
[受威胁度] 中国生物多样性红色名录列为近危物种（NT）

【生物学特征】

多年生草本。鳞茎数枚聚生，狭卵状；鳞茎外皮淡黄褐色，革质，破裂，顶端条裂。叶 2 ～ 3 枚，毛发状，光滑，短于或与花莛近等长。花莛圆柱状，纤细，高 5 ～ 10 厘米，下部被叶鞘；总苞 2 裂，远比花莛短；伞形花序具少数花；小花梗基部具小苞片；花淡红色或红色；花被片具紫色中脉，披针形；花丝为花被片长度的 2/3，基部 1/3 ～ 1/2 合生并与花被片贴生，分离部分的基部扩大成三角形，无齿；花柱不伸出花被外。花果期 6 ～ 8 月。

丝叶韭：① 植株；② 部分花被片和花丝；③ 雌蕊　（绘图　黄瑞）

【生活习性】

生于干旱砾石质坡地及戈壁滩上。

■ 丝叶韭分布区——产木垒、奇台、吉木萨尔、乌鲁木齐、呼图壁、石河子、沙湾、托里、额敏、塔城、裕民、博乐、温泉、伊宁、昭苏、特克斯、巩留、新源、和静、和硕等县市。蒙古国、吉尔吉斯斯坦及哈萨克斯坦也有分布。

【保护价值】

该物种幼叶可食用。其生境多为砾石区域，生态环境脆弱；也是新疆荒漠春、冬牧场的主要分布区。由于受牧民常年放牧的影响，该物种生态环境遭到破坏，野生种群面积减少。

● 中国仅在新疆分布。

（五十二）兰科 Orchidaceae

陆生或腐生草本。花被 6，不整齐，有唇瓣，雄蕊与花柱形成合蕊柱，子房下位，蒴果。全科有约 750 属 28500 种，产全球热带地区和亚热带地区，少数种类也见于温带地区。中国有 194 属 1388 种以及许多亚种、变种和变型；新疆有 11 属 21 种。

273. 珊瑚兰 *Corallorhiza trifida*

［中 文 名］珊瑚兰
［科　　名］兰科
［属　　名］珊瑚兰属
［别　　名］无
［保护级别］新疆二级
［受威胁度］中国生物多样性红色名录列为近危物种（NT）

珊瑚兰：① 植株；② 花　（绘图　谷连福）

【生物学特征】

腐生植物，高 10 ～ 22 厘米。根茎肉质、多分枝、呈珊瑚状。茎直立，棕色、黄色或紫色，无毛，具明显的节，节上具有鞘状鳞片，不为绿色。总状花序顶生，长 1 ～ 5 厘米，具 3 ～ 7 朵花，花小；花淡黄色或白色；唇瓣上面通常具有 2 个肉质褶片或胼胝体，无距；蕊柱中等长，直立，花粉块 4。蒴果椭圆形，悬垂。花果期 6 ～ 8 月。

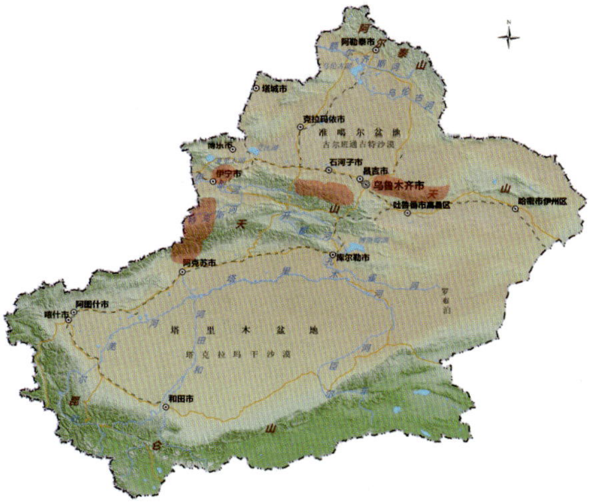

■ 珊瑚兰分布区——产奇台、阜康、乌鲁木齐、玛纳斯、伊宁、温宿、昭苏等县市。吉林、河北、内蒙古、陕西、甘肃、四川等省区有分布。日本、朝鲜、印度、尼泊尔、俄罗斯、欧洲及北美洲也有分布。

【生活习性】

生于天山海拔 1900 ～ 2700 米的云杉林下及林缘湿草地。

【保护价值】

该物种是重要的种质资源，因生境特殊且脆弱，易受到破坏。

274. 裂唇虎舌兰 *Epipogium aphyllum*

[中 文 名] 裂唇虎舌兰
[科　　名] 兰科
[属　　名] 虎舌兰属
[别　　名] 小虎舌兰
[保护级别] 新疆一级
[受威胁度] IUCN 濒危物种红色名录列为无危物种（LC）
中国生物多样性红色名录列为濒危物种（EN）

裂唇虎舌兰　（绘图　谷连福）

【生物学特征】

腐生植物，高 10 ～ 35 厘米。植株褐色或淡褐色，地下具分枝的、珊瑚状的根状茎。茎直立，单一，中空，肉质，无绿叶，具数枚膜质鞘无毛。总状花序顶生，3 ～ 6 朵花，排列疏散；花较大，黄色或带淡红色；唇瓣近基部 3 裂，内面具 4 ～ 6 条紫红色波状纵褶片；蕊柱短而粗；花粉块 2。花期 7 月。

【生活习性】

生于阿尔泰山云杉林下，海拔 1400 米。

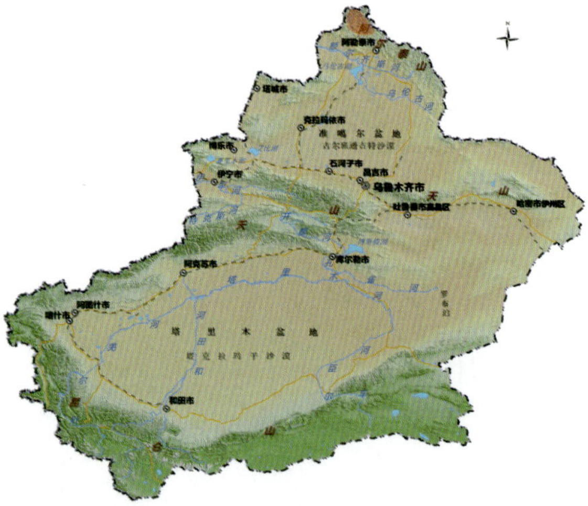

■ 裂唇虎舌兰分布区——产阿尔泰山、布尔津、喀纳斯。吉林、内蒙古、甘肃、西藏、云南、四川等省区有分布。日本、朝鲜、不丹、印度、俄罗斯、欧洲也有分布。

【保护价值】

该物种花造型奇特，花色特别，可作为园艺观赏植物。该物种分布区域十分狭窄，其生境特殊，十分脆弱。

275. 北方鸟巢兰 *Neottia camtschatea*

[中 文 名] 北方鸟巢兰
[科　　名] 兰科
[属　　名] 鸟巢兰属
[别　　名] 堪察加鸟巢兰
[保护级别] 新疆二级
[受威胁度] 中国生物多样性红色名录列为无危物种（LC）

【生物学特征】

腐生植物，高 10 ～ 30 厘米。根状茎曲折，鸟巢状。茎直立，上部疏被乳突状短柔毛，中部以下具 2 ～ 4 枚鞘，无绿叶。总状花序顶生，长 5 ～ 15 厘米，具 12 ～ 25 朵花；花序轴被乳突状短柔毛；花苞片膜质，背面被毛；花梗略被毛；子房被短柔毛；花淡绿色至绿白色；唇瓣楔形，先端 2 深裂；蕊柱长约 3 毫米，向前弯曲。蒴果椭圆形。花果期 7 ～ 8 月。

【生活习性】

生于高山草甸、云杉林下或林缘草地，多生长在阴坡，海拔 1700 ～ 2000 米。

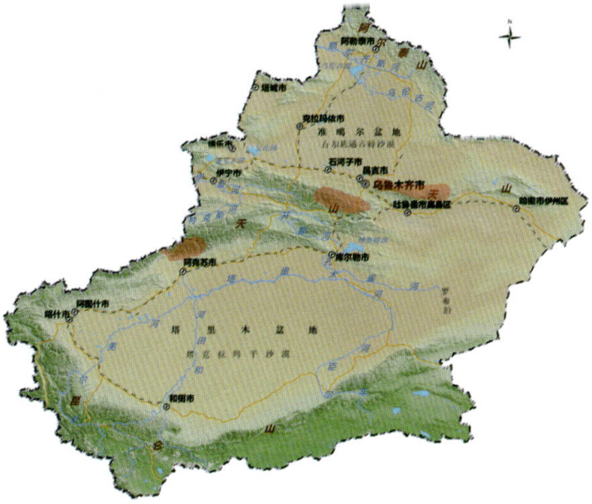

■ 北方鸟巢兰分布区——产奇台、吉木萨尔、阜康、乌鲁木齐、玛纳斯、温宿、阿克苏等县市。青海、甘肃、内蒙古、山西、河北等省区有分布。哈萨克斯坦、俄罗斯也有分布。

北方鸟巢兰：① 植株；② 唇瓣；③ 果枝 （绘图　黄瑞）

【保护价值】

该物种花造型奇特，花色特别，可作园艺观赏植物。

276. 尖唇鸟巢兰 *Neottia acuminata*

［中 文 名］尖唇鸟巢兰
［科　　名］兰科
［属　　名］鸟巢兰属
［别　　名］鸟巢兰、小鸟巢兰、小燕巢兰
［保护级别］新疆一级
［受威胁度］IUCN 濒危物种红色名录列为无危物种（LC）
中国生物多样性红色名录列为无危物种（LC）

尖唇鸟巢兰

【生物学特征】

腐生植物，高 14 ～ 30 厘米。茎直立，无毛，中部以下具 3 ～ 5 枚鞘，无绿叶。总状花序顶生，长 4 ～ 8 厘米，通常具 20 余朵花；花序轴无毛；花苞片无毛；花梗无毛；子房无毛；花小，黄褐色，常 3 ～ 4 朵聚生而呈轮生状；唇瓣先端渐尖或钝，边缘稍内弯；蕊柱极短，明显短于着生于其上的花药或蕊喙。蒴果椭圆形。花果期 6 ～ 8 月。

尖唇鸟巢兰：① 植株地上部分；② 植株下部；③ 花枝；④ 花；⑤ 蕊柱　　（绘图　谷连福）

【生活习性】

生于海拔 1500 ～ 4100 米的林下或荫蔽草坡上。

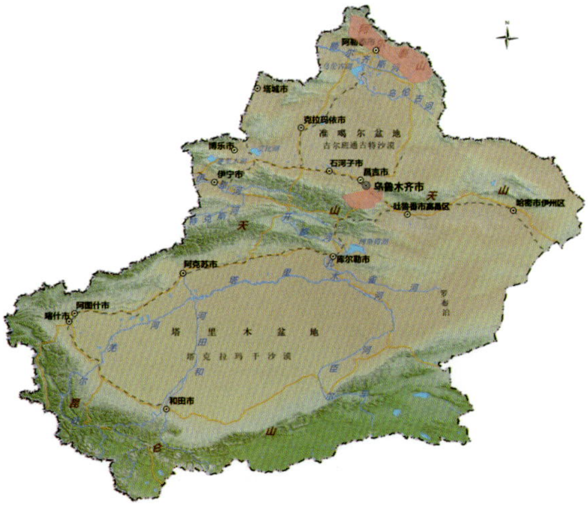

■ 尖唇鸟巢兰分布区——产阿尔泰山、乌鲁木齐。吉林、内蒙古、河北、山西、陕西、甘肃、青海、湖北、四川、云南、西藏、台湾等地有分布。日本、朝鲜、印度、尼泊尔及俄罗斯也有分布。

【保护价值】

该物种花造型奇特，花色特别，可作园艺观赏植物。分布区域十分狭窄。

277. 欧洲对叶兰 *Neottia ovata*

[中 文 名] 欧洲对叶兰
[科　　名] 兰科
[属　　名] 鸟巢兰属
[别　　名] 无
[保护级别] 新疆一级
[受威胁度] IUCN 濒危物种红色名录列为无危物种（LC）

【生物学特征】

植株高 25 ～ 60 厘米，根状茎短，颈部有密集的纤维根。地上茎直立，无分枝，基部有紫褐色鳞状叶或鞘状叶 1 ～ 3 枚，中部或近中部着生 2 枚对生叶，卵圆形。花序总状顶生，长 10 ～ 25 厘米，花多数，花序轴绿色，无腺毛；花小，绿色或黄绿色，小花梗被短柔毛；唇瓣倒楔形，顶端 2 裂，裂片为线形或狭长圆形，基部无距；花粉块 2。花期 6 ～ 7 月。

【生活习性】

生于天山云杉林下及林缘。

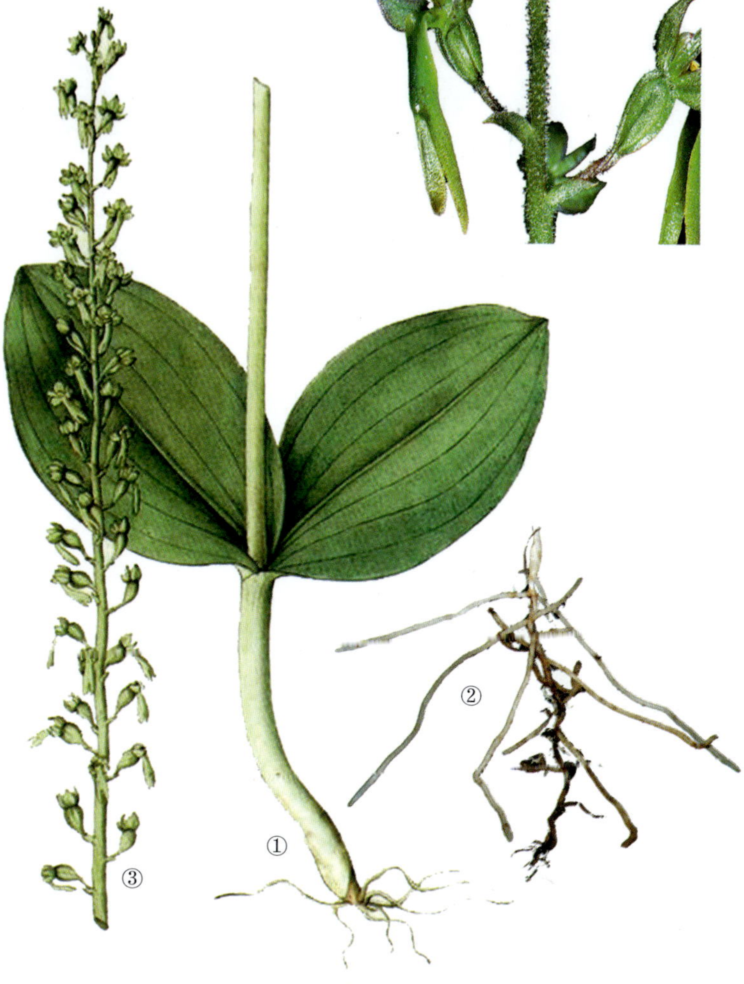

欧洲对叶兰：① 植株；② 根；③ 花枝　（绘图　谷连福）

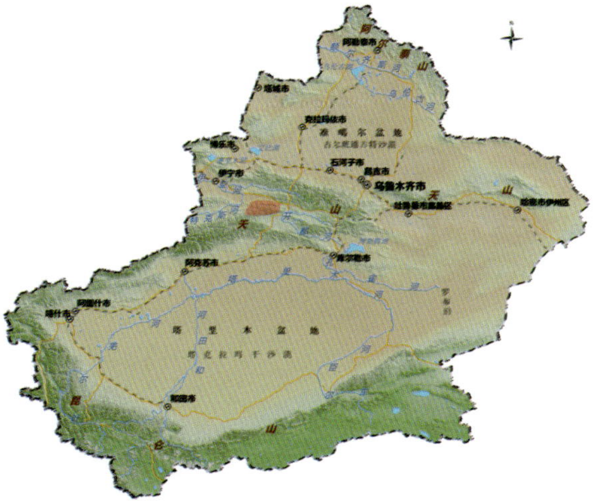

■ 欧洲对叶兰分布区——产巩留。俄罗斯、哈萨克斯坦及欧洲也有分布。

【保护价值】

该物种花造型奇特，花色特别，可作园艺观赏植物。分布区域十分狭窄，其生境特殊，十分脆弱。

- 中国仅在新疆分布。

278. 天山对叶兰 *Neottia tianschanica*

［中 文 名］天山对叶兰
［科　　名］兰科
［属　　名］鸟巢兰属
［别　　名］叉唇对叶兰
［保护级别］新疆一级
［受威胁度］中国生物多样性红色名录列为近危物种（NT）

【生物学特征】

植株高 3 ～ 20 厘米。地上茎直立，中下部着生 2 枚对生叶；叶阔圆卵形。总状花序顶生，1 ～ 3 花；花序轴无叶，具腺体及柔毛；唇瓣长于萼片，绿色，先端 2 裂，小裂片圆形；花粉块颗粒状。花期 7 ～ 8 月。

【生活习性】

生于天山阴湿林下。

天山对叶兰：① 植株上部；② 植株下部；③ 花（示花序轴无叶，具柔毛；唇瓣长于萼，绿色，带紫色）
（绘图　谷连福）

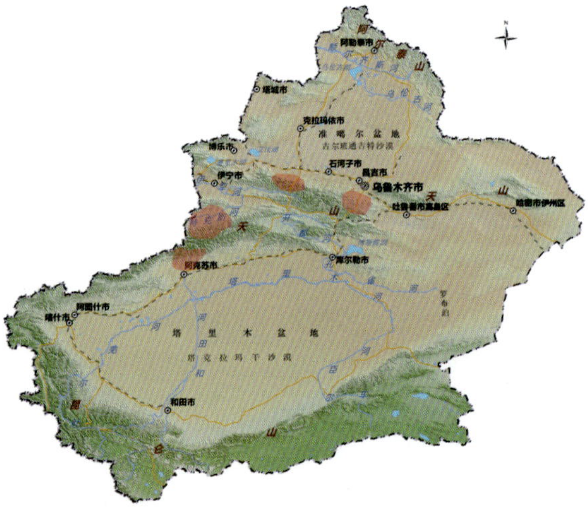

■ 天山对叶兰分布区——产乌苏、乌鲁木齐、昭苏、温宿。

【保护价值】

该物种植株矮小秀丽，花造型奇特，可作园艺观赏植物。分布区域十分狭窄。

● 新疆特有种。

279. 火烧兰 *Epipactis helleborine*

[中 文 名] 火烧兰
[科　　名] 兰科
[属　　名] 火烧兰属
[别　　名] 小花火烧兰
[保护级别] 新疆二级
[受威胁度] 中国生物多样性红色名录列为无危物种（LC）

【生物学特征】

多年生草本，高 20 ～ 70 厘米。根状茎粗短。茎上部被短柔毛，下部无毛。叶 4 ～ 7 枚，互生。总状花序长 10 ～ 30 厘米，通常具 3 ～ 40 朵花；花绿色或淡紫色，下垂，较小；唇瓣长 6 ～ 8 毫米，中部明显缢缩；下唇兜状；上唇近三角形，基部有 2 枚突起的胼胝体。蒴果倒卵状或椭圆状，长约 1 厘米，具极疏的短柔毛。花期 7 月，果期 9 月。

【生活习性】

生于天山海拔 900 ～ 1750 米云杉林下，阴坡山地草甸及湖畔芦苇丛，阿尔泰山山谷草甸偶见生长。

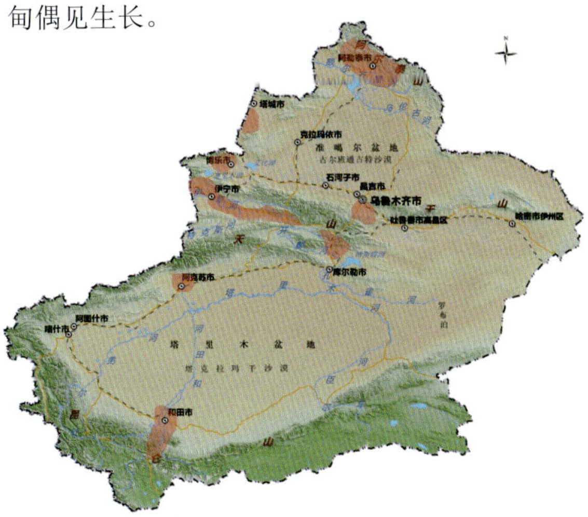

■ 火烧兰分布区——产布尔津、阿勒泰、乌鲁木齐、裕民、博乐、霍城、新源、伊宁、巩留、和静、焉耆、阿克苏、和田等县市。陕西、甘肃、青海、宁夏、黑龙江、内蒙古、河北、山西、西藏、云南、贵州、湖南、湖北等地有分布。巴基斯坦、不丹、尼泊尔、阿富汗、俄罗斯、中亚地区、亚洲西南部、欧洲、非洲北部及北美洲也有分布。

火烧兰：① 植株上部；② 植株下部；③ 唇瓣；④ 花序
（绘图　谷连福）

【保护价值】

该物种根、全草入药，清热解毒，止咳化痰；根入药，理气行血，主治跌打损伤；花造型奇特，颜色特别，可作园艺观赏植物。

280. 新疆火烧兰 *Epipactis palustris*

[中 文 名] 新疆火烧兰
[科　　名] 兰科
[属　　名] 火烧兰属
[别　　名] 火烧兰
[保护级别] 新疆二级
[受威胁度] IUCN 濒危物种红色名录列为无危物种（LC）
中国生物多样性红色名录列为易危物种（VU）

【生物学特征】

多年生草本，高 25 ～ 60 厘米。根状茎长，呈匍匐状，具多条细根，根梢呈“之”字弯曲，无毛。茎直立，上部具 7 ～ 8 枚叶，仅上部及花序轴具乳突状柔毛。总状花序长 10 ～ 20 厘米，具 6 朵至数十朵花；花瓣黄色；下唇微凹，中央具不规则瘤状凸起，背面稍凸起呈龙骨状；上唇扁圆形至近圆形。花期 6 ～ 7 月。

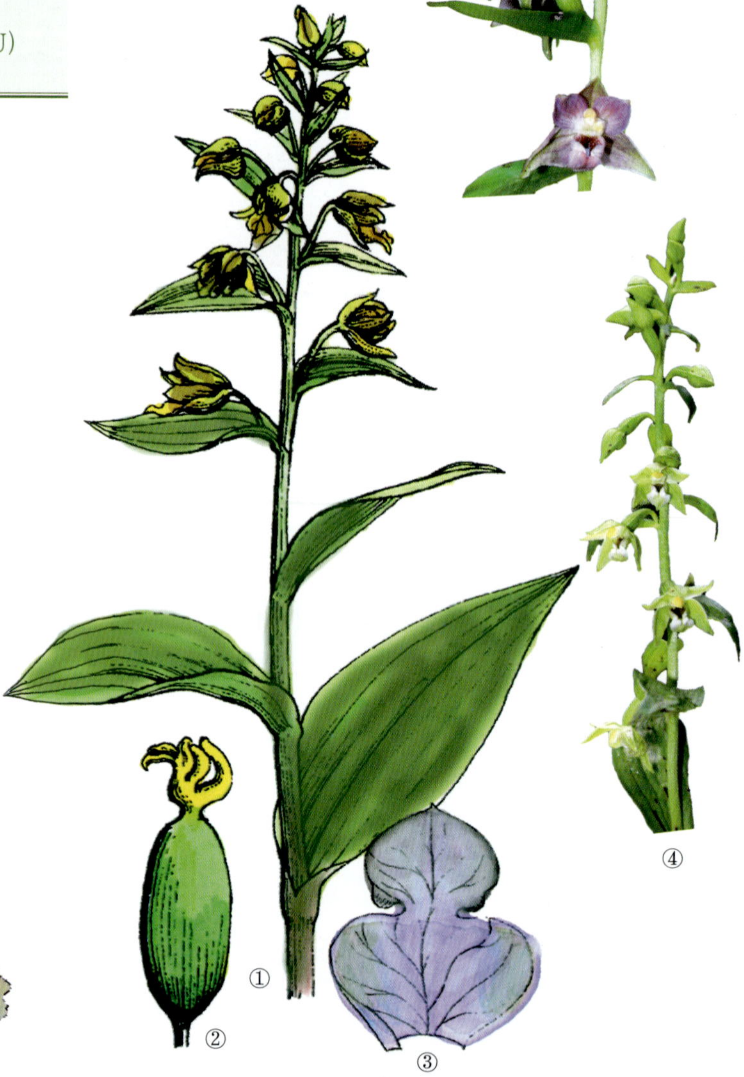

新疆火烧兰：① 植株；② 果实；③ 唇瓣；④ 花序
（绘图　谷连福）

【生活习性】

生于额尔齐斯河河岸及天山山麓的草甸草原。

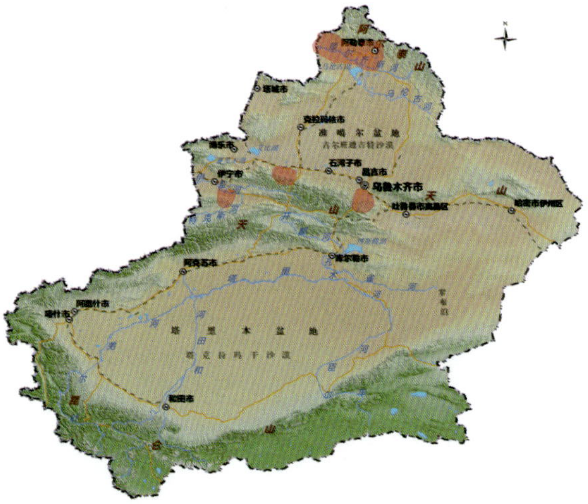

■ 新疆火烧兰分布区——产阿勒泰、哈巴河、巩留、乌鲁木齐、乌苏等地。欧洲、俄罗斯也有分布。

【保护价值】

该物种花造型奇特，颜色特别，可作园艺观赏植物。

● 中国仅在新疆分布。

281. 绶草 *Spiranthes sinensis*

［中 文 名］绶草
［科　　名］兰科
［属　　名］绶草属
［别　　名］盘龙参、手参、绶兰
［保护级别］新疆二级
［受威胁度］IUCN 濒危物种红色名录列为无危物种（LC）
中国生物多样性红色名录列为无危物种（LC）

【生物学特征】

多年生草本，高 10 ～ 40 厘米。根数条，指状，肉质，簇生于茎基部。茎纤细，直立，基部有 3 ～ 5 枚线状披针形小叶。花茎上部被腺状柔毛至无毛；穗状花序，螺旋状扭曲；苞片卵状披针形；花小，红色，粉红色，钟状；花粉块较大；子房卵形，扭转，具腺毛。蒴果三棱状。花期 6 ～ 8 月。

【生活习性】

生于阿尔泰山海拔 450 ～ 800 米的河谷及河流岸草甸。

绶草：① 植株；② 花；③ 花瓣　（绘图　黄瑞）

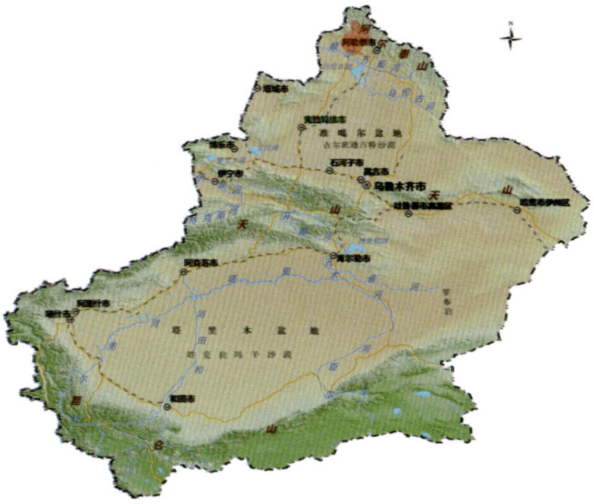

■ 绶草分布区——产布尔津、阿勒泰。我国西北、华北、东北、西南、华南、华东各省区均有分布。日本、朝鲜、印度、菲律宾、马来西亚、澳大利亚、蒙古国、中亚地区、欧洲等地也有分布。

【保护价值】

该物种全草可供药用，有清热凉血、消炎止痛和止血的作用。花造型奇特，花色艳丽，可作园艺观赏植物。

282. 小斑叶兰 *Goodyera repens*

[中 文 名] 小斑叶兰
[科　　名] 兰科
[属　　名] 斑叶兰属
[别　　名] 南投斑叶兰、匍枝斑叶兰、袖珍斑叶兰
[保护级别] 新疆二级
[受威胁度] IUCN 濒危物种红色名录列为无危物种（LC）
中国生物多样性红色名录列为无危物种（LC）

【生物学特征】

多年生草本，高 15 ～ 35 厘米。根状茎伸长，茎状，匍匐，具节。茎直立，绿色，具 4 ～ 6 枚叶。叶片卵形或卵状披针形，上面绿色，具白色不规则的点状斑纹，背面淡绿色，具柄。花茎直立，被白色腺状柔毛；总状花序具几朵至 10 余朵，密生；花较小，白色或带粉红色，半张开；萼片背面被柔毛，具 1 脉；花瓣菱状倒披针形，无毛，具 1 脉；唇瓣卵形，基部凹陷呈囊状。花期 8 ～ 10 月。

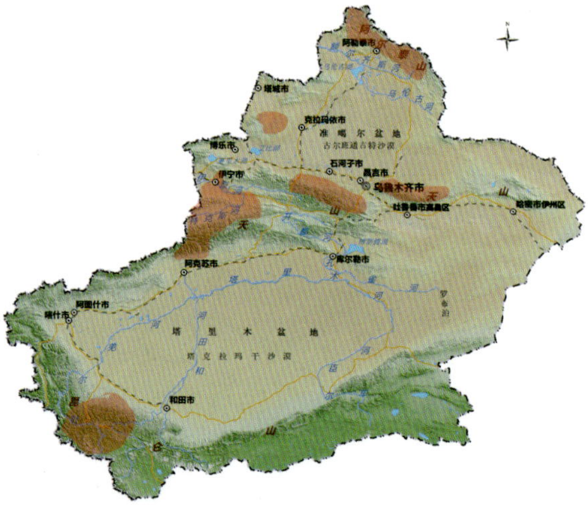

■ 小斑叶兰分布区——产阿勒泰、布尔津、富蕴、奇台、阜康、乌鲁木齐、昌吉、玛纳斯、石河子、沙湾、托里、伊宁、察布查尔、昭苏、巩留、温宿、阿克苏、叶城等县市。我国西北、东北、华北、华中及西南各省区有分布。朝鲜、日本、蒙古国、俄罗斯、中亚地区、欧洲与北美洲也有分布。

小斑叶兰：① 植株；② 果实；③ 花　（绘图　黄瑞）

【生活习性】

生于阿尔泰山、天山针叶林下及阴湿山地草甸草原，海拔 1300 ～ 2800 米。

【保护价值】

该物种可全草入药，清热解毒，活血止痛，软坚散结。

283. 小花舌唇兰 *Platanthera minutiflora*

[中 文 名] 小花舌唇兰
[科　　名] 兰科
[属　　名] 舌唇兰属
[别　　名] 无
[保护级别] 新疆一级
[受威胁度] 中国生物多样性红色名录列为近危物种（NT）

【生物学特征】

多年生草本，高 10 ～ 30 厘米。根状茎匍匐，肉质，圆柱形。茎直立，无毛，上部棱上多少具翅，中部具 1 ～ 2 枚苞片状小叶，基部具 1 枚大叶。大叶片匙形或椭圆状匙形，长 5 ～ 10 厘米、宽 1 ～ 2.5 厘米，无毛，柄下部抱茎。总状花序长 3 ～ 8 厘米，具 4 ～ 12 朵密集或较疏生的花；花黄绿色或绿白色，较小；唇瓣黄色或白色，稍外弯，舌状或舌状披针形，肉质，不裂；距下垂，圆锥形，甚短，末端常稍钩曲；药室稍叉开，药隔较宽，顶部稍凹陷。子房圆柱形，扭转，无毛，连花梗长可达 1 厘米。花期 6 ～ 7 月。

【生活习性】

生于天山云杉林下，海拔 2000 ～ 2600 米。

■ 小花舌唇兰分布区——产奇台、玛纳斯、石河子、特克斯、昭苏、拜城等县市。甘肃、陕西、西藏、四川、云南等省区有分布。塔吉克斯坦、哈萨克斯坦也有分布。

小花舌唇兰：① 植株；② 花；③ 中萼片、花瓣、侧萼片和唇瓣；④ 花药和蕊柱　　（绘图　黄瑞）

【保护价值】

该物种花造型奇特，可作园艺观赏植物。

284. 北方盔花兰 *Galearis roborowskyi*

［中 文 名］北方盔花兰
［科　　名］兰科
［属　　名］盔花兰属
［别　　名］北方红门兰
［保护级别］新疆二级
［受威胁度］未予评估（NE）

【生物学特征】

多年生草本，高 5 ～ 15 厘米。无块茎，具狭圆柱状、伸长、平展、肉质的根状茎。茎直立，叶 1 枚，罕 2 枚，基生。叶片卵形，直立伸展，长 3 ～ 9 厘米、宽 1 ～ 2.5 厘米。花茎直立，较纤细；花序具 1 ～ 5 朵花，常偏向一侧；花苞片卵状披针形，最下面的 1 枚常长于花；花紫红色；唇瓣向基部具距，前部 3 裂；距圆筒状，下垂，稍向前弯曲。花期 6 ～ 7 月。

【生活习性】

生于天山北坡海拔 2100 ～ 2600 米的亚高山草甸及阴坡石堆缝隙。

北方盔花兰：① 植株；② 花　（绘图　张枫苑）

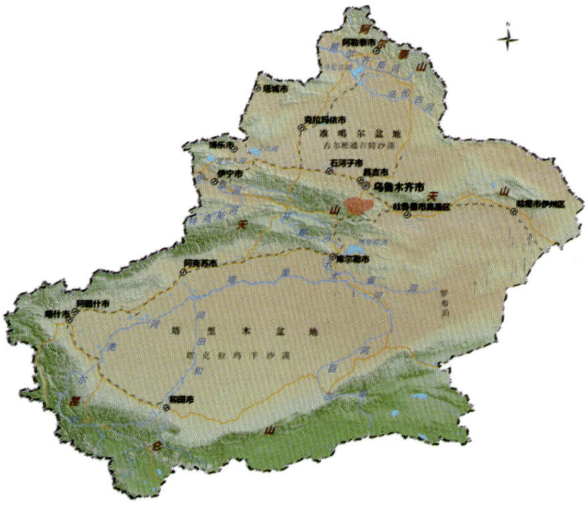

■ 北方盔花兰分布区——产乌鲁木齐。青海、甘肃、西藏、四川、云南、河北、河南等省区有分布。不丹、印度、尼泊尔也有分布。

【保护价值】

该物种花造型奇特，色泽艳丽，可作园艺观赏植物。该物种在新疆分布区域十分狭窄，是重要的种质资源。

285. 四裂红门兰 *Orchis militaris*

［中 文 名］ 四裂红门兰
［科　　名］ 兰科
［属　　名］ 红门兰属
［别　　名］ 无
［保护级别］ 新疆一级
［受威胁度］ 中国生物多样性红色名录列为濒危物种（EN）

【生物学特征】

多年生草本，高 20 ～ 45 厘米。块茎卵球形，肉质，不裂。茎直立，基部有鳞片鞘状叶 2 枚；近基生叶大，互生 3 ～ 5 枚，长圆状椭圆形，长 8 ～ 18 厘米、宽 2.5 ～ 5 厘米，上面无紫斑。花序具多数密生的花，花不偏向一侧；花苞片卵形，绿色或带紫红色；花淡紫色或粉红色，具香气；唇瓣基部具紫红色斑点和被细乳突，具距，4 裂，顶端 2 裂片之间有 1 个三角形突尖。花期 5 ～ 6 月。

【生活习性】

生于湿生及中湿生环境的河滩岸边草甸。

四裂红门兰：① 植株下部；② 植株上部；③ 花；④ 花序
（绘图　张枫苑）

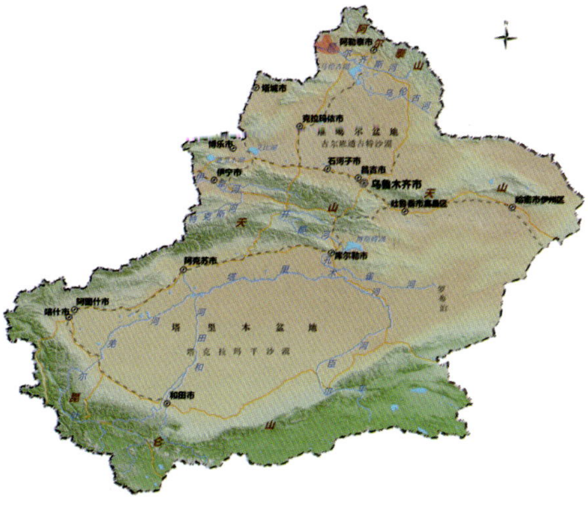

■ 四裂红门兰分布区——新疆仅见于哈巴河县。蒙古国、阿富汗、亚洲西南部、俄罗斯及欧洲也有分布。

【保护价值】

红门兰属块根晒干后变得晶莹，称之为白及；白及的粉剂和含黏液的浸剂作消炎、敷用和润滑药；花造型奇特，色泽艳丽，可作园艺观赏植物；蜜源植物。

● 中国仅在新疆分布，且分布区域十分狭窄。

286. 掌裂兰 *Dactylorhiza hatagirea*

［中 文 名］掌裂兰
［科　　名］兰科
［属　　名］掌裂兰属
［别　　名］宽叶红门兰
［保护级别］新疆二级
［受威胁度］IUCN 濒危物种红色名录列为濒危物种（EN）
中国生物多样性红色名录列为数据缺乏物种(DD)

【生物学特征】

多年生草本，高 10 ～ 40 厘米。块茎掌状 3 ～ 5 浅裂。茎直立，粗壮，中空，3 ～ 6 叶。叶长圆形到线状披针形，绿色，无斑点。花苞片披针形，超过子房；花不裂，淡紫色到略带紫色的玫瑰色，中等大小；萼片和花瓣淡紫色或略带紫色的玫瑰色；唇瓣卵形到近圆形，通常比长稍宽；距下垂，直。花期 6 ～ 8 月。

掌裂兰：① 植株；② 花；③ 花瓣；④ 叶
（绘图　黄瑞）

【生活习性】

生于阿尔泰山、天山及帕米尔的塔什库尔干，海拔 700 ～ 3400 米的沼泽、河滩草甸、河岸林下草地，盐渍化草甸也有生长。

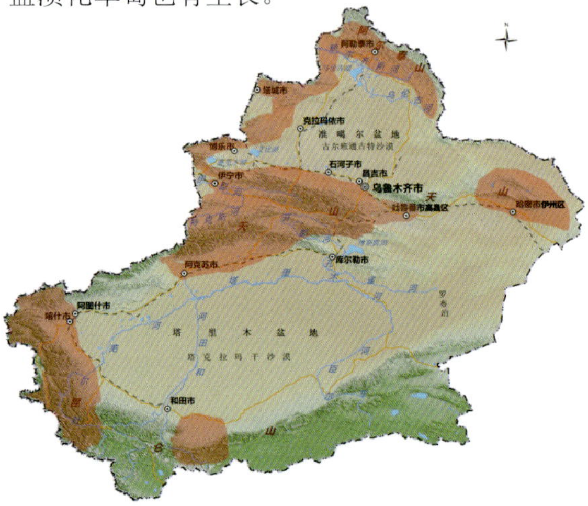

■ 掌裂兰分布区——产富蕴、阿勒泰、布尔津、哈巴河、青河、阜康、乌鲁木齐、玛纳斯、石河子、精河、额敏、塔城、托里、和布克赛尔、温泉、博乐、伊宁、新源、巩留、特克斯、昭苏、伊吾、哈密、巴里坤、吐鲁番、和静、新和、阿克苏、拜城、阿克陶、喀什、乌恰、叶城、塔什库尔干、策勒等地。黑龙江、吉林、内蒙古、宁夏、甘肃、青海、四川、西藏有分布。蒙古国、巴基斯坦、不丹、尼泊尔也有分布。

【保护价值】

该物种块茎药用，常代替手参。有补益气血、生津止渴、治肺虚咳喘的功效；花造型奇特，色泽艳丽，可作园艺观赏植物；蜜源植物。

● 由于常年被滥掘乱挖，用作中药，再加上放牧影响，该物种生态环境遭到破坏，野生种群数量减少。

287. 阴生掌裂兰 *Dactylorhiza umbrosa*

［中 文 名］阴生掌裂兰
［科　　名］兰科
［属　　名］掌裂兰属
［别　　名］阴生红门兰
［保护级别］新疆二级
［受威胁度］中国生物多样性红色名录列为近危物种（NT）

【生物学特征】

多年生草本，高 15 ～ 45 厘米。块茎（3 ～）4 ～ 5 裂呈掌状，肉质。茎粗壮，直立，中空。叶 4 ～ 8 枚，叶片披针形或线状披针形，上面无紫色斑点，下部叶长大。花序具多数密生的花，不偏向一侧；花苞片绿色或带紫红色；花紫红色或淡紫色；唇瓣长稍短于宽，基部具距，距稍弯曲。花期 5 ～ 7 月。

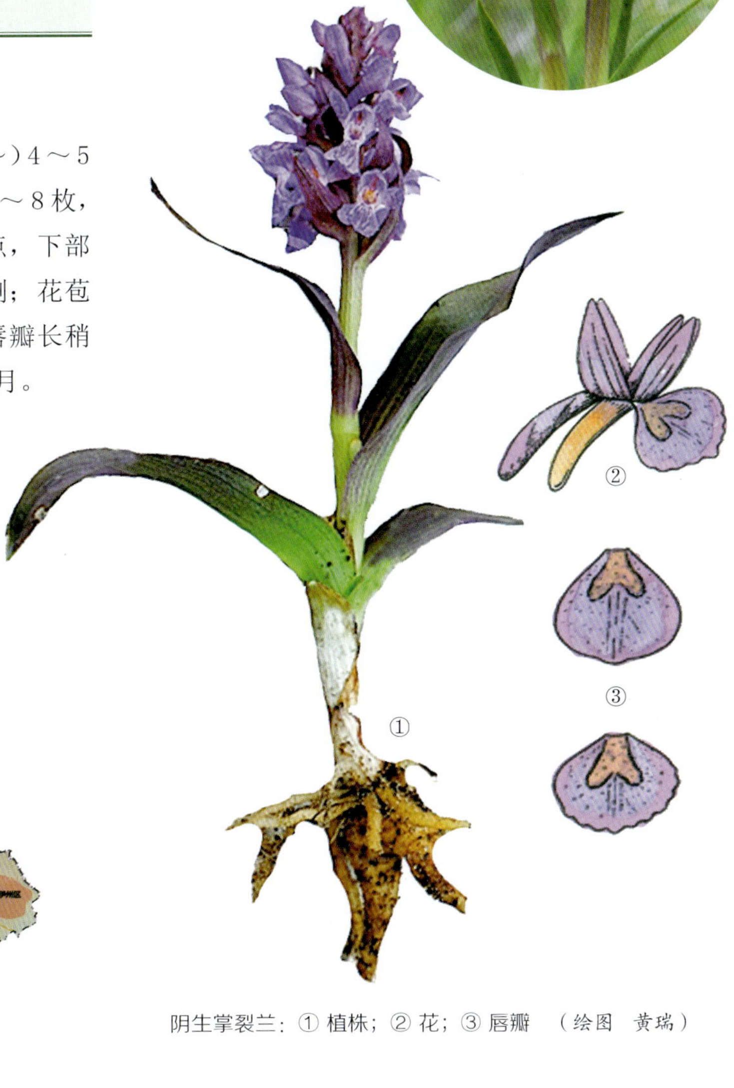

阴生掌裂兰：① 植株；② 花；③ 唇瓣　（绘图　黄瑞）

【生活习性】

生长于天山海拔 700 ～ 3000 米河滩湿地草甸、亚高山河谷草甸，最高生于帕米尔的塔什库尔干，海拔 4000 米的高山沼泽草甸、山坡阴湿草地。

■ 阴生掌裂兰分布区——产乌鲁木齐、玛纳斯、精河、塔城、伊宁、察布查尔、尼勒克、新源、巩留、昭苏、伊吾、哈密、托克逊、焉耆、和静、库车、新和、乌恰、阿克陶、喀什、塔什库尔干、叶城等县市。巴基斯坦、阿富汗、哈萨克斯坦、土库曼斯坦、乌兹别克斯坦及俄罗斯也有分布。

【保护价值】

该物种植物的掌状块茎可供获得白及，药用，其功效同宽叶红门兰；花造型奇特，色泽艳丽，可作园艺观赏植物。

● 中国仅在新疆分布，生境特殊且脆弱。

288. 波罗的海掌裂兰

Dactylorhiza majalis

［中 文 名］ 波罗的海掌裂兰
［科　　名］ 兰科
［属　　名］ 掌裂兰属
［别　　名］ 无
［保护级别］ 新疆一级
［受威胁度］ 未予评估（NE）

【生物学特征】

多年生草本，高 30 ～ 60 厘米。块茎掌状 3 ～ 5 分枝。茎直立，中空。茎生叶 5 ～ 6 枚，叶披针形或长圆形，具紫色斑点。穗状花序顶生，密集，多花，15 ～ 32 朵；花紫色或绿色；唇瓣顶端 3 裂，有深紫色斑点，中裂片边缘略呈羽状，距长 7 ～ 9 毫米。花期 6 ～ 7 月。

【生活习性】

生于阿尔泰山海拔 970 ～ 1600 米，额尔齐斯河及河谷草甸。

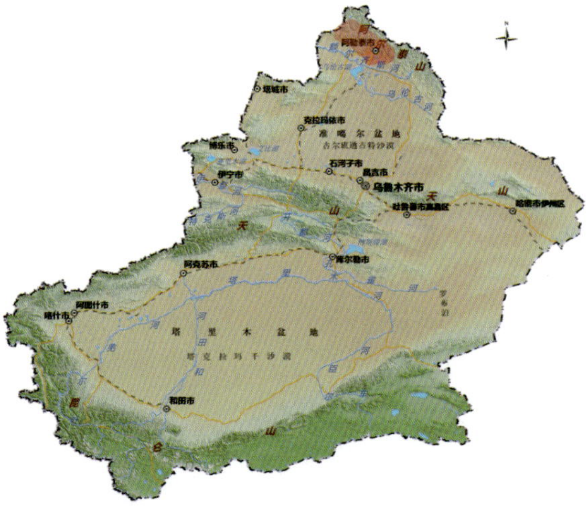

■ 波罗的海掌裂兰分布区——产阿勒泰、哈巴河。波兰南部至西伯利亚地区、中亚地区也有分布。

波罗的海掌裂兰：① 植株；② 花（示唇瓣）；③ 叶正面；④ 叶背面　　（绘图　谷连福）

【保护价值】

该物种花造型奇特，色泽艳丽，可作园艺观赏植物。其分布区域十分狭窄。

● 中国仅在新疆分布。

289. 紫点掌裂兰
Dactylorhiza incarnata

[中 文 名] 紫点掌裂兰
[科　　名] 兰科
[属　　名] 掌裂兰属
[别　　名] 无
[保护级别] 新疆一级
[受威胁度] 未予评估（NE）

【生物学特征】

多年生草本，高 11 ～ 35 厘米。根扁平，下部 3 ～ 4 裂呈掌裂，肉质。茎直立，中空。茎顶部多叶 3 ～ 5 枚；叶广披针形或披针形，上面具密集的暗紫色细斑点，呈暗紫色。总状花序，花多，稠密，呈短圆筒状；花紫红色或紫红至玫瑰红色；唇瓣具暗紫色花纹，上面被淡色乳头，广椭圆形，全缘，1/2 ～ 1/3 处边缘有波状齿；距长 4.5 ～ 6 毫米。花期 6 ～ 7 月。

【生活习性】

生于阿尔泰山、天山云杉林下及林间草地，海拔 1000 ～ 2000 米。

■ 紫点掌裂兰分布区——产福海、托里、裕民、精河、和静、巩留、昭苏及阿克苏等县市。俄罗斯及欧洲也有分布。

紫点掌裂兰：① 植株；② 花；③ 唇瓣；④ 叶正面；⑤ 叶背面　　（绘图　谷连福）

【保护价值】

该物种花造型奇特，色泽艳丽，可作园艺观赏植物。

● 中国仅在新疆分布。

290. 紫斑掌裂兰 *Dactylorhiza fuchsii*

［中 文 名］紫斑掌裂兰
［科　　名］兰科
［属　　名］掌裂兰属
［别　　名］无
［保护级别］新疆一级
［受威胁度］未予评估（NE）

【生物学特征】

多年生草本，高 25 ～ 60 厘米。块根扁平，2 ～ 4 分裂。茎直立。茎生叶 3 ～ 8 枚，叶上面有深绿色或紫褐色斑块，下面也具彩色或灰绿色及被白霜。总状花序密集似穗状顶生；苞片小叶状绿色；花紫色；唇瓣圆形至菱形，上面有紫色条纹及大斑块；于 1/2 ～ 1/3 处深裂，中裂片全缘；距长 6 ～ 8 毫米。花期 6 ～ 7 月。

紫斑掌裂兰：① 植株；②～③ 花；④ 中萼片、花瓣、倒萼片和唇瓣；⑤ 叶正面；⑥ 叶背面　　（绘图　张枫苑）

【生活习性】

生于阿尔泰山、天山海拔 850 ～ 2300 米的云杉林下、河谷草甸。

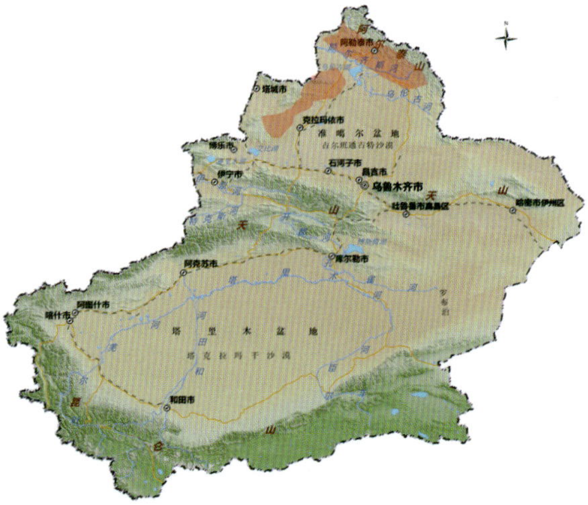

■ 紫斑掌裂兰分布区——产富蕴、哈巴河、阿勒泰、和布克赛尔、托里等县市。蒙古国、俄罗斯及欧洲也有分布。

【保护价值】

该物种块茎药用，可治腹泻、乳房疼痛、妇女病、儿童各种疝。其花造型奇特，色泽艳丽，可作园艺观赏植物。该物种是蜜源植物。

● 中国仅在新疆分布。

291. 凹舌兰 *Dactylorhiza viridis*

［中 文 名］凹舌兰
［科　　名］兰科
［属　　名］掌裂兰属
［别　　名］凹舌掌裂兰
［保护级别］新疆二级
［受威胁度］IUCN 濒危物种红色名录列为无危物种（LC）
中国生物多样性红色名录列为无危物种（LC）

【生物学特征】

多年生草本，高 10 ～ 35 厘米。块茎肉质，掌状分裂。茎直立，无毛。总状花序顶生，多花；苞片线状披针形或披针形；花绿色或黄绿色，无梗；花瓣线状披针形，具 1 条脉；唇瓣顶端 3 裂，中裂片小，呈突尖状三角形；柱头近肾状；子房扭转，无毛。蒴果直立，椭圆形。花期 6 ～ 7 月。

凹舌兰：① 植株；② 花；③ 中萼片、花瓣、侧萼片和唇瓣　　（绘图　黄瑞）

【生活习性】

生于阿尔泰山、天山、昆仑山亚高山草甸、云杉林下及山地草原，海拔 1200 ～ 3000 米。

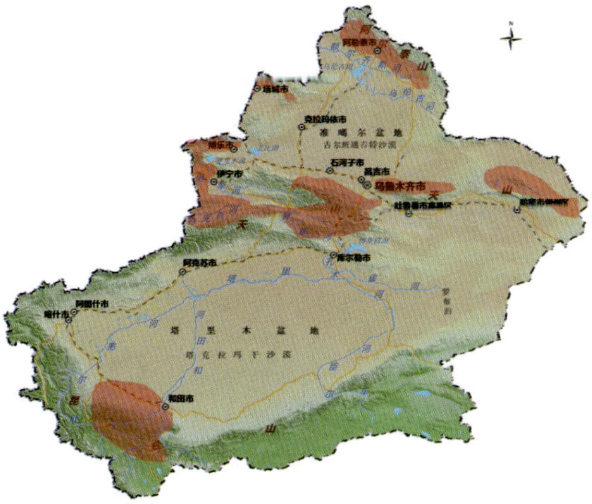

■ 凹舌兰分布区——产富蕴、哈巴河、阿勒泰、阜康、奇台、乌鲁木齐、玛纳斯、石河子、沙湾、塔城、博乐、霍城、巩留、昭苏、伊吾、巴里坤、和静、皮山、和田等县市。黑龙江、吉林、河北、河南、甘肃、湖北有分布。蒙古国、日本、朝鲜、不丹、尼泊尔、哈萨克斯坦、吉尔吉斯斯坦、土库曼斯坦、俄罗斯、亚洲西南部、欧洲及北美洲也有分布。

【保护价值】

该物种块根药用，能补元气、安神增智、治阳痿不举。在陕西、甘肃、宁夏、青海地区亦同人参入药；花造型奇特，可作园艺观赏植物。

中国新疆珍稀及重点保护野生植物

保护级别

中国新疆珍稀及重点保护的野生植物

国家级保护植物

（发菜为国家一级重点保护野生植物，其余为国家二级保护野生植物）

发菜 （国家一级） P3
Nostoc flagelliforme

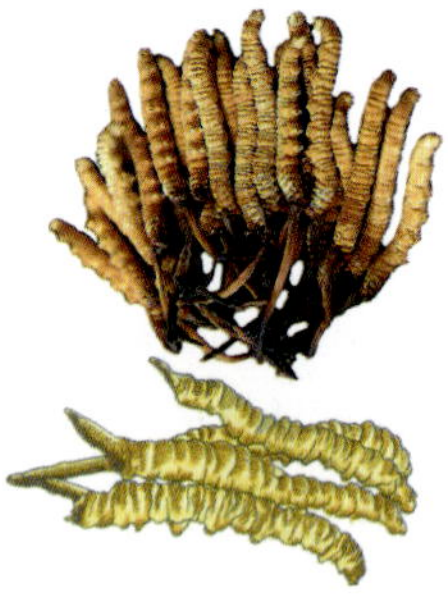

冬虫夏草 P4
Ophiocordyceps sinensis

小杉兰 P5
Huperzia selago

额河杨 P23
Populus × berolinensis var. *jrtyschensis*

雪白睡莲 P61
Nymphaea candida

红景天 P103
Rhodiola rosea

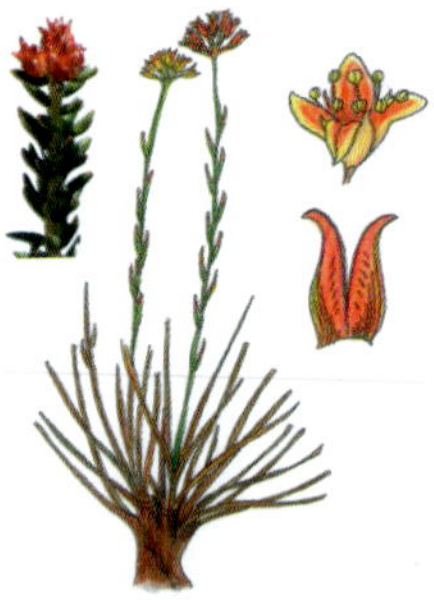

四裂红景天 P104
Rhodiola quadrifida

小檗叶蔷薇 P118
Rosa berberifolia

新疆野苹果 P119
Malus sieversii

新疆野杏 P120
Prunus armeniaca

矮扁桃 P121
Prunus tenella

新疆樱桃李 P122
Prunus cerasifera

沙冬青 P130
Ammopiptanthus mongolicus

甘草 P137
Glycyrrhiza uralensis

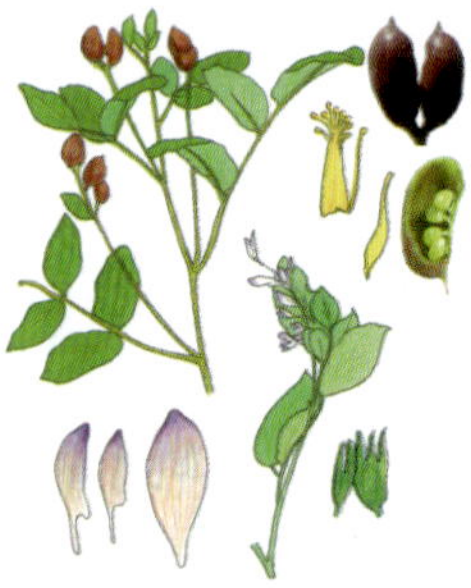

胀果甘草 P138
Glycyrrhiza inflata

瓣鳞花 P148
Frankenia pulverulenta

半日花 P156
Helianthemum songaricum

锁阳 P160
Cynomorium songaricum

阜康阿魏 P162
Ferula fukanensis

麝香阿魏 P163
Ferula moschata

新疆阿魏 P164
Ferula sinkiangensis

羽叶点地梅 P181
Pomatosace filicula

天山梣 P185
Fraxinus sogdiana

新疆紫草 P188
Arnebia euchroma

黑果枸杞 P195
Lycium ruthenicum

管花肉苁蓉 P199
Cistanche tubulosa

肉苁蓉 P200
Cistanche deserticola

雪莲 P214
Saussurea involucrata

阿尔泰雪莲 P215
Saussurea orgaadayi

浮叶慈姑 P229
Sagittaria natans

沙芦草 P235
Agropyron mongolicum

黑紫披碱草 P236
Elymus atratus

短柄披碱草 P237
Elymus brevipes

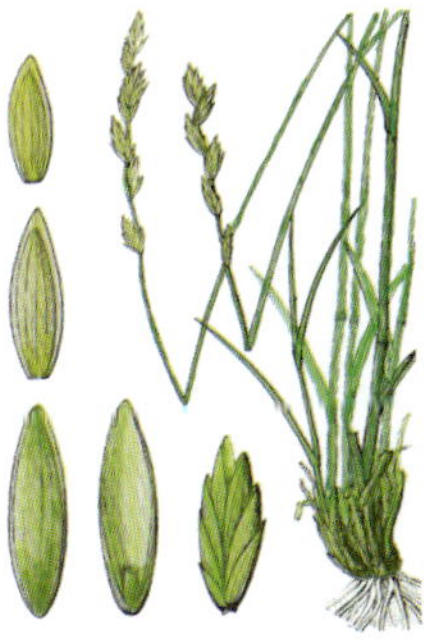
阿拉善披碱草 P238
Elymus alashanicus

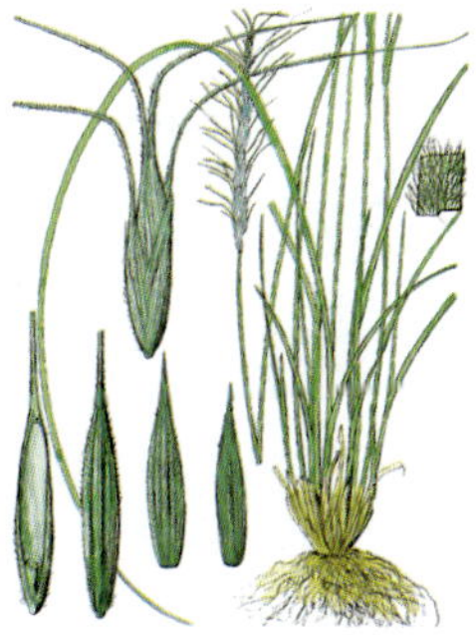
新疆披碱草 P239
Elymus sinkiangensis

青海以礼草 P240
Kengyilia kokonorica

准噶尔郁金香 P246
Tulipa suaveolens

伊犁郁金香 P247
Tulipa iliensis

迟花郁金香 P248
Tulipa kolpakowskiana

天山郁金香 P249
Tulipa thianschanica

赛里木湖郁金香 P250
Tulipa thianschanica

阿尔泰郁金香 P251
Tulipa altaica

塔城郁金香 P252
Tulipa tarbagataica

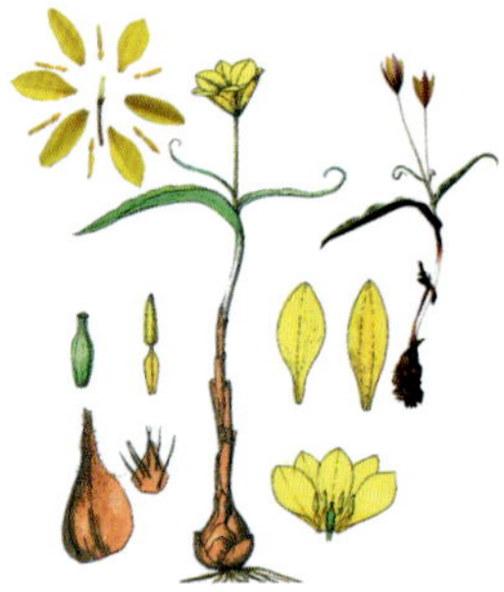

新疆郁金香 P253
Tulipa sinkiangensis

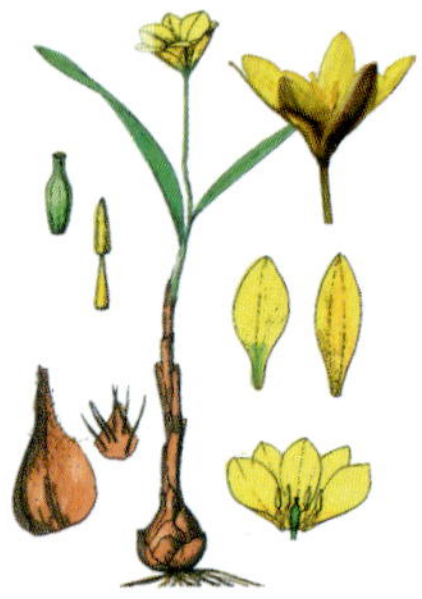

单花郁金香 P254
Tulipa uniflora

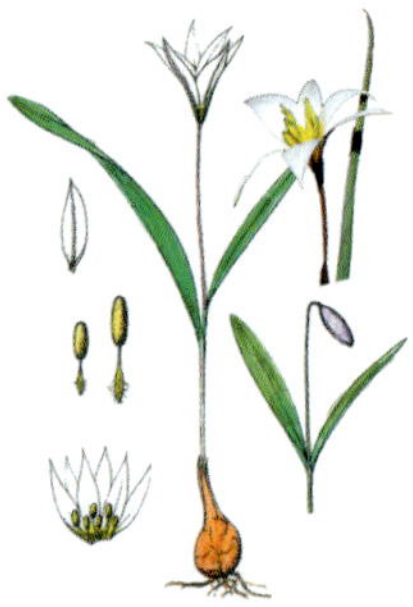

垂蕾郁金香 P255
Tulipa patens

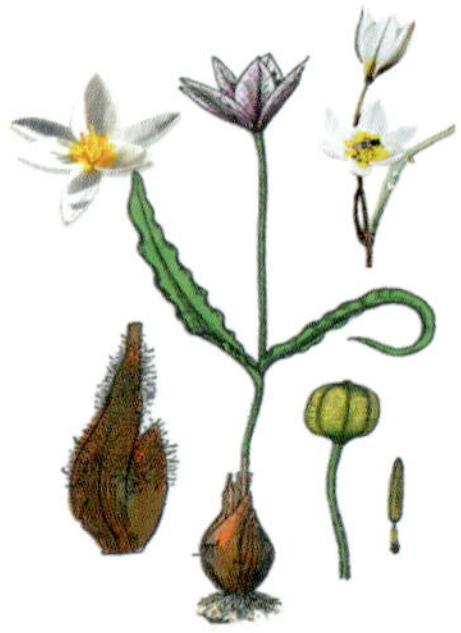

柔毛郁金香 P256
Tulipa biflora

毛蕊郁金香 P257
Tulipa dasystemon

异瓣郁金香 P258
Tulipa heteropetala

异叶郁金香 P259
Tulipa heterophylla

伊贝母 P260
Fritillaria pallidiflora

额敏贝母 P261
Fritillaria meleagroides

新疆贝母 P262
Fritillaria walujewii

托里贝母 P263
Fritillaria tortifolia

乌恰贝母 P264
Fritillaria ferganensis

黄花贝母 P265
Fritillaria verticillata

裕民贝母 P266
Fritillaria yuminensis

砂贝母 P267
Fritillaria karelinii

阿尔泰贝母 P268
Fritillaria meleagris

天山百合 P269
Lilium tianschanicum

四叶重楼 P271
Paris quadrifolia

中国新疆珍稀及重点保护的野生植物

新疆一级保护植物

欧亚多足蕨 P8
Polypodium vulgare

西伯利亚冷杉 P11
Abies sibirica

新疆五针松 P13
Pinus sibirica

昆仑多子柏 P17
Juniperus semiglobosa

昆仑方枝柏 P18
Juniperus centrasiatica

新疆野核桃 P39
Juglans regia

圆叶大黄 P41
Rheum tataricum

吉木乃沙拐枣 P44
Calligonum jeminaicum

盐千屈菜 P51
Halopeplis pygmaea

萍蓬草 P63
Nuphar pumila

淡紫金莲花 P65
Trollius lilacinus

三出翠雀花 P68
Delphinium biternatum

窄叶芍药 P78
Paeonia anomala

块根芍药 P79
Paeonia intermedia

大果高河菜 P84
Megacarpaea megalocarpa

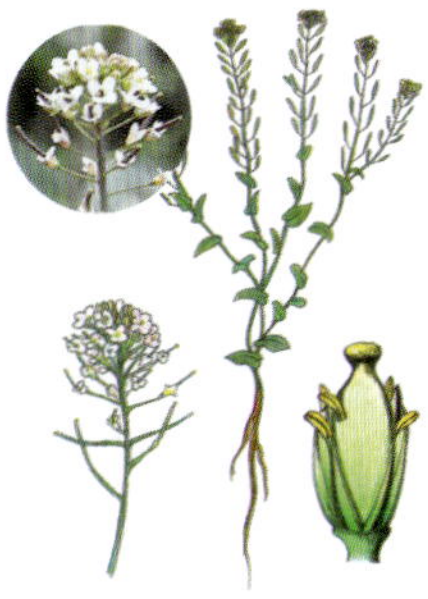
盐芥 P89
Eutrema salsugineum

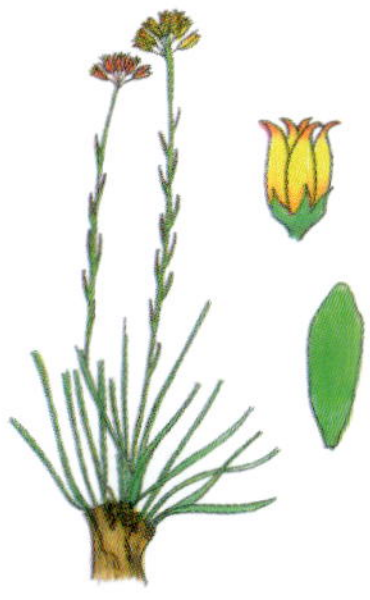
喀什红景天 P105
Rhodiola kaschgarica

东疆红景天 P106
Rhodiola telephioides

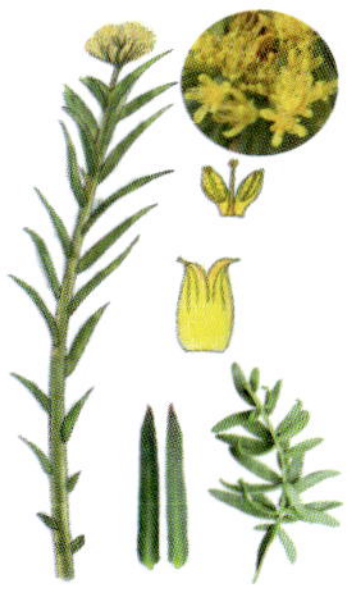
狭叶红景天 P107
Rhodiola kirilowii

欧洲李 P123
Prunus domestica

新疆沙冬青 P131
Ammopiptanthus nanus

银砂槐 P132
Ammodendron bifolium

华丽豆 P135
Calophaca chinensis

光果甘草 P139
Glycyrrhiza glabra

茧荚黄芪 P140
Astragalus lehmannianus

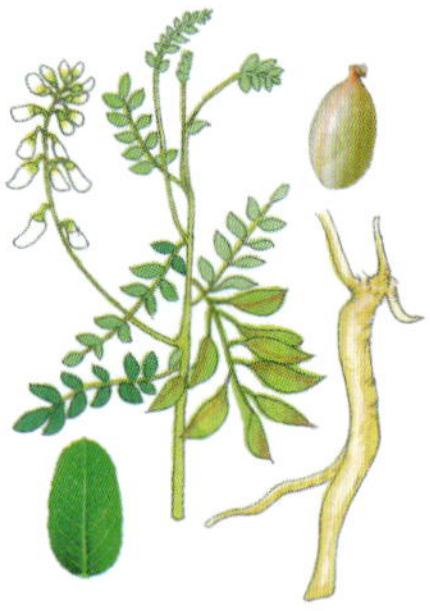
膜荚黄芪 P141
Astragalus membranaceus

匍匐水柏枝 P154
Myricaria prostrata

额河菱角 P158
Trapa natans

托里阿魏 P165
Ferula krylovii

圆锥茎阿魏 P166
Ferula conocaula

大果阿魏 P167
Ferula lehmannii

臭阿魏 P168
Ferula teterrima

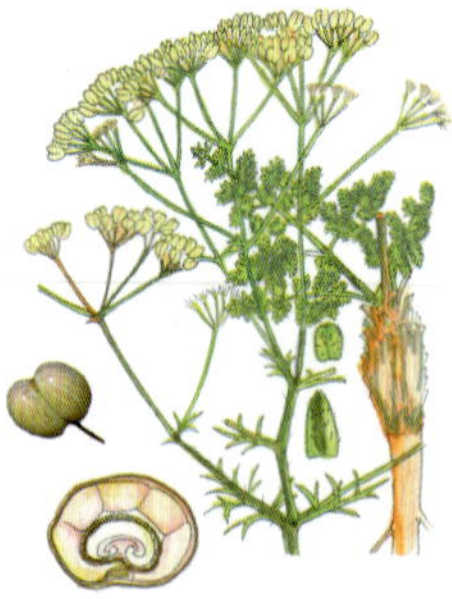
双生栓翅芹 P170
Prangos didyma

岩高兰 P171
Empetrum nigrum

松毛翠 P179
Phyllodoce caerulea

盐生肉苁蓉 P201
Cistanche salsa

鹿草 P228
Rhaponticum carthamoides

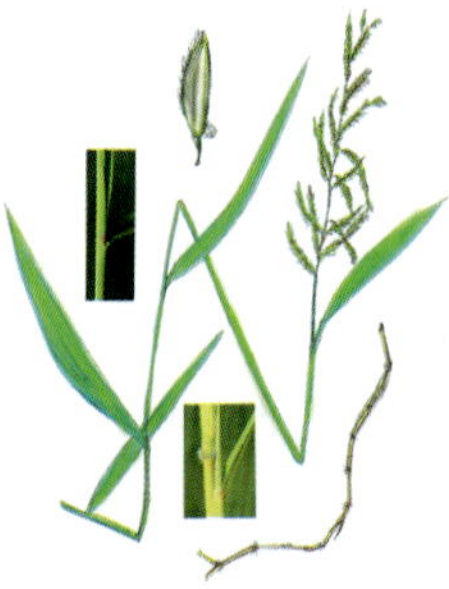
蓉草 P232
Leersia oryzoides

新疆小麦 P243
Triticum petropavlooskyi

新疆百合 P270
Lilium martagon

裂唇虎舌兰 P284
Epipogium aphyllum

尖唇鸟巢兰 P286
Neottia acuminata

欧洲对叶兰 P287
Neottia ovata

天山对叶兰 P288
Neottia tianschanica

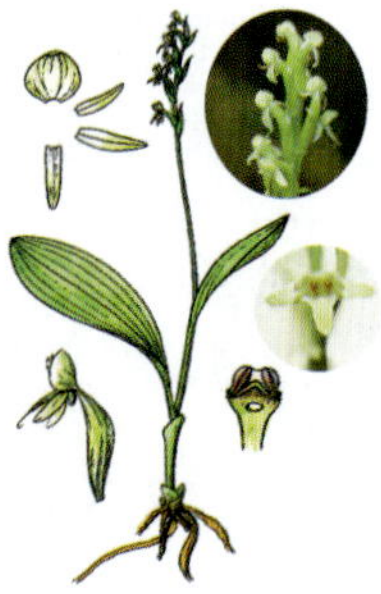
小花舌唇兰 P293
Platanthera minutiflora

四裂红门兰 P295
Orchis militaris

波罗的海掌裂兰 P298
Dactylorhiza majalis

紫点掌裂兰 P299
Dactylorhiza incarnata

紫斑掌裂兰 P300
Dactylorhiza fuchsii

新疆二级保护植物

扇羽阴地蕨 P6
Botrychium lunaria

西伯利亚刺柏 P14
Juniperus communis var. saxatilis

新疆方枝柏 P15
Juniperus pseudosabina

叉子圆柏 P16
Juniperus sabina

木贼麻黄 P19
Ephedra equisetina

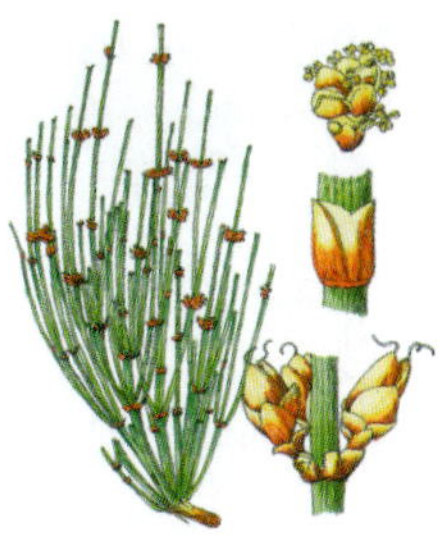
蓝枝麻黄 P20
Ephedra glauca

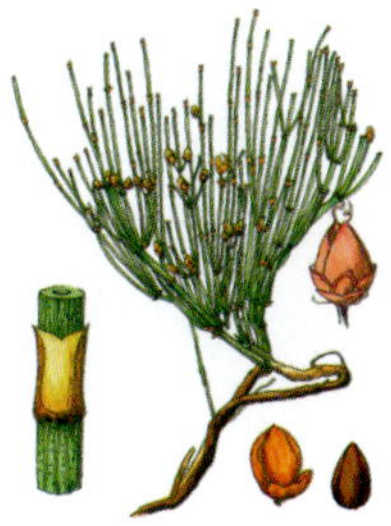
中麻黄 P21
Ephedra intermedia

西藏麻黄 P22
Ephedra tibetica

灰胡杨 P24
Populus pruinosa

伊犁杨 P25
Populus iliensis

帕米杨 P26
Populus pamirica

额河木蓼 P43
Atraphaxis irtyschensis

肉叶雾冰藜 P49
Sedobassia sedoides

异子蓬 P50
Suaeda aralocaspica

白枝猪毛菜 P53
Oreosalsola arbusculiformis

裸果木 P58
Gymnocarpos przewalskii

睡莲 P62
Nymphaea tetragona

新源翠雀花 P69
Delphinium mollifolium

星叶草 P80
Circaeaster agrestis

囊果草 P81
Leontice incerta

红裂叶罂粟 P82
Roemeria refracta

沙地紫罗兰 P85
Matthiola superba

鼠耳芥 P86
Arabidopsis thaliana

两节荠 P87
Crambe kotschyana

福海棒果芥 P88
Sterigmostemum fuhaiense

塔什库尔干藏荠 P90
Smelowskia tibetica

喀什高原芥 P91
Solms-laubachia kashgarica

柱花红景天 P108
Rhodiola semenovii

长鳞红景天 P109
Rhodiola gelida

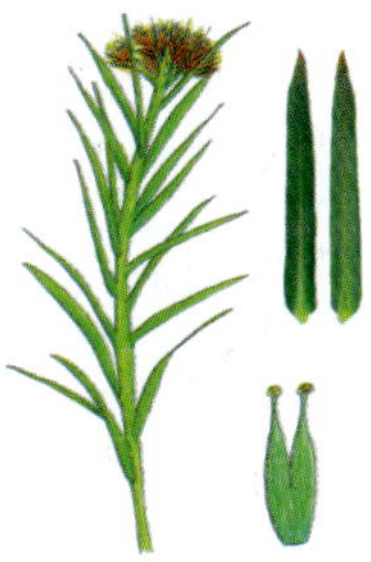
条叶红景天 P110
Rhodiola linearifolia

黄萼红景天 P111
Rhodiola litwinowii

直茎红景天 P112
Rhodiola recticaulis

羽裂红景天 P113
Rhodiola pinnatifida

异齿红景天 P114
Rhodiola heterodonta

大红红景天 P115
Rhodiola coccinea

帕米红景天 P116
Rhodiola pamiroalaica

天山樱桃 P124
Prunus tianshanica

西伯利亚花楸 P125
Sorbus sibirica

准噶尔山楂 P126
Crataegus songarica

帕米尔金露梅 P127
Potentilla dryadanthoides

欧洲稠李 P129
Prunus padus

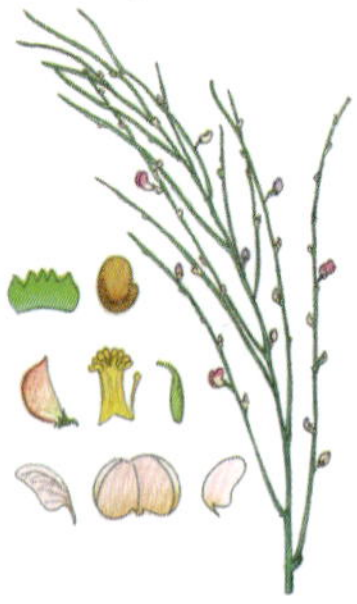
准噶尔无叶豆 P133
Eremosparton songoricum

新疆丽豆 P136
Calophaca soongorica

沙大戟 P143
Chrozophora sabulosa

天山槭 P144
Acer tataricum subsp. *semenovii*

新疆鼠李 P145
Rhamnus songorica

帕米尔鼠李 P146
Rhamnus minuta

新疆琵琶柴 P149
Reaumuria kaschgarica

心叶水柏枝 P155
Myricaria pulcherrima

阿尔泰瑞香 P157
Daphne altaica

多伞阿魏 P169
Ferula feruloides

北极果 P174
Arctous alpinus

越橘 P175
Vaccinium vitis-idaea

黑果越橘 P176
Vaccinium myrtillus

笃斯越橘 P177
Vaccinium uliginosum

睡菜 P186
Menyanthes trifoliata

荇菜 P187
Nymphoides peltata

天山软紫草 P190
Arnebia tschimganica

新疆枸杞 P197
Lycium dasystemum

膜苞雪莲 P217
Saussurea bracteata

克什米尔雪莲 P218
Saussurea schultzii

小果雪兔子 P219
Saussurea simpsoniana

草甸雪兔子 P220
Saussurea thoroldii

肉叶雪兔子 P221
Saussurea thomsonii

羌塘雪兔子 P222
Saussurea wellbyi

昆仑雪兔子 P223
Saussurea depsangensis

冰河雪兔子 P224
Saussurea glacialis

鼠麯雪兔子 P225
Saussurea gnaphalodes

黑毛雪兔子 P226
Saussurea inversa

小泽泻 P230
Alisma nanum

大赖草 P241
Leymus racemosus

皮山蔗茅 P242
Saccharum ravennae

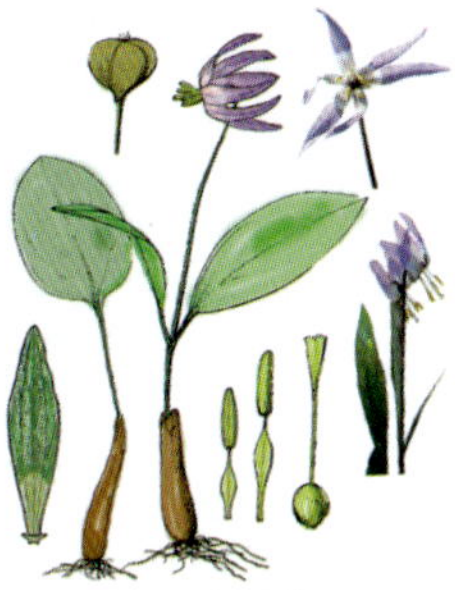
新疆猪牙花 P245
Erythronium sibiricum

阿尔泰葱 P272
Allium altaicum

高莛韭 P273
Allium obliquum

实莛葱 P274
Allium galanthum

新疆蒜 P275
Allium roborowskianum

多籽蒜 P276
Allium fetisowii

星花蒜 P277
Allium decipiens

珊瑚兰 P283
Corallorhiza trifida

北方鸟巢兰 P285
Neottia camtschatea

火烧兰 P289
Epipactis helleborine

新疆火烧兰 P290
Epipactis palustris

绶草 P291
Spiranthes sinensis

小斑叶兰 P292
Goodyera repens

北方盔花兰 P294
Galearis roborowskyi

掌裂兰 P296
Dactylorhiza hatagirea

阴生掌裂兰 P297
Dactylorhiza umbrosa

凹舌兰 P301
Dactylorhiza viridis

中国新疆珍稀及重点保护的野生植物索引

中文名	植物大类	科名	Family	属名	Genus	
发菜	藻类植物	念珠藻科	Nostocaceae	念珠藻属	Nostoc	
冬虫夏草	大型真菌	线虫草科	Ophiocordycipitaceae	线虫草属	Ophiocordyceps	
小杉兰	石松类	石松科	Lycopodiaceae	石杉属	Huperzia	
扇羽阴地蕨	蕨类植物门	瓶尔小草科	Ophioglossaceae	阴地蕨属	Botrychium	
阿尔泰铁角蕨	蕨类植物门	铁角蕨科	Aspleniaceae	铁角蕨属	Asplenium	
欧亚多足蕨	蕨类植物门	水龙骨科	Polypodiaceae	多足蕨属	Polypodium	
西伯利亚冷杉	裸子植物门	松科	Pinaceae	冷杉属	Abies	
新疆落叶松	裸子植物门	松科	Pinaceae	落叶松属	Larix	
新疆五针松	裸子植物门	松科	Pinaceae	松属	Pinus	
西伯利亚刺柏	裸子植物门	柏科	Cupressaceae	刺柏属	Juniperus	
新疆方枝柏	裸子植物门	柏科	Cupressaceae	刺柏属	Juniperus	
叉子圆柏	裸子植物门	柏科	Cupressaceae	刺柏属	Juniperus	
昆仑多子柏	裸子植物门	柏科	Cupressaceae	刺柏属	Juniperus	
昆仑方枝柏	裸子植物门	柏科	Cupressaceae	刺柏属	Juniperus	
木贼麻黄	裸子植物门	麻黄科	Ephedraceae	麻黄属	Ephedra	
蓝枝麻黄	裸子植物门	麻黄科	Ephedraceae	麻黄属	Ephedra	
中麻黄	裸子植物门	麻黄科	Ephedraceae	麻黄属	Ephedra	
西藏麻黄	裸子植物门	麻黄科	Ephedraceae	麻黄属	Ephedra	
额河杨	被子植物门	杨柳科	Salicaceae	杨属	Populus	
灰胡杨	被子植物门	杨柳科	Salicaceae	杨属	Populus	
伊犁杨	被子植物门	杨柳科	Salicaceae	杨属	Populus	
帕米杨	被子植物门	杨柳科	Salicaceae	杨属	Populus	
柔毛杨	被子植物门	杨柳科	Salicaceae	杨属	Populus	
苦杨	被子植物门	杨柳科	Salicaceae	杨属	Populus	
萨彦柳	被子植物门	杨柳科	Salicaceae	柳属	Salix	
皱纹柳	被子植物门	杨柳科	Salicaceae	柳属	Salix	
白背五蕊柳	被子植物门	杨柳科	Salicaceae	柳属	Salix	
蔓柳	被子植物门	杨柳科	Salicaceae	柳属	Salix	
绢柳	被子植物门	杨柳科	Salicaceae	柳属	Salix	
戟叶柳	被子植物门	杨柳科	Salicaceae	柳属	Salix	
绿叶柳	被子植物门	杨柳科	Salicaceae	柳属	Salix	
灌木柳	被子植物门	杨柳科	Salicaceae	柳属	Salix	
天山柳	被子植物门	杨柳科	Salicaceae	柳属	Salix	
伊犁柳	被子植物门	杨柳科	Salicaceae	柳属	Salix	
新疆野核桃	被子植物门	胡桃科	Juglandaceae	胡桃属	Juglans	
盐桦	被子植物门	桦木科	Betulaceae	桦木属	Betula	
圆叶大黄	被子植物门	蓼科	Polygonaceae	大黄属	Rheum	
阿尔泰大黄	被子植物门	蓼科	Polygonaceae	大黄属	Rheum	
额河木蓼	被子植物门	蓼科	Polygonaceae	木蓼属	Atraphaxis	
吉木乃沙拐枣	被子植物门	蓼科	Polygonaceae	沙拐枣属	Calligonum	
心形沙拐枣	被子植物门	蓼科	Polygonaceae	沙拐枣属	Calligonum	

中文名	植物大类	科名	Family	属名	Genus	
粗糙沙拐枣	被子植物门	蓼科	Polygonaceae	沙拐枣属	Calligonum	
无叶沙拐枣	被子植物门	蓼科	Polygonaceae	沙拐枣属	Calligonum	
艾比湖沙拐枣	被子植物门	蓼科	Polygonaceae	沙拐枣属	Calligonum	
肉叶雾冰藜	被子植物门	苋科	Amaranthaceae	肉冰藜属	Sedobassia	
异子蓬	被子植物门	苋科	Amaranthaceae	碱蓬属	Suaeda	
盐千屈菜	被子植物门	苋科	Amaranthaceae	盐千屈菜属	Halopeplis	
戈壁藜	被子植物门	苋科	Amaranthaceae	戈壁藜属	Iljinia	
白枝猪毛菜	被子植物门	苋科	Amaranthaceae	山猪毛菜属	Oreosalsola	
天山猪毛菜	被子植物门	苋科	Amaranthaceae	猪毛菜属	Salsola	
碱猪毛菜	被子植物门	苋科	Amaranthaceae	碱猪毛菜属	Soda	
长枝节节木	被子植物门	苋科	Amaranthaceae	节节木属	Arthrophytum	
草地滨藜	被子植物门	苋科	Amaranthaceae	滨藜属	Atriplex	
裸果木	被子植物门	石竹科	Caryophyllaceae	裸果木属	Gymnocarpos	
二柱繁缕	被子植物门	石竹科	Caryophyllaceae	二柱繁缕属	Reniostellaria	
阿克赛钦雪灵芝	被子植物门	石竹科	Caryophyllaceae	无心菜属	Eremogone	
雪白睡莲	被子植物门	睡莲科	Nymphaeaceae	睡莲属	Nymphaea	
睡莲	被子植物门	睡莲科	Nymphaeaceae	睡莲属	Nymphaea	
萍蓬草	被子植物门	睡莲科	Nymphaeaceae	萍蓬草属	Nuphar	
准噶尔金莲花	被子植物门	毛茛科	Ranunculaceae	金莲花属	Trollius	
淡紫金莲花	被子植物门	毛茛科	Ranunculaceae	金莲花属	Trollius	
空茎乌头	被子植物门	毛茛科	Ranunculaceae	乌头属	Aconitum	
山地乌头	被子植物门	毛茛科	Ranunculaceae	乌头属	Aconitum	
三出翠雀花	被子植物门	毛茛科	Ranunculaceae	翠雀花属	Delphinium	
新源翠雀花	被子植物门	毛茛科	Ranunculaceae	翠雀花属	Delphinium	
唇花翠雀花	被子植物门	毛茛科	Ranunculaceae	翠雀花属	Delphinium	
乳突拟耧斗菜	被子植物门	毛茛科	Ranunculaceae	拟耧斗菜属	Paraquilegia	
密丛拟耧斗菜	被子植物门	毛茛科	Ranunculaceae	拟耧斗菜属	Paraquilegia	
夏侧金盏花	被子植物门	毛茛科	Ranunculaceae	侧金盏花属	Adonis	
昆仑毛茛	被子植物门	毛茛科	Ranunculaceae	毛茛属	Ranunculus	
阿尔泰毛茛	被子植物门	毛茛科	Ranunculaceae	毛茛属	Ranunculus	
青河毛茛	被子植物门	毛茛科	Ranunculaceae	毛茛属	Ranunculus	
宽翅毛茛	被子植物门	毛茛科	Ranunculaceae	毛茛属	Ranunculus	
窄叶芍药	被子植物门	芍药科	Paeoniaceae	芍药属	Paeonia	
块根芍药	被子植物门	芍药科	Paeoniaceae	芍药属	Paeonia	
星叶草	被子植物门	星叶草科	Circaeasteraceae	星叶草属	Circaeaster	
囊果草	被子植物门	小檗科	Berberidaceae	囊果草属	Leontice	
红裂叶罂粟	被子植物门	罂粟科	Papaveraceae	疆罂粟属	Roemeria	
黑环罂粟	被子植物门	罂粟科	Papaveraceae	罂粟属	Papaver	
大果高河菜	被子植物门	十字花科	Brassicaceae	高河菜属	Megacarpaea	
沙地紫罗兰	被子植物门	十字花科	Brassicaceae	紫罗兰属	Matthiola	
鼠耳芥	被子植物门	十字花科	Brassicaceae	拟南芥属	Arabidopsis	
两节荠	被子植物门	十字花科	Brassicaceae	两节荠属	Crambe	
福海棒果芥	被子植物门	十字花科	Brassicaceae	棒果芥属	Sterigmostemum	

中文名	植物大类	科名	Family	属名	Genus
盐芥	被子植物门	十字花科	Brassicaceae	山嵛菜属	Eutrema
塔什库尔干藏荠	被子植物门	十字花科	Brassicaceae	芹叶荠属	Smelowskia
喀什高原芥	被子植物门	十字花科	Brassicaceae	丛菔属	Solms-laubachia
绵果荠	被子植物门	十字花科	Brassicaceae	绵果荠属	Lachnoloma
脱喙荠	被子植物门	十字花科	Brassicaceae	脱喙荠属	Litwinowia
长柄芥	被子植物门	十字花科	Brassicaceae	长柄芥属	Macropodium
新疆庭荠	被子植物门	十字花科	Brassicaceae	庭荠属	Alyssum
刚毛葶苈	被子植物门	十字花科	Brassicaceae	葶苈属	Draba
天山葶苈	被子植物门	十字花科	Brassicaceae	葶苈属	Draba
耳叶南芥	被子植物门	十字花科	Brassicaceae	南芥属	Arabis
新疆南芥	被子植物门	十字花科	Brassicaceae	南芥属	Arabis
小糖芥	被子植物门	十字花科	Brassicaceae	糖芥属	Erysimum
阿尔泰糖芥	被子植物门	十字花科	Brassicaceae	糖芥属	Erysimum
具莛离子芥	被子植物门	十字花科	Brassicaceae	离子芥属	Chorispora
红景天	被子植物门	景天科	Crassulaceae	红景天属	Rhodiola
四裂红景天	被子植物门	景天科	Crassulaceae	红景天属	Rhodiola
喀什红景天	被子植物门	景天科	Crassulaceae	红景天属	Rhodiola
东疆红景天	被子植物门	景天科	Crassulaceae	红景天属	Rhodiola
狭叶红景天	被子植物门	景天科	Crassulaceae	红景天属	Rhodiola
柱花红景天	被子植物门	景天科	Crassulaceae	红景天属	Rhodiola
长鳞红景天	被子植物门	景天科	Crassulaceae	红景天属	Rhodiola
条叶红景天	被子植物门	景天科	Crassulaceae	红景天属	Rhodiola
黄萼红景天	被子植物门	景天科	Crassulaceae	红景天属	Rhodiola
直茎红景天	被子植物门	景天科	Crassulaceae	红景天属	Rhodiola
羽裂红景天	被子植物门	景天科	Crassulaceae	红景天属	Rhodiola
异齿红景天	被子植物门	景天科	Crassulaceae	红景天属	Rhodiola
大红红景天	被子植物门	景天科	Crassulaceae	红景天属	Rhodiola
帕米红景天	被子植物门	景天科	Crassulaceae	红景天属	Rhodiola
合景天	被子植物门	景天科	Crassulaceae	合景天属	Pseudosedum
小檗叶蔷薇	被子植物门	蔷薇科	Rosaceae	蔷薇属	Rosa
新疆野苹果	被子植物门	蔷薇科	Rosaceae	苹果属	Malus
新疆野杏	被子植物门	蔷薇科	Rosaceae	李属	Prunus
矮扁桃	被子植物门	蔷薇科	Rosaceae	李属	Prunus
新疆樱桃李	被子植物门	蔷薇科	Rosaceae	李属	Prunus
欧洲李	被子植物门	蔷薇科	Rosaceae	李属	Prunus
天山樱桃	被子植物门	蔷薇科	Rosaceae	李属	Prunus
西伯利亚花楸	被子植物门	蔷薇科	Rosaceae	花楸属	Sorbus
准噶尔山楂	被子植物门	蔷薇科	Rosaceae	山楂属	Crataegus
帕米尔金露梅	被子植物门	蔷薇科	Rosaceae	金露梅属	Potentilla
甜栒子	被子植物门	蔷薇科	Rosaceae	栒子属	Cotoneaster
欧洲稠李	被子植物门	蔷薇科	Rosaceae	稠李属	Prunus
沙冬青	被子植物门	豆科	Fabaceae	沙冬青属	Ammopiptanthus
新疆沙冬青	被子植物门	豆科	Fabaceae	沙冬青属	Ammopiptanthus

中文名	植物大类	科名	Family	属名	Genus	
银砂槐	被子植物门	豆科	Fabaceae	银砂槐属	Ammodendron	
准噶尔无叶豆	被子植物门	豆科	Fabaceae	无叶豆属	Eremosparton	
准噶尔锦鸡儿	被子植物门	豆科	Fabaceae	锦鸡儿属	Caragana	
华丽豆	被子植物门	豆科	Fabaceae	丽豆属	Calophaca	
新疆丽豆	被子植物门	豆科	Fabaceae	丽豆属	Calophaca	
甘草	被子植物门	豆科	Fabaceae	甘草属	Glycyrrhiza	
胀果甘草	被子植物门	豆科	Fabaceae	甘草属	Glycyrrhiza	
光果甘草	被子植物门	豆科	Fabaceae	甘草属	Glycyrrhiza	
茧荚黄芪	被子植物门	豆科	Fabaceae	黄芪属	Astragalus	
膜荚黄芪	被子植物门	豆科	Fabaceae	黄芪属	Astragalus	
帕米尔白刺	被子植物门	白刺科	Nitrariaceae	白刺属	Nitraria	
沙大戟	被子植物门	大戟科	Euphorbiaceae	沙戟属	Chrozophora	
天山槭	被子植物门	无患子科	Sapindaceae	槭属	Acer	
新疆鼠李	被子植物门	鼠李科	Rhamnaceae	鼠李属	Rhamnus	
帕米尔鼠李	被子植物门	鼠李科	Rhamnaceae	鼠李属	Rhamnus	
毛金丝桃	被子植物门	金丝桃科	Hypericaceae	金丝桃属	Hypericum	
瓣鳞花	被子植物门	瓣鳞花科	Frankeniaceae	瓣鳞花属	Frankenia	
新疆琵琶柴	被子植物门	柽柳科	Tamaricaceae	红砂属	Reaumuria	
民丰红砂	被子植物门	柽柳科	Tamaricaceae	红砂属	Reaumuria	
莎车柽柳	被子植物门	柽柳科	Tamaricaceae	柽柳属	Tamarix	
沙生柽柳	被子植物门	柽柳科	Tamaricaceae	柽柳属	Tamarix	
塔里木柽柳	被子植物门	柽柳科	Tamaricaceae	柽柳属	Tamarix	
匍匐水柏枝	被子植物门	柽柳科	Tamaricaceae	水柏枝属	Myricaria	
心叶水柏枝	被子植物门	柽柳科	Tamaricaceae	水柏枝属	Myricaria	
半日花	被子植物门	半日花科	Cistaceae	半日花属	Helianthemum	
阿尔泰瑞香	被子植物门	瑞香科	Thymelaeaceae	瑞香属	Daphne	
额河菱角	被子植物门	千屈菜科	Lythraceae	菱属	Trapa	
天山柳叶菜	被子植物门	柳叶菜科	Onagraceae	柳叶菜属	Epilobium	
锁阳	被子植物门	锁阳科	Cynomoriaceae	锁阳属	Cynomorium	
块茎芹	被子植物门	伞形科	Apiaceae	鳞苞芹属	Kozlovia	
阜康阿魏	被子植物门	伞形科	Apiaceae	阿魏属	Ferula	
麝香阿魏	被子植物门	伞形科	Apiaceae	阿魏属	Ferula	
新疆阿魏	被子植物门	伞形科	Apiaceae	阿魏属	Ferula	
托里阿魏	被子植物门	伞形科	Apiaceae	阿魏属	Ferula	
圆锥茎阿魏	被子植物门	伞形科	Apiaceae	阿魏属	Ferula	
大果阿魏	被子植物门	伞形科	Apiaceae	阿魏属	Ferula	
臭阿魏	被子植物门	伞形科	Apiaceae	阿魏属	Ferula	
多伞阿魏	被子植物门	伞形科	Apiaceae	阿魏属	Ferula	
双生栓翅芹	被子植物门	伞形科	Apiaceae	栓翅芹属	Prangos	
岩高兰	被子植物门	杜鹃花科	Ericaceae	岩高兰属	Empetrum	
小叶鹿蹄草	被子植物门	杜鹃花科	Ericaceae	鹿蹄草属	Pyrola	
松下兰	被子植物门	杜鹃花科	Ericaceae	松下兰属	Hypopitys	
北极果	被子植物门	杜鹃花科	Ericaceae	北极果属	Arctous	
越橘	被子植物门	杜鹃花科	Ericaceae	越橘属	Vaccinium	

中文名	植物大类	科名	Family	属名	Genus	
黑果越橘	被子植物门	杜鹃花科	Ericaceae	越橘属	Vaccinium	
笃斯越橘	被子植物门	杜鹃花科	Ericaceae	越橘属	Vaccinium	
红莓苔子	被子植物门	杜鹃花科	Ericaceae	越橘属	Vaccinium	
松毛翠	被子植物门	杜鹃花科	Ericaceae	松毛翠属	Phyllodoce	
绢毛点地梅	被子植物门	报春花科	Primulaceae	点地梅属	Androsace	
羽叶点地梅	被子植物门	报春花科	Primulaceae	羽叶点地梅属	Pomatosace	
细叶彩花	被子植物门	白花丹科	Plumbaginaceae	彩花属	Acantholimon	
浩罕彩花	被子植物门	白花丹科	Plumbaginaceae	彩花属	Acantholimon	
大叶补血草	被子植物门	白花丹科	Plumbaginaceae	补血草属	Limonium	
天山梣	被子植物门	木樨科	Oleaceae	梣属	Fraxinus	
睡菜	被子植物门	睡菜科	Menyanthaceae	睡菜属	Menyanthes	
荇菜	被子植物门	睡菜科	Menyanthaceae	荇菜属	Nymphoides	
新疆紫草	被子植物门	紫草科	Boraginaceae	软紫草属	Arnebia	
黄花软紫草	被子植物门	紫草科	Boraginaceae	软紫草属	Arnebia	
天山软紫草	被子植物门	紫草科	Boraginaceae	软紫草属	Arnebia	
阿尔泰黄芩	被子植物门	唇形科	Labiatae	黄芩属	Scutellaria	
光沙穗	被子植物门	唇形科	Labiatae	沙穗属	Eremostachy	
异叶元宝草	被子植物门	唇形科	Labiatae	元宝草属	Alajja	
新疆兔唇花	被子植物门	唇形科	Labiatae	兔唇花属	Lagochilus	
黑果枸杞	被子植物门	茄科	Solanaceae	枸杞属	Lycium	
柱筒枸杞	被子植物门	茄科	Solanaceae	枸杞属	Lycium	
新疆枸杞	被子植物门	茄科	Solanaceae	枸杞属	Lycium	
东方毛蕊花	被子植物门	玄参科	Scrophulariaceae	毛蕊花属	Verbascum	
管花肉苁蓉	被子植物门	列当科	Orobanchaceae	肉苁蓉属	Cistanche	
肉苁蓉	被子植物门	列当科	Orobanchaceae	肉苁蓉属	Cistanche	
盐生肉苁蓉	被子植物门	列当科	Orobanchaceae	肉苁蓉属	Cistanche	
绵毛小苞列当	被子植物门	列当科	Orobanchaceae	小苞列当属	Phelipanche	
淡黄列当	被子植物门	列当科	Orobanchaceae	列当属	Orobanche	
缢筒列当	被子植物门	列当科	Orobanchaceae	列当属	Orobanche	
丝毛列当	被子植物门	列当科	Orobanchaceae	列当属	Orobanche	
美丽列当	被子植物门	列当科	Orobanchaceae	列当属	Orobanche	
线叶水马齿	被子植物门	车前科	Plantaginaceae	水马齿属	Callitriche	
巨车前	被子植物门	车前科	Plantaginaceae	车前属	Plantago	
帕米尔柳穿鱼	被子植物门	车前科	Plantaginaceae	柳穿鱼属	Linaria	
长梗婆婆纳	被子植物门	车前科	Plantaginaceae	婆婆纳属	Veronica	
北极花	被子植物门	忍冬科	Caprifoliaceae	北极花属	Linnaea	
棘枝忍冬	被子植物门	忍冬科	Caprifoliaceae	忍冬属	Lonicera	
芥叶缬草	被子植物门	忍冬科	Caprifoliaceae	缬草属	Valeriana	
雪莲	被子植物门	菊科	Asteraceae	石莲花属	Saussurea	
阿尔泰雪莲	被子植物门	菊科	Asteraceae	风毛菊属	Saussurea	
博格达雪莲	被子植物门	菊科	Asteraceae	风毛菊属	Saussurea	
膜苞雪莲	被子植物门	菊科	Asteraceae	风毛菊属	Saussurea	
克什米尔雪莲	被子植物门	菊科	Asteraceae	风毛菊属	Saussurea	
小果雪兔子	被子植物门	菊科	Asteraceae	风毛菊属	Saussurea	

中文名	植物大类	科名	Family	属名	Genus	
草甸雪兔子	被子植物门	菊科	Asteraceae	风毛菊属	Saussurea	
肉叶雪兔子	被子植物门	菊科	Asteraceae	风毛菊属	Saussurea	
羌塘雪兔子	被子植物门	菊科	Asteraceae	风毛菊属	Saussurea	
昆仑雪兔子	被子植物门	菊科	Asteraceae	风毛菊属	Saussurea	
冰河雪兔子	被子植物门	菊科	Asteraceae	风毛菊属	Saussurea	
鼠麯雪兔子	被子植物门	菊科	Asteraceae	风毛菊属	Saussurea	
黑毛雪兔子	被子植物门	菊科	Asteraceae	风毛菊属	Saussurea	
寡头风毛菊	被子植物门	菊科	Asteraceae	风毛菊属	Saussurea	
鹿草	被子植物门	菊科	Asteraceae	漏芦属	Rhaponticum	
浮叶慈姑	被子植物门	泽泻科	Alismataceae	慈姑属	Sagittaria	
小泽泻	被子植物门	泽泻科	Alismataceae	泽泻属	Alisma	
浮叶眼子菜	被子植物门	眼子菜科	Potamogetonaceae	眼子菜属	Potamogeton	
蓉草	被子植物门	禾本科	Poaceae	假稻属	Leersia	
天山山燕麦	被子植物门	禾本科	Poaceae	异燕麦属	Helictotrichon	
花丽早熟禾	被子植物门	禾本科	Poaceae	早熟禾属	Poa	
沙芦草	被子植物门	禾本科	Poaceae	冰草属	Agropyron	
黑紫披碱草	被子植物门	禾本科	Poaceae	披碱草属	Elymus	
短柄披碱草	被子植物门	禾本科	Poaceae	披碱草属	Elymus	
阿拉善披碱草	被子植物门	禾本科	Poaceae	披碱草属	Elymus	
新疆披碱草	被子植物门	禾本科	Poaceae	披碱草属	Elymus	
青海以礼草	被子植物门	禾本科	Poaceae	仲彬草属	Kengyilia	
大赖草	被子植物门	禾本科	Poaceae	赖草属	Leymus	
皮山蔗茅	被子植物门	禾本科	Poaceae	蔗茅属	Saccharum	
新疆小麦	被子植物门	禾本科	Poaceae	小麦属	Triticum	
叉梗顶冰花	被子植物门	百合科	Liliaceae	顶冰花属	Gagea	
新疆猪牙花	被子植物门	百合科	Liliaceae	猪牙花属	Erythronium	
准噶尔郁金香	被子植物门	百合科	Liliaceae	郁金香属	Tulipa	
伊犁郁金香	被子植物门	百合科	Liliaceae	郁金香属	Tulipa	
迟花郁金香	被子植物门	百合科	Liliaceae	郁金香属	Tulipa	
天山郁金香	被子植物门	百合科	Liliaceae	郁金香属	Tulipa	
赛里木湖郁金香	被子植物门	百合科	Liliaceae	郁金香属	Tulipa	
阿尔泰郁金香	被子植物门	百合科	Liliaceae	郁金香属	Tulipa	
塔城郁金香	被子植物门	百合科	Liliaceae	郁金香属	Tulipa	
新疆郁金香	被子植物门	百合科	Liliaceae	郁金香属	Tulipa	
单花郁金香	被子植物门	百合科	Liliaceae	郁金香属	Tulipa	
垂蕾郁金香	被子植物门	百合科	Liliaceae	郁金香属	Tulipa	
柔毛郁金香	被子植物门	百合科	Liliaceae	郁金香属	Tulipa	
毛蕊郁金香	被子植物门	百合科	Liliaceae	郁金香属	Tulipa	
异瓣郁金香	被子植物门	百合科	Liliaceae	郁金香属	Tulipa	
异叶郁金香	被子植物门	百合科	Liliaceae	郁金香属	Tulipa	
伊贝母	被子植物门	百合科	Liliaceae	贝母属	Fritillaria	
额敏贝母	被子植物门	百合科	Liliaceae	贝母属	Fritillaria	
新疆贝母	被子植物门	百合科	Liliaceae	贝母属	Fritillaria	
托里贝母	被子植物门	百合科	Liliaceae	贝母属	Fritillaria	

	学名	特有性	国家保护	地方保护	受威胁等级	页码
	Saussurea thoroldii Hemsl.			Ⅱ		220
	Saussurea thomsonii C. B. Clarke			Ⅱ		221
	Saussurea wellbyi Hemsl.	中国特有种		Ⅱ	DD	222
	Saussurea depsangensis Pamp.			Ⅱ		223
	Saussurea glacialis Herder			Ⅱ		224
	Saussurea gnaphalodes (Royle) Sch. Bip.			Ⅱ	NE	225
	Saussurea inversa Raab-Straube			Ⅱ		226
	Saussurea popovii Lipsch.				VU	227
	Rhaponticum carthamoides (Willd.) Iljin	中国仅在新疆分布		Ⅰ	VU	228
	Sagittaria natans Pall.		Ⅱ		NT	229
	Alisma nanum D. F. Cui	新疆特有种		Ⅱ	EN	230
	Potamogeton natans L.				NT	231
	Leersia oryzoides (L.) Sw.			Ⅰ	NT	232
	Helictotrichon tianschanicum (Roshev.) Henrard				NT	233
	Poa calliopsis Litv. ex Ovcz.				NT	234
	Agropyron mongolicum Keng	中国特有种	Ⅱ			235
	Elymus atratus (Nevski) Hand.-Mazz.	中国特有种	Ⅱ			236
	Elymus brevipes (Keng) S. L. Chen	中国特有种	Ⅱ			237
	Elymus alashanicus (Keng) S. L. Chen	中国特有种	Ⅱ			238
	Elymus sinkiangensis D. F. Cui	新疆特有种	Ⅱ		NE	239
	Kengyilia kokonorica (Keng) J. L. Yang, C. Yen & B. R. Baum	中国特有种	Ⅱ			240
	Leymus racemosus (Lam.) Tzvelev	中国仅在新疆分布		Ⅱ		241
	Saccharum ravennae (L.) L.	中国仅在新疆分布		Ⅱ		242
	Triticum petropavlooskyi Udachin & Migush	中国特有种		Ⅰ	DD	243
	Gagea divaricata Regel	中国仅在新疆分布			NT	244
	Erythronium sibiricum (Fisch. & C. A. Mey.) Krylov	中国仅在新疆分布		Ⅱ		245
	Tulipa suaveolens Roth	中国仅在新疆分布	Ⅱ			246
	Tulipa iliensis Regel	中国仅在新疆分布	Ⅱ		NT	247
	Tulipa kolpakowskiana Regel	中国仅在新疆分布	Ⅱ		NT	248
	Tulipa thianschanica Regel	中国仅在新疆分布	Ⅱ			249
	Tulipa thianschanica var. sailimuensis X. Wei & D. Y. Tan	新疆特有种	Ⅱ		VU	250
	Tulipa altaica Pall. ex Spreng.	中国仅在新疆分布	Ⅱ			251
	Tulipa tarbagataica D. Y. Tan & X. Wei	新疆特有种	Ⅱ		DD	252
	Tulipa sinkiangensis Z. M. Mao	新疆特有种	Ⅱ		EN	253
	Tulipa uniflora (L.) Besser ex Baker		Ⅱ		NT	254
	Tulipa patens C. Agardh ex Schult. & Schult. f.	中国仅在新疆分布	Ⅱ		VU	255
	Tulipa biflora Pall.	中国仅在新疆分布	Ⅱ			256
	Tulipa dasystemon (Regel) Regel	中国仅在新疆分布	Ⅱ			257
	Tulipa heteropetala Ledeb.	中国仅在新疆分布	Ⅱ			258
	Tulipa heterophylla (Regel) Baker	中国仅在新疆分布	Ⅱ			259
	Fritillaria pallidiflora Schrenk ex Fisch. & C. A. Mey.	中国仅在新疆分布	Ⅱ		VU	260
	Fritillaria meleagroides Patrin ex Schult. f.	中国仅在新疆分布	Ⅱ		VU	261
	Fritillaria walujewii Regel	中国仅在新疆分布	Ⅱ		EN	262
	Fritillaria tortifolia X. Z. Duan & X. J. Zheng	新疆特有种	Ⅱ		VU	263

中文名	植物大类	科名	Family	属名	Genus	
乌恰贝母	被子植物门	百合科	Liliaceae	贝母属	Fritillaria	
黄花贝母	被子植物门	百合科	Liliaceae	贝母属	Fritillaria	
裕民贝母	被子植物门	百合科	Liliaceae	贝母属	Fritillaria	
砂贝母	被子植物门	百合科	Liliaceae	贝母属	Fritillaria	
阿尔泰贝母	被子植物门	百合科	Liliaceae	贝母属	Fritillaria	
天山百合	被子植物门	百合科	Liliaceae	百合属	Lilium	
新疆百合	被子植物门	百合科	Liliaceae	百合属	Lilium	
四叶重楼	被子植物门	藜芦科	Melanthiaceae	重楼属	Paris	
阿尔泰葱	被子植物门	石蒜科	Amaryllidaceae	葱属	Allium	
高莛韭	被子植物门	石蒜科	Amaryllidaceae	葱属	Allium	
实莛葱	被子植物门	石蒜科	Amaryllidaceae	葱属	Allium	
新疆蒜	被子植物门	石蒜科	Amaryllidaceae	葱属	Allium	
多籽蒜	被子植物门	石蒜科	Amaryllidaceae	葱属	Allium	
星花蒜	被子植物门	石蒜科	Amaryllidaceae	葱属	Allium	
疏生韭	被子植物门	石蒜科	Amaryllidaceae	葱属	Allium	
北疆韭	被子植物门	石蒜科	Amaryllidaceae	葱属	Allium	
旱生韭	被子植物门	石蒜科	Amaryllidaceae	葱属	Allium	
北韭	被子植物门	石蒜科	Amaryllidaceae	葱属	Allium	
丝叶韭	被子植物门	石蒜科	Amaryllidaceae	葱属	Allium	
珊瑚兰	被子植物门	兰科	Orchidaceae	珊瑚兰属	Corallorhiza	
裂唇虎舌兰	被子植物门	兰科	Orchidaceae	虎舌兰属	Epipogium	
北方鸟巢兰	被子植物门	兰科	Orchidaceae	鸟巢兰属	Neottia	
尖唇鸟巢兰	被子植物门	兰科	Orchidaceae	鸟巢兰属	Neottia	
欧洲对叶兰	被子植物门	兰科	Orchidaceae	鸟巢兰属	Neottia	
天山对叶兰	被子植物门	兰科	Orchidaceae	鸟巢兰属	Neottia	
火烧兰	被子植物门	兰科	Orchidaceae	火烧兰属	Epipactis	
新疆火烧兰	被子植物门	兰科	Orchidaceae	火烧兰属	Epipactis	
绶草	被子植物门	兰科	Orchidaceae	绶草属	Spiranthes	
小斑叶兰	被子植物门	兰科	Orchidaceae	斑叶兰属	Goodyera	
小花舌唇兰	被子植物门	兰科	Orchidaceae	舌唇兰属	Platanthera	
北方盔花兰	被子植物门	兰科	Orchidaceae	盔花兰属	Galearis	
四裂红门兰	被子植物门	兰科	Orchidaceae	红门兰属	Orchis	
掌裂兰	被子植物门	兰科	Orchidaceae	掌裂兰属	Dactylorhiza	
阴生掌裂兰	被子植物门	兰科	Orchidaceae	掌裂兰属	Dactylorhiza	
波罗的海掌裂兰	被子植物门	兰科	Orchidaceae	掌裂兰属	Dactylorhiza	
紫点掌裂兰	被子植物门	兰科	Orchidaceae	掌裂兰属	Dactylorhiza	
紫斑掌裂兰	被子植物门	兰科	Orchidaceae	掌裂兰属	Dactylorhiza	
凹舌兰	被子植物门	兰科	Orchidaceae	掌裂兰属	Dactylorhiza	

参考文献

[1] Chen J, Wang Y J, Coleman C E. New Saussurea (Asteraceae) species from Bogeda Mountain, eastern Tianshan, China, and inference of its evolutionary history and medical usage[J]. Plos One, 2018, 13(7): 1-14.

[2] Wu X W, Tian M Wang L H, etal. Native species of the genus Lilium in China[J].Acta horticulturae, 2014, 1027(1027): 27-40.

[3] 崔大方 . 植物分类学 : 第三版 [M]. 北京 : 中国农业出版社 , 2010.

[4] 段士民 , 潘伯荣 , 王喜勇 . 中国迁地栽培植物志——荒漠植物 [M]. 北京 : 中国林业出版社 , 2021.

[5] 姜彦成 , 党荣理 . 植物资源学 [M]. 乌鲁木齐 : 新疆人民出版社 , 2002.

[6] 李德铢 , 陈之端 , 王红 , 等 . 中国维管植物科属词典 [M]. 北京 : 科学出版社 , 2018.

[7] 李德铢 , 陈之端 , 王红 , 等 . 中国维管植物科属志上卷 [M]. 北京 : 科学出版社 , 2020.

[8] 李德铢 , 陈之端 , 王红 , 等 . 中国维管植物科属志中卷 [M]. 北京 : 科学出版社 , 2020.

[9] 李德铢 , 陈之端 , 王红 , 等 . 中国维管植物科属志下卷 [M]. 北京 : 科学出版社 , 2020.

[10] 李志军 , 黄文娟 , 杨赵平 . 新疆塔里木盆地野生植物图谱 [M]. 北京 : 科学出版社 , 2015.

[11] 米吉提 • 胡达拜尔 . 新疆高等植物检索表 [M]. 乌鲁木齐 : 新疆大学出版社 , 2000.

[12] 潘伯荣 , 魏岩 , 冯缨 , 等 . 新疆植物志增补本 [M]. 乌鲁木齐 : 新疆科学技术出版社 , 2019.

[13] 潘伯荣 . 天山维管植物名录 [M]. 南京 : 东南大学出版社 , 2021.

[14] 沈冠冕 . 新疆经济植物及其利用 [M]. 乌鲁木齐 : 新疆科学技术出版社 , 2010.

[15] 谭敦炎 , 魏星 , 方瑾 , 等 . 新疆郁金香属新分类群 [J]. 植物分类学报 , 2000, 38(3).

[16] 王健 . 新疆野生观赏植物 [M]. 乌鲁木齐 : 新疆科学技术出版社 , 2012.

[17] 新疆植物志编辑委员会 . 新疆植物志 : 第一卷 [M]. 乌鲁木齐 : 新疆科技卫生出版社 , 1993.

[18] 新疆植物志编辑委员会 . 新疆植物志 : 第二卷 , 第一分册 [M]. 乌鲁木齐 : 新疆科技卫生出版社 , 1994.

[19] 新疆植物志编辑委员会 . 新疆植物志 : 第二卷 , 第二分册 [M]. 乌鲁木齐 : 新疆科技卫生出版社 , 1995.

[20] 新疆植物志编辑委员会．新疆植物志：第三卷[M]．乌鲁木齐：新疆科学技术出版社，2011.

[21] 新疆植物志编辑委员会．新疆植物志：第四卷[M]．乌鲁木齐：新疆科学技术出版社，2004.

[22] 新疆植物志编辑委员会．新疆植物志：第五卷[M]．乌鲁木齐：新疆科技卫生出版社，1999.

[23] 新疆植物志编辑委员会．新疆植物志：第六卷[M]．乌鲁木齐：新疆科技卫生出版社，1996.

[24] 熊嘉武．新疆天山东部山地综合科学考察[M]．北京：中国林业出版社，2015.

[25] 尹林克，王兵．新疆珍稀濒危特有高等植物[M]．乌鲁木齐：新疆科学技术出版社，2006.

[26] 尹林克，李都．中国新疆野生植物[M]．乌鲁木齐：新疆青少年出版社，2006.

[27] 尹林克，李都．图览新疆野生植物[M]．乌鲁木齐：新疆青少年出版社，2016.

[28] 朱太平，刘亮，朱明．中国资源植物[M]．北京：科学出版社，2007.

参考网站

1. 中国数字植物标本馆，https://www.cvh.ac.cn.

2. 中国植物图像库，https://ppbc.iplant.cn.

3. 植物智，https://www.iplant.cn.

4. 植物科学数据中心，https://www.plantplus.cn/cn.

5. 中国自然标本馆，https://www.cfh.ac.cn.

6. 世界自然保护联盟濒危物种红色名录，https://www.iucnredlist.org.

后 记

此书中所有物种拉丁文种名为属名+种加词。中文名与2021年8月7日经国务院批准，国家林业和草原局、农业农村部发布的《国家重点保护野生植物名录》和2023年12月30日新疆维吾尔自治区人民政府办公厅发布的《新疆维吾尔自治区重点保护野生植物名录》相同。别称是指与“名录”正式名称的其他名称，译音或曾用的称呼。依据《新疆植物志》和《新疆国家重点保护野生植物名录》（2023）中收录的昆仑方枝柏、蓝枝麻黄、西藏麻黄、新疆沙冬青、东疆红景天、塔什库尔干藏荠6种物种的名称，按2023年新的APG分类系统物种的名称已经被修订，其中昆仑方枝柏已修订为新疆方枝柏、蓝枝麻黄已修订为中麻黄、西藏麻黄已修订为中麻黄、新疆沙冬青已修订为沙冬青、东疆红景天已修订为红景天、塔什库尔干藏荠已修订为藏荠。本书所涉及的物种名称以《国家重点保护植物名录》（2021）及《新疆国家重点保护野生植物名录》（2023）为依据。书中部分科属与新疆重点保护植物名录目录不一致，书中是以新的APG分类系统，如藜科与苋科、裸果木科与石竹科、芍药科与牡丹科、无患子科与槭树科、千屈菜科与菱科、杜鹃花科与岩高兰科、红砂属与琵琶柴属等。

保护级别是指《国家重点保护野生植物名录》《新疆维吾尔自治区重点保护野生植物名录》文件中规定的保护级别，包括国家一级、国家二级、新疆一级、新疆二级等，是依法依规的标准，是依照名录所列物种的自然分布区落实地方政府责任，确保其种群及生境地安全，严防乱挖、乱采野生植物及破坏野生植物栖息地行为，并严格执法监管，严厉打击违法犯罪行为，坚决禁止非法交易野生植物活动的管理标准。

受威胁度划分标准：1. IUCN物种红色名录濒危等级说明（International Union for Conservation of Nature，世界自然保护联盟），其红色名录是世界生物多样性健康状况的重要指标。IUCN物种红色名录濒危等级是根据物种数目下降速度、物种总数、地理分布、群族分散程度等标准划分为9个级别，即绝灭Extinct(EX)、野外绝灭Extinct in the Wild(EW)、极危Critically Endangered(CR)、濒危Endangered(EN)、易危Vulnerable(VU)、近危Near Threatened(NT)、无危Least Concern(LC)、数据缺乏Data Deficient(DD)、未予评估Not Evaluated(NE)。书中所列物种濒危等级是根据IUCN2023

年 https://www.iucnredlist.org/species 网站所列等级进行标注，并不是等级评估时间。2. 中国生物多样性红色名录濒危等级划分参照1996年版IUCN濒危物种红色名录，根据中国的国情，使用了国内绝灭（RE）、野外绝灭（EW）、极危（CR）、濒危（EN）、易危（VU）、近危（NT）、无危（LC）、数据缺乏（DD）、未予评估（NE）等等级。

物种分布地图的编制是根据文献观察记录地点绘制而成的，在绘制分布图查阅资料时发现文献、标本登记与植物智网有较大不同，如准噶尔锦鸡儿 Caragana soongorica 地理分布：1. 据文献资料为阿勒泰、吉木乃、玛纳斯、沙湾、伊宁、尼勒克、新源、巩留、伊吾、喀什等地。2. 据标本登记信息为产昌吉、五家渠、乌鲁木齐、米东区、阜康、吉木萨尔、奇台、木垒。3. 据植物智网为乌鲁木齐、阜康、奇台、和静、巩留、塔城、阿勒泰。作者由于水平及时间有限不能整合，只能据文献资料绘制，其中必有差异，请各位读者谅解。

本书在编写过程中得到新疆维吾尔自治区林业和草原局、国家林业和草原局乌鲁木齐专员办、新疆生产建设兵团林业和草原局、新疆维吾尔自治区植物学会、新疆维吾尔自治区野生动植物保护协会、新疆维吾尔自治区科协青少年活动中心、新疆抗逆植物基因资源保育与利用重点实验室的高度重视和支持。

《中国新疆珍稀及重点保护野生植物》在野外考察和资料整理过程中，得到第三次新疆综合科学考察子课题“额尔齐斯河流域外来物种调查”（2021xjkk0606）、“额尔齐斯河流域荒漠和草地生态系统植物多样性调查”（2021xjkk0601）、“干旱区特殊生物种质资源收集与调查”（2022xjkk1503）、“干旱区生物标本数字化与信息共享网络”（2022xjkk1505）、新疆维吾尔自治区林业和草原局、“新疆南部国家重点保护野生植物调查项目”（DZXJZB2023031）的资助。本书图片来源于长期在新疆科研一线工作的多位科研人员和广大爱好者，在此衷心感谢。感谢新疆师范大学海鹰教授、石河子大学阎平教授、中国科学院新疆分院冯缨研究员认真校对并提出保贵意见。

由于很多重点保护野生植物极为少见，缺乏相应的图片，为保证本书内容的完整，部分图片源自网络资源，由于时间等原因未能联系到摄影者，请相关图片摄影者看到本书及时与编者联系，将按有关出版规定支付相应稿酬。在此一并致谢！

编　者

2023年12月